U0203124

高职建设类
专业群建设路径
与实证研究

GAOZHI JIANSHELEI ZHUANYE QUN JIANSHE LUJING YU SHIZHENG YANJIU

曾凡远 著

江苏大学出版社
JIANGSU UNIVERSITY PRESS

镇江

图书在版编目(CIP)数据

高职建设类专业群建设路径与实证研究 / 曾凡远著
. — 镇江：江苏大学出版社，2019.12
ISBN 978-7-5684-1258-2

Ⅰ. ①高… Ⅱ. ①曾… Ⅲ. ①高等职业教育－建筑学
－专业设置－学科建设－研究－中国 Ⅳ. ①TU－4

中国版本图书馆 CIP 数据核字(2019)第 276206 号

高职建设类专业群建设路径与实证研究

著　　者/曾凡远
责任编辑/徐　婷
出版发行/江苏大学出版社
地　　址/江苏省镇江市梦溪园巷 30 号(邮编：212003)
电　　话/0511-84446464(传真)
网　　址/http://press.ujs.edu.cn
排　　版/镇江市江东印刷有限责任公司
印　　刷/虎彩印艺股份有限公司
开　　本/710 mm×1 000 mm　1/16
印　　张/20.75
字　　数/412 千字
版　　次/2019 年 12 月第 1 版　2019 年 12 月第 1 次印刷
书　　号/ISBN 978-7-5684-1258-2
定　　价/58.00 元

如有印装质量问题请与本社营销部联系(电话：0511-84440882)

前　言

　　国务院印发《国家职业教育改革实施方案》后,教育部、财政部印发《中国特色高水平高职学校和专业建设计划项目遴选管理办法(试行)》,开展中国特色高水平高职学校和专业建设计划项目申报工作。各部委和省级教育行政管理部门密集发布系列文件推进专业群建设。

　　目前,全国有近千所高职院校开设了建设类专业,在"双高"建设背景下,高职院校建设类专业群在一定程度上存在政策把握不准、行业需求不清、专业建设目标不明、操作无从下手的情况。本书明确了"双高"建设背景下的建设类专业群建设路径,思路清晰。既包含建设类行业转型升级对专业群建设的要求,又包括建设类专业群宏观上的建设思路、中观上的建设路径、微观上的六项工作及建设类专业群建设实证分析等内容,指导性、操作性强,对于高等职业教育专业群建设将会起到明显的促进作用。本书得到江苏省职业教育教师教学创新团队项目资助。

　　本书参阅了大量的国内外文献,主要结合江苏建筑职业技术学院专业群建设经验与成果进行总结与提炼,在此向江苏建筑职业技术学院专业建设团队成员表示诚挚的谢意!

　　由于作者水平有限,书中难免存在不足之处,恳请读者批评指正,作者将在今后研究中不断改进与完善。

目　录

高职建设类专业群建设背景

1.1 国家建设类行业发展新要求

目前，我国工程建设类行业发展迅速，整体需求旺盛，行业由劳动力密集型向知识密集型发展，生产方式向标准化、部品化、工业化、机械化发展，管理方式向综合化、信息化发展，协同方式向网络化发展，企业经营模式向多元化发展。我国工程建设类行业整体向装配式建筑、BIM 技术、绿色建筑、工程总承包和全过程工程咨询等方向转型升级。

1.1.1 国家建设类行业转型升级需求

装配式建筑施工现场模板用量减少 85% 以上、现场脚手架用量减少 50% 以上，抹灰工程量节约 50% 以上、节水 60% 以上、污水减少 50% 以上，节电 30% 以上，施工现场垃圾减少 80% 以上，施工周期缩短 50% 以上，人工减少 40% 以上。优势明显，可显著解决目前建设类行业中劳动力资源、环境资源消耗过大等迫切问题。

我国《建筑产业现代化发展纲要》明确提出，到 2020 年，装配式建筑占新建建筑比例的 20% 以上；到 2025 年，装配式建筑占新建建筑比例的 50% 以上。装配式建筑施工速度快、现场作业少，施工质量稳定、可控、质量高，大部分构件工厂生产，施工环境大幅改善，机械化、自动化程度高，劳动条件改善，易设置减震、隔震装置，抗震性提高，节能环保、节约大量资源和能源，减少建筑垃圾，节约成本。但同时，装配式建筑存在放线准确、标高测量精确、对预留孔洞位置精度要求较高等一系列新的要求，对部品设计、加工制作、施工安装和现场管理等提出了更高的要求。建设类行业转型升级带来了人才培养需求侧新的变化。

在技术层面，设计技术向集成化、网络化、可视化和智能化转变，施工技术向实时、动态、集成、可视化和精细化施工管理及虚拟施工、自动化施工技术转变，运维向数字化管理、绿色及安全性能动态监控与评估转变；在管理层面，向集成项目交付方式转变，大量采用基于网络和 BIM 的各参与方协同工作，成果包含了大量基于 BIM 技术的模型数据库或标准格式文件，管理模式发生重大变化。

我国大量高职院校建设类专业（群）人才培养规格和定位陈旧，与行业和企业需求脱节，与新技术、新工艺、新规范脱节，大多将建设类人才的培养任务寄希望于毕业后在岗位上由企业完成，大大加重了技术创新和管理创新型企业的负担。要解决这些问题，要求高职院校根据需求及时调整建设类专业（群）的人才培养规格和定位，及时引入新技术、新工艺、新规范充实课程教学内容，注重培养技术与管理并重、建设技术与信息技术整合的复合型高素质技术技能人才。

1.1.2　国家人口红利向人才红利转变的要求

随着我国经济发展步入新常态，建设行业作为我国国民经济的支柱，面临劳动力短缺等一系列问题，要在由劳动密集型向技术密集型转型发展中适应和引领新常态，迫切需要依靠创新驱动培育人才红利，认真研究高素质技术技能层次人才的成长规律，加快从依靠"人口红利"向依靠"人才红利"转变。高等职业教育需要挺身而出，主动承担起这项历史任务，举办不同于普通高等教育类型的教育，以产教融合和校企合作为主线，培养一大批政治合格、技术过硬、勇于创新的合格建设类行业人才，同时强化服务能力，加强对现有从业人员的培训，实现现有从业人员向新型产业工人转变，进而实现人口红利向人才红利转变，这正是国家发布职业教育改革实施方案的出发点和目标。

1.2　高等职业教育发展的新要求

1.2.1　发达国家职业教育现阶段发展

1.2.1.1　美国的"再工业化"模式

美国经济的"去工业化"导致了金融危机，再次证明了经济增长必须依靠实体创新而非金融创新。在此背景下，美国前总统奥巴马提出"再工业化"战略，以转向可持续的增长模式，即出口推动型增长和制造业增长，回归实体经济，重新重视国内产业，尤其是制造业的发展。美国的"再工业化"绝不仅仅是简单的"实业回归"，而是在二次工业化基础上的三次工业化，实质是以高新技术为依托，发展高附加值的制造业，如先进制造技术、新能源、环保、信息等新兴产业，从而重新拥有强大竞争力的新工业体系。

长期以来，美国的职业教育课程被社会大众视为学术性较弱的教育领域，很难满足现代工业的需求，无法满足"再工业化"模式发展的人才需求。特朗普政府于

2018 年 7 月发布了《加强 21 世纪职业与技术教育法》，该项法案得到了美国众议院和参议院的高票支持，也取得了共和党和民主党的一致认可。这在当代美国教育法律史上也是罕见的，足见职业与技术教育在当前美国受重视的程度。在一定程度上，哪个国家把握住了职业教育，就能把握住经济发展的"先手棋"。

1.2.1.2　德国的"绿色可持续发展"模式

德国于 2015 年后在职业教育领域内发起新一轮可持续发展教育改革，从法律保障、能力模型建构、课程开发、教学实施等多方面，将可持续发展教育植根于整个职业教育体系中。

德国 BBNE（Berufs Bildung für Nachhaltige Entwicklung，可持续发展职业教育）改革强调更新《职业教育条例》《师资培训资质条例》等配套法律法规条例，将 BBNE 相关内容纳入法规条例，为 BBNE 改革提供了根本保障。例如，德国《未来战略》明确提出，要将可持续发展的职业教育纳入职业教育法规体系，通过重新修订《职业教育条例》，实施可持续发展的职业教育。在《国家行动计划》中也建议继续修订《职业教育条例》，将可持续发展的理念写入职业教育法规条例，并继续扩大法规文件范围，如继续修订框架教学计划等。此外，也要依据 BBNE 相关标准要求，修改完善《师资培训资质条例》中针对教师资质评价的部分内容。

可以看出，德国 BBNE 改革倡导确立部分重点优先发展领域，力求有序突破 BBNE 改革重点。《国家行动计划》提出职业教育领域的五个优先发展领域，并就每一个优先发展领域提出具体的行动起点。例如，在第五个行动领域"BBNE 的课程和教学实施"中建议，将"开发企业的职业教育和继续教育课程"作为"BBNE 课程开发"的行动起点，特别要先做好针对企业培训师的继续教育与培训。此外，作为《国家行动计划》的配套项目，德国正在开展"可持续发展职业教育试验项目（BBNE 2015—2019）"，也确立了三类重点优先发展领域：第一类是为商业领域教育职业开发 BBNE 设计方案，包括主题式的课程模块、教学大纲和考试要求等（商业领域教育职业包括批发、外贸、零售、物流交通、健康护理等相关职业）；第二类是建立可持续发展教育的学习场所，即在职业教育培训企业（特别是在中小企业）、跨企业培训中心、职业学校和其他教育机构中，建立可持续发展教育的学习场所；第三类是在 2017 年新增的一类，目标是在双元制职业教育中融入可持续发展理念，除了对教学实施安排做相应的调整，对师资队伍做相应的培训，还要对教师的能力模型进行构建。

德国 BBNE 改革基本形成了多元主体参与、协同推进的格局。政策计划的制定过程吸引了联邦政府、联邦州、市政府、企业界、科学界和民间社会代表的积极参与，同时也广泛征求了社会各级专业人士和公民的意见与建议。关于 BBNE 的课程开发和教学实施主体建议分为三个层级：第一层级是德国工商总会、德国手工业商会、德国文教部长联席会议和德国联邦职业教育与培训研究所,负责开发职业教育条例和框架教学计划,制定全国统一的教育教学法律法规;第二层级是各州教育办事处、行业协会,负责开发行业层面的课程,制定跨机构的教育规章制度;第三层级是各跨企业培训中心、职业学校和企业,负责 BBNE 的学习情境开发及机构内部的教学方案制定等。此外,职业学校、企业、非正规学习和校外参与者合作形成 BBNE 参与者联盟,每年至少召开一次企业、学校、校外机构共同参与的国家级 BBNE 会议。

2015 年以来,德国不断深化可持续发展教育改革,推出一系列可持续发展政策计划,不仅提出了各个教育领域的可持续发展教育改革目标,还制定出各项优先发展战略任务、具体实施建议及落实责任主体等。

1.2.2 国家发布系列文件的要求

我国发布的《国家中长期教育改革和发展规划纲要(2010—2020 年)》《我国"十三五"教育改革与发展规划》《国家职业教育改革实施方案》(简称"职教 20 条"),充分体现了国家层面对发展职业教育事业的高度重视。特别是"职教 20 条"集中体现了国家发展职业教育的新思想、新理念、新要求、新举措。"职教 20 条"体现了新时代职业教育改革发展的基本方略,主要是改革导向,目标定位高质量发展、强化服务发展功能。贯彻落实好"职教 20 条",需要深刻领会其内涵,提高认识、更新观念、加以落实。

"改革导向"重点是完善职业教育制度体系,建设标准体系,创新产教融合机制,改革办学体制,促进职业培训发展,建立健全职业教育质量评价、督导评估制度及决策咨询制度。"高质量发展"重点是按照职业教育类型教育的规律办学,全面落实"三个转变"和 2022 年职教改革发展的具体指标,加强财政投入力度和政策保障。"强化服务"重点是服务我国新时代现代化经济体系建设、服务社会更高质量更充分就业、服务全民学习终身学习,全面发挥职业教育的社会服务功能。

"职教 20 条"指出,"随着我国进入新的发展阶段,产业升级和经济结构调整不断加快,各行各业对技术技能人才的需求越来越紧迫,职业教育重要地位和作用越来越凸显","要把职业教育摆在教育改革创新和经济社会发展中更加突出的位置"。这就要求职业教育要深化产教融合、校企合作,政府部门、行业企业及社会各界大力支持和积极参与职业教育建设与发展,使政策成为职业教育改革发展的发动机。要按照职业教育规律办学,促进职业教育办学模式向企业社会参与、专业特色鲜明的类型教育转变。完善职业教育和培训体系,强化系统化培养技术技能人才和大规模开展职业培训的能力,试点"学历证书 + 职业技能等级证书"("1 + X"证书)制度,改革教育评价方式和模式,强化标准化建设、完善职业教育人才培养标准,为经济社会发展提供优质人才资源支撑。

建设类专业群建设路径

2.1 建设类专业群宏观上的建设思路

2.1.1 以需求侧变化倒逼供给侧专业改革

国家职业教育系列文件的要求，正是需求侧变化的集中体现。"职教20条"中规定，职业教育要服务建设现代化经济体系和实现更高质量更充分就业需要。所以，从产业、就业的要求，倒推学校着力解决体系建设不够完善、职业技能实训基地建设有待加强、制度标准不够健全、企业参与办学的动力不足、配套政策不完善、办学和人才培养质量水平参差不齐等问题。从职业教育中办学机制、管理体系到专业人才培养目标、规格与定位、专业教学标准、课程体系、实践教学体系、素质培养体系、资源建设和师资培养，都要根据需求侧的变化深化改革。

2.1.2 强化市场在资源配置中的决定性作用

市场在资源配置中起决定性作用。职业教育要进一步强调市场规律与教育规律的结合，要扮好"服务商"的角色。"职教20条"规定，经过5~10年，职业教育基本完成由政府举办向政府统筹管理、社会多元办学的格局转变。强化政府角色，强化市场力量，改变目前政府的手过长、市场的手过细的格局，善于把教育规律和市场规律结合起来。以人为中心，按照职业教育发展趋势和市场需求，建立全方位的标准，搭建产教融合平台，实施项目引领，对接"1＋X"证书制度，重构管理体系、人才培养模式、课程组合、实训项目和推进师资结构化、教学模块化，完善职业教育和培训体系，以此满足社会需要。

2.1.3 遵循反向设计原则开展专业群建设

所谓"反向设计原则"，就是要以满足社会发展、经济发展、行业企业发展和技术发展需求为导向，调研专业群各岗位的能力要求，结合毕业生后续岗位晋升发展需求，进行整体化的职业与工作分析，调查岗位典型工作任务并进行归纳，明确职业行动领域，分析职业能力要求并构建学习领域，选择学习载体转化学习任务，进而开发专业群工作过程导向的课程体系，以此完善综合素养培养机制和培养方式，切实达成人才培养目标、提升人才培养质量与水平。

与之对应，要根据人的全面发展需要和职业能力要求来制定专业群毕业生质量标准：根据毕业达标要求与修读进程反向设计专业群人才培养方案，构建课程体系，设计教学活动及学习成果考核评价方式，正向实施课程教学，测评课程目标达成度，综合考核毕业要求达成度，以支撑人才培养目标的实现，并形成持续改进机制。

2.1.4　以办学体制、机制改革支撑专业发展

办学体制、机制改革是专业高质量发展的保障。基于类型教育转变，坚持"产教融合、育训结合"，完善职业院校章程，明确扩招、职业技能提升行动等背景下新增主体的权利、义务。按照章程开展规章制度检核修订，分层管理、分类实施，推进章程落地、落实、落细。加快机制建设，健全管理系统内岗位的工作职责、规程和目标，提升管理队伍服务能力，尤其是信息化能力。围绕教学运行、学生成长、教师发展、质量监督、合作服务等主要系统环节，建成基于信息化的服务流程平台，加强自我管理、自我约束。

健全完善理事会制度建设，发挥行企参与咨政作用，鼓励行企在学校发展目标、重大战略规划、办学资源筹措、社会合作服务等方面参谋议事、咨询辅助；发挥参与监督作用，将学校质量保证委员会升级为监督委员会，提升教育督导功能，引入行企、社会组织、学生等参与的第三方评价，推进质量螺旋改进，形成人才培养质量、社会服务成效、办学综合效益等方面的多元多层监督评价制度。

加强行企技术人员参与决策的能力，发挥在专业建设、教学管理、职称评审、项目评比、创新服务等方面的决策作用。充实教授委员会，结合学院、专业实情，明确行企高技术人员人数规定，行使在项目申报、职称评审、成果评定、学术道德规范等学术事务中的统筹与决定权。建成校院两级专业建设委员会，健全专业设置基本标准，建立基于产业链的专业（群）调整机制，完善基于招生就业质量的专业警示管理办法，定期评估专业（群）建设效果，常态调整专业（群）设置。设立教材选用委员会，把落实立德树人根本任务放在首位，明确不同课程类型教材建设标准，突出技术技能人才培养、培训，建成校企合作、工学结合背景下的教材研究、开发、使用、检查、评价的一体化建设体系。

推进"放管服"和治理结构重心下移，落实人事管理和科技管理新政，深化在财务、用人等方面的改革，深入推进内部整改，综合运用职称评审与绩效评价等手

段，坚持底线公平，推行多劳多得、优绩优酬制度，通过"目标引领、任务驱动、成果导向、绩效考核"的激励机制，实现责、权、利统一与资源集聚，激活二级学院办学内生动力活力。

顺应生源类型多样的趋势，发展跨专业教学组织，针对技能需求多样和复合型人才培养要求，适配人才培养成长链条，发展教学—实践—培训—终身教育相适应的服务机制，形成教育教学—学生管理—服务保障协同配合的综合服务与管理体系。针对专业群跨二级学院建设的工作需要，调整院系设置，加强党团组织设置管理和阵地建设，形成稳定的教学资源动员组织系统。针对柔性组班和集体性外出学习实践，设立临时性管理组织，建立学校—企业联合管理机制。

2.2　建设类专业群中观上的建设路径

2.2.1　构建建设类专业群系列标准

加强与德国、日本、瑞士等职业教育发达国家的交流合作，引进优质职业教育资源，参与制订职业教育国际标准。对接行业前沿需求侧，开发各专业群人才专业能力标准，包括：专业知识及技能，专业创新能力，专业知识的整合应用与迁移能力，职业素质与工匠精神，责任意识，可持续发展的能力及国际视野等具体标准。

融合产业需求侧和人才培养供给侧要素，遵循"反向设计"原则，依据行业通用岗位要求定位人才能力标准，依据职业标准开发专业标准，依据工作要求构建课程体系，依据职业技能要求重组课程内容，依据生产过程设计教学过程，校企共同研制科学规范、国际可借鉴的人才培养方案和专业教学标准。

根据高等职业教育复合型高素质技术技能人才的培养要求：按照师生比确定数量充足的教师人数；按照人才培养的知识体系、技能结构、开设课程、实训环节、技术创新要求，配备实践经验和教学经验丰富的校方教师和企方教师比例，形成教学创新团队标准。

依据各专业群的人才标准、课程标准和实训标准，遵循职业人的成长规律，以学习者为中心，明确需求，明晰专业建设资源中心、课程中心、素材中心、培训中心、企业中心和社会中心的专业教学资源库架构及其资源标准，建设开放共享、立体化、动态更新的完善机制，形成专业群教学培训资源标准。

对接各专业群实验实训、实习实践、创新训练和技术培训等教学需求，确定实训基地的设备类型和技术参数标准、工位数量标准、管理人员数量标准和虚拟工厂、虚拟工地、模拟训练设备的技术参数标准。按照单项技能、综合技能、创新技能等模块化技能训练的要求，以及虚拟实训、模拟操作、实境训练和创新提升四个层次的能力递进模式的要求，通过校企合作共同开发形成开放共享的各专业群实践教学基地标准。

2.2.2　搭建产教深度融合与师资培养平台

升级"产学研训创"产教融合平台。与企业共同打造满足全校各专业群人才培养和培训要求的技术教育中心和社会服务平台，建设服务能力强、共享程度高、辐射作用大、育人成效显著的产教融合平台，能够满足学生工学交替的实践教学需要，并能够服务于教师科技研发、对外工程技术服务、企业员工岗位培训和技能提升、社会人员培训和职业技能鉴定的要求，使之成为技术技能人才培养和培训中心、工程技术及产品研发基地和技能大师孵化基地。

成立教师发展学院，打造师资培养平台。通过成立独立的二级学院——教师发展学院，积极提升专业教师双师能力和兼职教师教学能力，适应职教改革时代发展办学形式，进而实现教师队伍的可持续发展。① 配合"1+X"证书制度试点工作，打造能够满足教学与培训需求的教学创新团队。② 拓宽教师国际化视野，选派优秀师资赴境外知名高校和知名企业开展访问研修。③ 响应国家"一带一路"倡议，选拔教师赴"海外教师工作站"，为沿线国家开展师资培训和课程培训，为海外企业开展员工培训。④ 服务于精准扶贫、制造强国、区域协同发展等国家战略，面向中西部省份、淮海经济区城市、同行院校开展师资能力提升培训，承接优势专业国培省培项目。

2.2.3　构建"1+X"模块课程与教学体系

根据"1+X"课证融通、训考衔接、模块课程体系、模块化教学的要求，改进完善"三模块、两融合"的专业群课程体系。坚持职业导向与学习目标有机结合，以复合型和创新型技术技能人才培养为导向，优化"通用平台+证书模块+个性发展"模块化课程体系。其中，通用平台模块设置通识通修课程和3~5门通用专业基础课程；政校行企联合开发推广"X"职业技能等级证书，融入"X"证书技能要求；根据开设专业与专业方向证书模块设置8~12门专业核心课程；个性发展模块设置8~20门个性发展课程。

推行分工协作模块化教学。以"双师"能力为导向，完善"双师型"标准，推动专业教师提升"双师"能力和教学能力。依据按课程分工、能力特长优先、资源共享的原则进行课程模块化分工，形成分工协作、模块化教学的优势叠加的团队教学格局。

2.2.4　深化分类培养与分层教学改革

针对职业教育扩招的新形势和高职学生生源多元、需求多元的现实，以及建设类专业施工周期长、建造技术具有周期性的特点，在多元生源专业群探索实施"分类培养、分层教学"的教育教学改革，以引导学生自主学习、自主选择职业发展。

① 推进弹性学分制改革实施，建立按学年注册、按学分收费、按学分毕业的学籍与学费管理机制，专业群课程体系划分为公共基础课程模块、技术平台课程模块、专项能力课程模块、个性化学习课程模块、素质教育模块，设定各课程模块的学分比例和毕业的最低总学分。② 建立开放式的课程教学与管理平台，对应模块化课程体系，设置模块化学分体系，设置企业课程与专项能力课程，建立职业技能证书与技能训练学分的对应置换体系。③ 建立以选课制与导师制为核心，以重修制、主修辅修制、学分互认制等为辅助的教学管理模式。通过层次化课程体系改革、个性化学习资源建设和柔性化教学管理机制，创新构建"分类培养、分层教学"人才培养的个性体系，解决教育教学与学生需求的对接、教育过程与生产过程的对接，从而有效实现学生最大增值、校企共同发展。

2.3　建设类专业群微观上的六项工作

2.3.1　围绕专业人才培养，配套职业技能证书体系

围绕专业人才培养的岗位定位的技能要求，依托覆盖面广的各类专业与课程联盟或平台等，由政校行企联合开发"X"技能证书体系，并在人才培养方案、专业教学标准、教学安排和教学内容中体现"1＋X"证书（如 BIM 证书和全国认可度高的技能等级证书）试点要求。在人才培养过程中配套技能证书、试点 X 证书要求，可通过以下两种方式进行：

（1）重构课程体系。按照岗位工作任务与要求，以工作过程为导向，进行工作任务分析，提取典型工作任务；结合"X"证书技能要求，分析归纳形成行动领域；对行动领域进行模块化重构分析，形成模块教学内容，从而构成职业岗位课程，形成融理论、实践于一体的，工作过程系统化的职业岗位模块化课程体系。

（2）修订课程标准、实训标准。将"X"证书的技能要求全面体现在相关课程组模块教学内容内，以满足"X"证书的考证要求。

2.3.2　围绕专业人才培养，配套书证融通培养模式

建筑类专业群采用基于"双元制"升级的"多元融合、混合主体、过程导向、书证融通"为特色的人才培养培训模式，实现学历证书与职业技能证书无缝对接。智能制造、现代服务类等专业群，切实落实学生员工"双身份"，校企联合招生、协同培养，推行基于"双元制"的"师徒双轨、并行共升"特色现代学徒制人才培养模式。加强与行业、领先企业的合作，结合专业群岗位技能要求开发"X"职业技能等级证书，全面分析"X"职业技能等级证书的技能要求与考核标准，融入人才培养方案与课程体系，修订与开发课程标准、实训标准，建设一批"课证融通"的教学资源，组织学生进行"X"职业技能等级证书考证工作。要求学生在获得学历证书的同时，积极取得国家发布及联合行业企业共同开发的"X"职业技能证书和优质职业资格证书，落实实施"书证融通"培养模式。

2.3.3　围绕专业人才培养，配套课程建设和资源支撑

（1）建设智慧职教示范社区，实现优质资源共享。建成一流课程平台、数字资源平台和智慧教育创新平台，大力推进课程数字资源、互动智慧课堂建设，推动优质课程资源开放共享。利用"互联网＋"技术，汇集学校、企业、社会各类资源，建成适应职业教育网络化的校企资源共享平台，助推优秀师资共享，构建产教融合智慧职教示范社区。

（2）构建以信息技术为核心的管理与教学体系。深入优化诊断与改进工作，建成学校岗位工作标准信息库，推行基于大数据的精准管理，实施基于目标的过程预警，构建以岗位标准和数据分析为依据的绩效评价体系。建成学生综合信息库，实现以大数据分析结果为依据的学生综合素质评价体系。利用"互联网＋"技术，构建"家长—学校—企业"信息互通平台，让家长、企业参与学生培养与管理的全过程，能够及时地对学校的各项工作环节进行评价与反馈，形成多方联合辅助培养管理体制。

（3）打造智能综合网络学习空间，推动泛在与个性化学习。构建包含 5G 和 IPv6 等技术在内的泛在校园网络接入环境，建设在线学习课堂、远程互动智慧课堂和虚拟工厂等智能学习空间，以满足信息化教学需要。建成集国家标准、行业标准、职业技能标准和专业教学标准为一体的职教标准信息库，助力标准化教学与实训。构建智能学习平台，以学分银行和电子学习档案为依据，利用区块链等技术实现学习过程的记录、转移、交换和认证，智能分析学生学习过程，主动推送学习资料，形成泛在、智能的学习体系。创新基于人工智能的学生学习与评价机制，建立学生成

绩综合考评系统，利用生物特征识别技术实现智能化在线考核，使学生可以随时随地参与考试，适应职业教育泛在学习的需要。

2.3.4 围绕专业人才培养，配套实训条件满足递进培养

2.3.4.1 打造多功能一体化技术创新平台

（1）共建中小微企业创新产业园。与地方政府合作共建中小微企业创新产业园，将创新创业教育融入平台建设，鼓励师生创办企业入驻产业园，重点打造"一空间两基地三区"，即创建园内梦工厂式创客空间，建立企业孵化基地和大学生创业基地，形成建筑智能建造功能区、绿色建筑装饰功能区、智能装备制造功能区。创建中小微企业星级公众服务平台，打造国家级中小微企业创业创新示范基地，建立创业、就业、事业、产业四位一体的服务体系，形成线下产业、线上平台、区域整体规划三位一体的服务流程，构建创新项目库、创业导师库、辅导企业库和公共技术支撑平台，助推中小微企业的技术研发和产品升级，为科技成果转化、高新技术企业孵化、创新创业人才培养、创新资源聚集、服务建筑行业发展、服务产业转型升级提供强有力支撑，形成有中国特色的建设领域中小微企业技术研发和产品升级的服务模式。

（2）创建建筑行业技术成果推广与转化服务大厅。以开展建筑行业科技成果集聚与共享为基础，开发机制配套灵活、渠道畅通多样、运转便捷有效的科技成果转化体系，创建建筑行业技术成果推广与转化服务大厅，组建建筑工业化、建筑智能信息技术、建筑文化技术三个技术成果推广与转化分中心，加大技术转移人才培育力度，打造国内一流的建筑行业技术成果推广与转化平台，推动科技成果与产业、企业需求有效对接，为实现科技资源优化配置、加快核心技术产业化、服务行业发展发挥积极作用。

2.3.4.2 构建创新服务产教融合主平台

（1）升级产学研训创产教融合平台。依托学校国家级、省级实训基地及产教融合实训平台，与企业共同打造建筑工业化等八个技术教育中心和技能培训与鉴定、安全培训、企业海外项目三个社会服务平台，建成一个服务能力强、共享程度高、辐射作用大、育人成效显著的产教融合平台，以满足学生工学交替的实践教学需要，并能够服务于教师科技研发、对外工程技术服务、企业员工岗位培训和技能提升、社会人员培训、职业技能鉴定，使之成为技术技能人才培养和培训教育中心、工程技术及产品研发基地和技能大师的孵化基地。

（2）推进职教集团提质扩容。整合优势资源，加大与特级资质企业的合作力度，逐步扩大江苏建筑职教集团和淮海服务外包集团的规模，促进校企共同开发科技项

目，共同培训技术技能紧缺人才，共同建设后备人才培养基地、教师实践基地和学生实习就业基地，共同建立建设专家咨询库。推进集团内部产权制度改革和利益共享机制建设，开展股份制集团办学，力争将江苏建筑职教集团打造成国家示范性职教集团。

（3）建设虚拟"智慧学习工厂"。通过互联网、人工智能、大数据等技术，建设数字化、集成化、开放化、互动化的"智慧学习工厂"。依托实体平台和链接实体平台，提供交互式学习服务，突破实体平台时空维度上的约束，在知识信息网络中充分聚集资源，形成虚实结合的相生、相融、相盛的格局，构建梯次有序、功能互补、资源共享、合作紧密的产教融合网络，服务教学与企业培训，推进产教融合主平台的战略纵深发展。

2.3.4.3　创建服务能力突出的技术技能平台

（1）创建面向建筑企业的技术技能平台。深化和拓展与中国建筑第八工程局有限公司、中国冶金科工集团有限公司、苏州金螳螂建筑装饰股份有限公司、中国建筑第三工程局有限公司、上海振华重工（集团）股份有限公司等建筑行业领先企业的合作，创建面向建筑企业的技术技能平台，创新技术技能平台管理体制和运行机制，坚持市场引领、项目支撑的原则，实行以资本、智力、知识产权为股份的管理体制，做到风险共担、利益共享，为建筑行业和产业转型升级、结构调整提供技术、智力和人才支持，把平台建设成为新型建筑技术孕育中心，形成建筑行业和产业健康／优质……发展的技术技能平台服务模式。

（2）构建区域协同的建筑产业技术技能研究院。依托江苏省建筑节能与建造技术协同创新中心等平台，充分发挥学校资源优势和人才优势，构建建筑产业技术技能研究院。重点打造建筑产业技能研究中心、建筑产业信息技术研究中心和建筑建造技术协同创新中心，提升建筑产业化集成水平；打通建筑产业研发、生产、应用、试点、推广、产业化的全周期产业链，使产业间形成良性互动；加强与政府机构、行业企业合作，构建开放性、协同性的研究院运行机制，加快产业升级，促进建筑业持续健康发展，进而推动中国建筑产业引领世界创新发展。

2.3.4.4　完善技术技能创新平台运行机制

着力完善运行机制，促进技术技能创新平台集聚发展和服务能级的提升。一是要完善动力机制，形成功能焦点，吸引多元主体参与，创新服务形式，提高运行效率，充分发挥平台功能。二是要完善协调机制，促进校企双方密切协调、集成互动，积极调动优质资源，共同优化配置，推进平台建设协同化、平台产出多样化。三是要完善激励机制，用好各种激励政策和创新举措推进校企双方依托平台技术创新，促进平台各类技术资源的外溢和释放，增强服务支撑能力。四是要完善保障机制，着力解决阻碍平台有效运行和持续发展的突出问题。

2.3.5　围绕专业人才培养，配套师资团队建设体系

2.3.5.1　深入实施"师德铸魂工程"

要把师德师风建设摆在教师队伍建设的首要位置，坚持师德师风是评价教师队伍素质的第一标准。深入开展"师德建设月"活动，紧扣师德建设主旋律，"一届一主题"；通过师德论坛、主题演讲、巡回报告会等系列活动，以及"师德标兵""教学名师""学生最喜爱的教师""优秀兼职教师"等典型评选与宣传引领，挖掘师德典型，讲好师德故事。健全师德建设工作长效机制，完善师德师风全过程考评监督机制，推行师德考核负面清单制度，建立教师个人信用记录，建设一支有理想信念、有道德情操、有扎实学识、有仁爱之心的"四有"教师队伍。

2.3.5.2　大力实施"双师提升工程"

（1）成立教师发展学院，助推教师职业发展。对照职教改革实施方案，以提高教师整体素质、服务地区、服务行业为目标，整合教师发展相关职能，成立独立的二级学院——教师发展学院。根据职业院校生源的变化与发展、教师成长和学校发展的需要，指导教师制定职业发展规划，完善教师发展档案。积极探索以建筑类职业院校专业教师双师能力提升为主、现场一线兼职教师教学能力提高为辅、建筑兄弟院校校本培训为补充的多元的、适应职教改革时代发展的办学形式，构建具有系统性、针对性、实效性的教学课程体系，以"点"带"面"、"点面"共赢，开展教师培训工作，实现教师队伍的可持续发展。

配合"1＋X"证书制度试点工作，开展教师职业技能等级证书培训，培育职业技能等级证书培训教师，打造能够满足教学与培训需求的教学创新团队。拓宽教师国际化视野，选派优秀师资赴境外知名高校和知名企业开展访问研修。响应国家"一带一路"倡议，选拔教师赴"海外教师工作站"，为沿线国家开展师资培训和课程培训，为海外企业开展员工培训。服务精准扶贫、制造强国、区域协同发展等国家战略，面向中西部省份、淮海经济区城市、同行院校开展师资能力提升培训，承接优势专业国培省培项目。

（2）升级"教师金泉工程"，加强教师多维有序培养。按照《国家职业教育改革实施意见》要求，全面升级实施"教师金泉工程3.0方案"，实施"二维X梯度有序培养"模式，进一步加强对教师双师素质提升的培养，并为教师成长提供更加广阔的路径和支撑（图2-1）。继续实施"教授/大师—青年教师结对培养"模式，促进青年教师全面快速成长。率先在两个高水平专业群实行新进教师经培训后持证上岗制度。教师通过访学进修、企业实践、工匠大师带徒传技、自我提升等多种渠道，

进一步提高自身教学能力、实践能力和科研能力，培养一批行业有权威、国际有影响的专业带头人、专业群负责人、卓越课程教师和课程负责人，以及一批本土化"大师工匠型"教师。

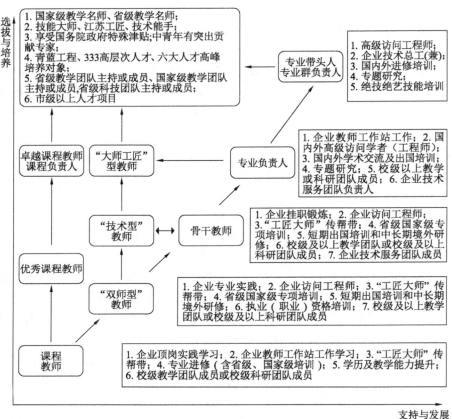

图 2-1　二维 X 梯度专业教师有序培养模式与路径

（3）强化外引内培，提升教师队伍双师能力。从教师专业教学能力水平、技能水平、企业实践工作经历、创新创业经历、为企业开展技术服务业绩和持有的执业资格证书等多维度构建高职院校双师评价体系和双师认定标准。依托江苏建筑职教集团平台，与企业共建"双师型"教师培养培训基地，建立学校和行业企业联合培养"双师型"教师机制，在国内知名企业设立"教师工作站"，专业教师定期进站进行企业实践工作或兼职兼薪，以使其实践教学能力达到双师素质要求。高水平专业群的专业教师每三年进企业实践一个学期以上，以三年为周期实现全员轮训，全校教师实现四年全员轮训。建设期内，真正进得课堂、下得厂房、做得教师、当得师傅的德技兼备、育训皆能的"双师型"教师比例要超过90%。《"双师型"教师认证标准》成为立足职业教育整体发展的引领性制度，要在此基础上，建成国家级"双师型"教师培养培训基地。

以现代职业教育教学社区为依托，引进或聘任100名大师名匠、企业领军人才等来校任教，深度参与课程改革，把产业先进技术元素带入课堂。建立200个"大师工作坊""名师工作室""企业工作站"，开展"1＋"带徒传技项目，提升专业教师对接产业发展的能力，在具有绝技绝艺的技术技能大师的培养上有所突破，指导培养50名行业有权威、国际有影响的专业（群）带头人和400名能够参与企业技术创新和解决企业生产技术难题的骨干教师。

不以学历、职称、年龄为限制，拓宽专业教师招聘选拔路径，重点突出现场实践技能考察，对特殊高技能人才，公开招聘，直接考察。特聘岗位年薪高酬、岗位互换兼职兼薪、校企联合引进等多措并举，待遇请人、感情留人，力争人才为我所用。

2.3.5.3 创新实施"活力激发工程"

（1）改革教师职称评审体系。突出师德为先，突出教育教学业绩，突出能力素质评价，采用专家评审、以考代评、实践操作等多样化评价方式，切实提高职称评价的针对性和科学性。"双师型"教师同等条件下优先评聘。建立高层次、急需紧缺人才职称评审绿色通道。

（2）创新教师评价标准体系。根据不同类型教师的特点和职责，坚持共通性与特殊性、水平业绩与发展潜力、定性与定量评价相结合，分类建立涵盖品德、知识、能力、业绩和贡献等要素的科学合理的、各有侧重的教师评价体系。建立健全容错纠错机制，鼓励教师大胆进行教学改革和实践创新，激发教师工作的积极性、主动性和创造性。

（3）建立绩效工资动态调整机制。设立"双师型"教师专项绩效，加大岗位激励力度，实现以目标管理和目标考核为重点的绩效工资动态调整机制，多劳多得，优绩优酬。学校开展校企合作所得的收入，按当年审批绩效工资总量提取一定比例作为绩效工资来源，适当增加绩效工资总量。建立完善校企双方人员相互兼职兼薪制度。

（4）坚持以人为本，突出教师主体地位。建立健全教职工代表大会制度，保障教师参与学校决策的民主权利，维护教师职业尊严和合法权益，关心教师身心健康，克服职业倦怠，提升教师内生动力，激发工作热情，努力造就一批学识魅力和人格魅力兼具的优秀教师，提升教师队伍的软实力，提高教师的幸福感和自豪感。

2.3.6　围绕专业人才培养，配套专业设置与管理制度

2.3.6.1　专业集群设置要求

能完整对接同一产业链，或者完整对接同一产业链的某一阶段，或者完整对接与产业链上若干个职业岗位或岗位群具有较高契合度和对应性的、存在内在紧密联系的专业或专业方向的组合；或者紧密对接区域特定产业或高资质、高级别龙头创新型规模以上企业的若干个职业岗位或岗位群的专业或专业方向的组合；或者紧密完整对接具有 2~3 个同一产业领域对应职业岗位或岗位群紧密关联的、具有显著优势的、特色的核心专业，共同组成专业集群。

2.3.6.2　专业群设置要求

（1）围绕某一行业或产业设置形成的、具有相近的工程对象和相近的技术领域的专业组合，或学校在长期办学过程中，依托某一学科基础较强的专业而逐步发展形成的、具有相同的专业理论基础和技术平台课程的专业组合。

（2）具有一定数量的相同或相近的实训任务和实验实训项目，具有一定数量的相同或相近的、共用的实验实训设施、设备。

（3）具有一定数量的技术领域相同或相近的、可承担多个专业或专业方向课程的教师团队。

2.3.6.3　专业设置要求

专业设置调整应与产业需求对接，坚持以服务发展为宗旨，以促进就业为导向，遵循职业教育规律和技术技能人才成长规律。要根据办学条件，努力办出优势特色。要适应区域、行业对技术技能人才培养的要求，面向地方经济建设和社会发展第一线，原则上在开设的专业方向成熟的基础上增设新专业。

专业设置调整应遵循高等职业教育自身的规律，有利于提高教学质量和办学效益。要根据高等职业教育培养目标，按照技术领域和职业岗位（群）的实际要求设置和调整专业。通过现有专业扩大招生，拓宽专业服务面，以及通过增设专业方向、合并专业或更改专业名称等专业调整途径能够基本满足人才培养所需的，不再设置新专业。同一定位和培养目标的专业不重复设置。

2.3.6.4　专业调整与撤销

（1）学校可根据社会经济发展和人才需求的变化，调整和撤销已设置专业。对于更改专业名称、改变学制的专业调整情况，一律按新设专业的设置程序进行。二级学院若要主动提出撤销已设置的专业，应由所在二级学院出具书面报告和申述停办理由、相应的论证材料，并会同教务处、人事处等有关部门对撤销专业的教师提出安排意见后，报学校审批。学校审批通过，填报《专业备案（增设或调整）汇总

表》，报省教育厅备案。

（2）符合以下情况之一的专业，原则上应予以撤销或调整：连续3年备案、2年未招生的专业；被认定为办学条件严重不足、教学管理混乱、教学质量低下或人才培养质量不符合市场需求变化的专业；人才培养明显不适应社会需求，就业率连续2年低于85%、对口就业率连续2年低于50%的专业；须参加准入类职业资格考试的专业，应届毕业生考试通过率连续2年低于全国平均水平的专业；连续2年实际报到人数不足招生计划50%的专业；专业专任教师低于3人、实训场地生均低于2 m²、第一志愿率低于30%的专业；上级主管部门要求撤销的专业。

2.3.6.5 专业预警

（1）已包含在学校确定的专业群内，能够紧密对接产业链需求，且连续开办3年及以上的长线专业，可暂不撤销，但给予黄牌警告，对专业所在学院提出预警警告，由专业所在学院加强建设，直至符合专业开设要求。

（2）已包含在学校确定的专业群内，能够紧密对接产业链需求的非长线专业，给予红牌警告并撤销该专业，可更名后并入原专业群作为主干专业的专业方向开设。

（3）独立专业直接给予红牌警告，直接撤销，学校不予专业备案。

（4）凡连续给予2次黄牌警告或1次红牌警告的专业，直接撤销，学校不予专业备案。

建设类专业群建设实证分析

3.1 建设类专业群建设目标

① 服务建筑全产业链转型升级、提质增效，全面融合人才供给侧和产业需求侧，突出职业素质与全过程育人融合，借鉴国际标准，全面分析各专业的知识能力体系，集聚课程、实践教学基地和创新平台等各类教学资源及教学活动要素，优化跨专业教学组织形态，通过"新技术＋"和"信息技术＋"改造传统专业、开发新专业、调整专业群结构，将建筑装饰工程技术、建筑工程技术 2 个专业群重点打造为国际一流、国内领先的中国特色高水平专业群。契合行业发展前沿和发展趋势，动态变更课程体系和课程内容模块组成，将建筑设备等 14 个传统专业群改造提升为国内一流专业群。

② 对标前沿，打造中国特色建筑类专业群人才能力标准和专业标准，在"一带一路"沿线国家推广。

③ 建立课程资源中心，引入 16 套国际资源，开发 16 个国家级和校级特色专业教学资源库，打造 350 门国家、省、校三级特色金课，实现立体化、活页化教材专业群全覆盖，建立动态机制，同步更新教学标准和教学内容。

④ 校企共建 16 个开放共享的实践教学基地，共同打造 16 支高水平、结构化的混编教师创新教学团队，以学生为中心，实施分工协作的模块化教学模式。

⑤ 营造三类智慧教学环境，深化"三教"改革，推动"课堂革命"。

⑥ 建立健全多方协同的专业群可持续发展保障机制。

3.2 建设类专业群建设思路

① 以服务国家战略和地方经济发展、对接行业企业转型升级需求、深化复合型技术技能人才培养为目标，引入新技术、新工艺、新规范，更新专业结构和课程体系，全面构建现代专业群。

② 在"现代职业教育教学社区"框架下，以产教融合、校企合作为主线，引入国际标准，在"1＋X"证书制度体系下，采取以需求侧为导向构建供给侧人才培养体系的"反向设计"方法，对接行业岗位能力要求，定位人才培养规格和人才能力标准，对接职业标准开发专业标准，对接工作过程构建课程体系，对接职业技能要求重组课程内容，对接生产过程设计教学过程。

③ 以专业群为单元，配套以"多元融合、混合主体、过程导向、书证融通"为特色的人才培养培训模式和"师徒双轨、并行共升"的新型现代学徒制人才培养模式，重构"通用平台＋证书模块＋个性发展"的模块化课程体系。

④ 建立课程开发中心，融入课程思政、工匠精神等要素，通过教学团队、实训条件、课程资源等资源集聚，构建"学习空间"，实施模块化教学和信息化、项目化教学等改革，推进"课堂革命"。

⑤ 推进弹性学制和学分制系列改革，实施按学年注册、按学分收费、按学分模块管理、按学分毕业的学籍管理机制，推进办学方式、学生培养模式、教学管理机制等方面的全面改革。

3.3 建设类专业群建设具体任务

3.3.1 服务产业转型升级，全面升级构建现代专业群

在"现代职业教育教学社区"框架下，聚焦建筑全产业链转型升级与提质增效及区域内智能制造业、现代服务业的转型升级需求，全面融合人才供给侧和产业需求侧，集聚资源、优化结构，与中建、中冶、金螳螂、徐工集团等五百强特级企业深度融合合作，以共建、共培、共享、共管等方式共同主导专业建设与人才培养。全面分析各专业的知识能力体系，集聚课程、实践教学基地和创新平台等各类教学资源及教学活动要素，优化跨专业教学组织形态，以"装配化""机械化""信息技术"的方式，通过专业重构、课程重组，在各专业群构建"通用平台＋证书模块＋个性发展"的模块化课程体系，改造16个传统专业群，以满足行业企业转型升级带来的技术技能人才知识、技能结构变化的需求。联合清华大学、中国矿业大学等高校及科研机构、中高职学校完善提升"中－专－本－研"贯通式多层次技术技能人才培养体系，打造两个"中国特色"高水平建筑专业群和14个国内一流专业群。

3.3.2 融入"X"证书标准，创新人才培养培训新模式

以产教融合、校企合作为主线，根据行业特点和人才成长规律，全面融入"X"

证书标准，创新人才培养培训模式。建筑类专业群采用基于"双元制"升级的"多元融合、混合主体、过程导向、书证融通"为特色的人才培养培训模式，实现学历证书与职业技能证书无缝对接。智能制造、现代服务类等专业群，切实落实学生员工"双身份"，校企联合招生、协同培养，推行基于"双元制"的"师徒双轨、并行共升"的特色现代学徒制人才培养模式。要求学生在获得学历证书的同时，积极取得国家发布、联合行业企业共同开发的"X"职业技能证书和职业资格证书，拓展就业创业本领。对应职业教育扩招，针对不同的生源类型，按照其知识技能基础、个性发展需求，深化"分类培养、分层教学"，建立灵活的个性化培养机制，实现"人人皆可成才、人人皆能成才"。

3.3.3　校企深度协同合作，打造输出专业群系列标准

（1）开发各专业群复合人才能力标准。

遵循"综合素质提升"原则，强化思想政治素质和社会主义核心价值观教育，凸显工匠精神、创新创业精神等职业素质培养要求，强化人文素质和身心素质要求。融入国际职业标准、国家专业教学标准和"X"证书要求，开发各专业群复合型技术技能人才标准。以对接人的发展需求为原则开发各专业群人才通用能力标准，包括团队合作能力、有效沟通能力、主动学习和终身学习的能力、项目管理和资源规划的能力等。以对接行业前沿需求侧为原则开发各专业群人才专业能力标准，包括专业知识及技能、专业创新能力、专业知识的整合应用与迁移能力、职业素质与工匠精神、责任意识、可持续发展的能力及国际视野等。

（2）开发各专业群系列专业教学标准。

根据人才能力标准开发专业群专业教学标准。以专业群为单元，融入课程思政、工匠精神等要素，重构"通用平台＋证书模块＋个性发展"的模块化课程体系。将课程思政要素、工匠精神以案例等形式融入课程、实训、教材和教学资源中，以不同的工程对象或具有一定区分度的项目任务为单元划分课程内容和实训内容模块。以各门课程和实训教学目标及其对应的核心能力，优化课程之间、实训环节之间及其相互之间的逻辑关系，团队协作实施教学，明确考核方法和标准，形成课程标准和实训标准，组成专业群专业教学标准。

（3）开发各专业群教学创新团队标准。

根据高等职业教育复合型高素质技术技能人才培养要求，教学创新团队按照师生比确定数量充足的教师人数；按照人才培养的知识体系、技能结构、开设课程、实训环节、技术创新要求配备实践经验和教学经验丰富的校方教师和企方教师比例；由行业有权威、有影响力的专业群带头人，能够改进企业产品工艺与解决生产技术

难题的骨干教师，兼职的行业企业领军人才、大师名匠共同组成专业群教学创新团队，兼职教师按与专任教师不低于1：1的比例配置。基于以上原则形成教学创新团队标准。

（4）开发各专业群教学培训资源标准。

依据各专业群人才标准、课程标准和实训标准，遵循职业人的成长规律，以学习者为中心，对接学生学员课程学习、企业技术人员培训、行业从业人员终身学习等需求，明晰专业建设资源中心、课程中心、素材中心、培训中心、企业中心和社会中心的专业教学资源库架构及其资源的数量、质量、内容的标准。以促进移动学习、泛在学习、混合学习等学习模式变革为目标，满足学习者良好的学习体验和教师教学应用体验需求，制定文本、图片、动画、视频等资源类型的格式标准，确立开放共享、立体化、动态更新的完善机制，形成专业群教学培训资源标准。

（5）开发各专业群实践教学基地标准。

对接各专业群实验实训、实习实践、创新训练和技术培训等教学需求，按照行业新技术、新工艺和新规范要求确定实训基地设备类型和技术参数标准；按照服务对象人数确定工位数量标准和管理人员数量标准；按照行业特点综合考虑成本控制和反复训练的需求，借力信息技术手段，确定虚拟工厂、虚拟工地、模拟训练设备的技术参数标准。按照满足单项技能、综合技能、创新技能等模块化技能训练的要求，以及满足虚拟实训、模拟操作、实境训练和创新提升四个层次的能力递进模式的要求，校企合作共同开发开放共享的各专业群实践教学基地标准。

（6）打造输出中国特色建筑专业标准。

校企深度合作，依据产业需求侧要求，重点开发、打造建筑装饰工程技术等建筑类专业群人才能力标准、课程标准与实训标准、教学创新团队标准、教学资源标准、实践教学基地建设标准，形成先进的中国特色建筑群系列标准。依托海外设立的"鲁班工坊"、海外合作企业培训等渠道，在"一带一路"沿线国家推广中国特色建筑类专业群人才培养培训模式和系列人才培养标准。分阶段、分步骤逐步推进，引导社会大众、行业、政府逐步认可中国标准。

3.3.4 校企人才互通互融，打造多元化教学创新团队

深化产教融合、校企合作，升级"金泉工程"师资培养机制，实现校企人才互通互融，打造由校内教师、行业专家、大师工匠、技艺大师、能工巧匠与海外教师共同组成的"校企互通、专兼结合、教研相长"的双师型多元混编教学创新团队，协同进行技术开发、课题研究和工程技术指导，共同开发课程、教材、生产案例等教学资源，共同承担课堂教学和实践教学指导任务，多方优势互补实现教学教研、

科研创新、社会服务一体化双向服务，以跨专业教学组织形态组建16支高水平、结构化的教师教学创新团队，以技艺精湛的教学创新团队支撑技艺高超人才的培养培训。

3.3.5 校企共建课程中心，开放共享专业群教学资源

校企共建课程开发中心，是指校企双方共同投入场地、设备和建设经费，依托学校的专业教学资源库和在线开放课程一体化平台，集聚学校专业群教学资源、企业优质案例资源，建设面向社会的开放共享的专业群教学资源库和在线课程集群。具体要求/目标包括引入国际课程资源，开发完善两个以上国家级专业教学资源库、14个特色专业教学资源库、10门以上国家级金课和340门以上特色金课，重点打造线上金课、线上线下混合式金课，构建"学习空间"，以满足信息化教学和泛在学习需求。

3.3.6 多元主体共建共管，建设立体化实境教学基地

在现代职业教育教学社区框架下，依托实体化职教集团，创新政校行企多元主体共建、共享、共管的机制和对接技术前沿的设备同步更新机制，对接各专业群实验实训、实习实践、创新训练和技术培训等教学需求，集聚各专业群校内校外实训基地资源，打造16个开放共享、立体化的一流实境教学基地。根据专业特点开发应用移动式实训平台，与固定式实境教学基地共同服务全校各专业群的单项技能训练、综合技能训练、创新技能训练和技术培训。依托基地，在职教集团范围内常态化举办行业、学校和企业共同参加的"鲁班技能节"技能大赛，引领技能训练和互动交流，培养产业急需、技艺高超的复合型高素质技术技能人才。

3.3.7 深化"三教"改革，多措并举助推"课堂革命"

（1）强化教师教学能力提升，打造"课堂革命"人力资源支撑。

对标国际前沿，定期组织教师国外培训交流，拓展教师国际视野；对标职教前沿，强化教学团队专业带头人职业教育理念与专业建设能力培训，以及团队骨干教师课程开发、信息化教学和项目化教学能力常态化培训；对标行业前沿，校企协同进行技术开发、课题研究和工程项目技术指导，保证教学团队知识、能力结构与行业前沿同步更新，提升教学团队创新与服务能力。校企协同打造高水平、结构化的"双师型"多元混编教学创新团队，保障"课堂革命"必需的人力资源。

（2）推进先进教学条件改善，打造"课堂革命"智慧教学环境。

以智慧教育理念为指导，以服务智慧化教学、泛在化学习为目标，借力信息技

术，以切实有效的教学策略推进课堂重构，服务专业性研讨式教学；推进"信息技术＋教学＋管理"的模式，集成移动化、大数据、云架构和教学视频服务、数据智能分析等功能，建成六间智慧课栈，满足在线课程开发需求；建成2间智慧学习厅、10间智慧探究型智慧教室、100间智能研讨型智慧教室，以满足线上学习、线下体验和智慧教学的功能需求，从而营造"课堂革命"必需的智慧化教学环境。

（3）深化教材建设和教学方法改革，推广"课堂革命"教学方法手段。

对标行业前沿，及时将新技术、新工艺、新规范等产业先进元素纳入教学标准和教学内容，开发立体化、活页化教材实现全校专业群全覆盖。建立课程内容模块和教学团队成员专业结构、知识和能力结构的对应关系，采取教师分工协作的模块化教学模式。深入推进教学方法改革，改变课堂形态，优化教学过程，全部专业核心课程实施项目化教学、信息化教学、线上线下混合式教学、研讨式学习与团队协作化实践，以产出成果评价学习效果。推广"课堂革命"必需的教学方法和手段。

3.3.8　推进学分制改革，助力人才成长终身学习

推进学分制改革，将选择权交给学生、学员，建立按学年注册、按学分收费、按学分毕业的学籍与学费管理机制，专业群人才培养方案课程体系划分为公共基础课程模块、技术平台课程模块、专项能力课程模块、个性化学习课程模块、素质教育模块，规定各课程模块学分比例和毕业的最低总学分。建立开放式的课程教学与管理平台，对应模块化课程体系设置模块化学分体系，建立企业课程与专项能力课程、职业技能证书与技能训练学分的对应置换体系。建立"以选课制与导师制为核心，以重修制、主修辅修制、学分互认制等为辅助"的教学管理模式，建成适应学生精细化和个性化培养的教学管理体系和质量保障体系。以信息技术与教育教学的深度融合为支撑，打通学历教育、人才培训、继续教育，拓展社区教育和终身学习，服务全社会人才成长与终身学习。探索建立和对接资历框架体系和职业教育"学分银行"体系。

3.3.9　健全动态更新机制，促进专业群可持续发展

对接建筑业、智能制造业、现代服务业等重点产业，政校行企深度合作，建立健全多方协同的专业群可持续发展保障机制。各专业群专业结构、人才培养规格定位、招生人数与生源结构等实现动态调整。各专业群人才能力标准、专业标准等系列标准每年按需更新，每三年进行系统性修订，及时更新教学内容，保持与国际前沿标准、行业前沿技术、教育前沿思想同步更新。

（1）建立对接发展需求的动态调节机制。

根据行业、区域经济发展对人才的需求，及时调整专业群结构，考虑人才培养的周期性，每年通过新技术改造传统专业、增减专业群内专业、调整专业群内专业结构的方式，动态满足产业结构变化导致的人才需求结构变化。加强现实经济、社会、技术条件下专业群优势、劣势、机遇和风险分析，综合分析产业结构调整升级、地区产业结构构成变化及自身资源等因素，有效预测专业群的人才需求量和需求类型，动态调整专业群各专业的招生规模和招生类型。

（2）建立校企深度融合协同发展机制。

企业的人才需求具有明确的职业特性和岗位特性，专业群的可持续发展需要与行业或区域相关企业形成命运共同体，以市场为导向，针对岗位的能力需求及时调整人才培养方案。以实体化运行的职教集团为平台，畅通校企沟通、交流的渠道，定期组织对行业和区域人才需求数量、能力要求的调查，掌握当前或今后一段时间内所需岗位工作的技术人才数量和能力结构，预测产业结构和社会人才需求的变化趋势，动态调整专业群结构、专业课程体系和课程教学内容。

（3）建立教学资源持续投入和更新机制。

建立教学资源持续资金投入和内容更新机制，及时吸纳新技术、新工艺、新规范等产业先进元素，及时调整专业群教学资源组成结构，同步更新各类教学资源和教学内容。校企合作共同补充素质教育案例、教学案例、工程案例、技术工法、技能培训包等各类教学和培训资源，年度资金投入不得低于立项建设经费的15%、教学资源补充更新率不得低于15%，实现教学资源建设的持续投入和持续更新，支撑专业群的可持续发展。

（4）建立专业课程诊断与持续改进机制。

建立专业课程诊断与持续改进机制（图3-1），根据人才培养规格定位人才培养目标，由人才培养目标确定毕业生需达到的能力指标，对应能力指标分解重构课程体系，在课程体系中确定课程教学目标和学生能力标准，进而实施人才培养并考核学习成果，对照标准检查人才培养目标达成度，全面诊断分析存在的问题并持续改进。

建立专业课程诊断与持续改进机制，基于课程标准，实施课堂教学实时性诊改。基于课程教学大数据实施课程教学诊断，根据学生的学习状态、学习达标率、课程教学评测三个指标形成课程质量分析报告，开展课堂教学诊断，分析存在的问题并持续改进。

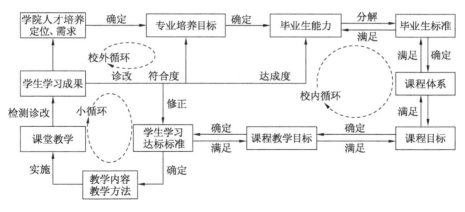

图 3-1 专业课程诊断与持续改进机制

（5）建立混编教学团队可持续发展机制。

基于升级版"金泉工程"二维四梯度的教师培养体系，将组织教学团队国外访学、研究、培训和交流制度化、常态化，拓展教师国际视野；通过组织专业带头人职业教育理念与专业建设能力培训及骨干教师课程开发、信息化教学和项目化教学能力常态化培训，提升教学团队的教学开发能力；通过校企人才互融互通、互聘互用、动态交流，促使教师定期到企业进行技术开发、课题研究和工程项目技术指导，以更新知识能力结构、提升创新与服务能力。建立保障教学团队创新发展的良性机制。

（6）建立专业群人才培养质量评价机制。

在现代职业教育教学社区框架下，依托实体化职教集团平台，组建由政校行企职业教育专家、行业技术技能专家、专业课程建设专家、技艺大师工匠、产业教授、优秀校友代表共同组成的专业群人才培养评价委员会，实施对专业人才培养培训的全过程监督。构建人才培养评价体系，对照人才培养目标、培养规格和人才能力标准，科学合理地评价人才培养质量，有效结合第三方评价结果，按照年度公布人才培养质量评价报告，决策优化调整学校专业群专业结构、人才培养系列标准和人才培养路径。

4 建设类专业群现代学徒制人才培养案例

江苏建筑职业技术学院的"双主体培养、双基地轮训"的现代学徒制探索是教育部第二批现代学徒制试点项目,试点专业为机电一体化技术、建筑工程技术和道路桥梁工程技术,合作单位为徐工集团、龙信集团、江苏东南工程咨询有限公司、浙江交工金筑交通建设有限公司、南京交通建设项目管理有限责任公司、无锡市交通工程有限公司等。试点两年来,按照教育部职成司《关于做好 2019 年现代学徒制试点年度检查和验收工作的通知》(教职成司函〔2019〕60 号)要求,我校认真对照备案的任务书对试点实施情况进行了全面自检总结,并顺利通过验收。

4.1 江苏建筑职业技术学院现代学徒制培养情况

江苏建筑职业技术学院机电一体化技术、建筑工程技术和道路桥梁工程技术专业均为学校的优秀强势专业,已培养高技能人才一万多人,目前拥有紧密合作型校外实践基地 40 余个。试点两年来,学校以"产教深度融合、校企合作共赢"的机制建设为基础,分别与徐工集团、龙信集团和江苏东南工程咨询有限公司等 6 家优势骨干企业联合开展现代学徒制人才培养。试点专业着力完善"双主体培养、双基地轮训"的人才培养方案,通过现代学徒制丰富高素质技术技能人才培养的内涵;建立"招工招生准同步,企业学校全程参与"的教学管理制度,确立"学徒"和"学生"双重身份;实施校企共管的教学组织流程,优化校企双主体育人的培养机制,取得了显著成效。

对照建设目标和任务要求,3 个专业在校企协同育人机制、推进招生招工一体化、完善人才培养制度和标准、建设校企互聘共用的师资队伍、建立体现现代学徒制特点的管理制度这 5 个方面全面完成了预期任务。3 个专业纳入现代学徒制人才培养的学生数达到了 510 人,其中机电一体化技术专业培养 168 人,建筑工程技术专业培养 58 人,道路桥梁工程技术专业培养 284 人。3 个专业与 6 家企业合作进行人才培养,进展顺利,成果显著。

获得的成果和荣誉主要有:2018 年,3 个专业都被评为江苏省高水平骨干专业;

中国建设报以"校企合作共赢·共筑大国工匠"为题，报道了机电一体化技术专业现代学徒制培养成果；建筑工程技术专业团队骨干成员参与建设的钢结构工程技术专业资源库在 2018 年被教育部定为国家级专业教学资源库建设项目；道路桥梁工程技术专业的"双轨制"工学交替人才培养模式案例成功入选江苏省 2018 高等职业教育质量年度报告；《践行现代学徒制·打造建筑类人力资源池》案例入编由教育部科技发展中心编撰的《中国高校产学院合作优秀案例集（2012—2014）》，在此基础上，本项目进行了深入的实践和探索，发表相关研究论文 7 篇。2018 年 2 月 27 日，《中国教育报》发表《"教学诊改"的文化意义》，2019 年 3 月 26 日《中国教育报》发表《准确把握新时代"双师型"教师新要求》，2019 年 3 月 27 日《中国科学报》发表《高职教育："乍暖还寒"这五年》，2019 年 5 月 22 日《中国建设报》发表《赛教双向融通　实现各方共赢》，对我校校企产教融合联合培养学生、双师型教师、机制改革等进行了报道和推广。

4.2　现代学徒制试点工作成效与创新点

（1）规范招生招工制度，校企共同制定实施招生招工方案，明确学生的"双身份"，约定各方权责利

建立和完善招生录取与企业用工一体化的制度与实施细则。学校按照高考成绩录取生源，学生入校完成军训后，由学校、合作企业的人力资源部门和技术人员向学生宣讲现代学徒制文件精神、企业情况、岗位设置及工作内容、学徒待遇和发展情况，然后组织学生参加面试。双向达成意向后，签订《学徒、监护人、学校和企业三方协议》。各专业也与企业行业签订了学校、企业、行业协会合作协议书，并针对具体专业试点工作任务书，明确其工作职责。

签订三方协议，确立学生双重身份。按照双向选择原则，学徒、企业、学校签订三方协议，以协议的方式明确学徒作为企业员工和职业院校学生的双重身份，同时也明确各方权益及学徒在岗培养的具体岗位、教学内容、权益保障等。例如：机电一体化技术专业学生在签订协议后，徐工集团及时给学徒发放冬、夏两季员工服装和各类实习补贴、节日福利、班车接送及各类奖学金；建筑工程技术专业的三方协议中明确龙信集团负责安排学徒在企业培养期间的工作岗位、实训条件，并选派企业师傅及和技术人员进行指导和授课，负责学徒的吃住，发放不低于当地最低工资标准的基本工资、奖学金、助学金等费用；道路桥梁工程技术专业引入行业企业一线专家，结合实际工程项目、学徒岗位，不断修改完善相关培养方案、专业标准，使专业教学标准和行业标准对接，以培养出适应行业发展需求的复合型高素质技术

技能人才。

通过三方协议的签订，建立企业全过程指导的学生职业生涯规划机制，树立学生的企业归属感，提升学生的职业认同感，使学生职业生涯规划对接企业人才培养规划；把企业文化、员工应知应会作为必修课，视学生为准员工，实现学生从准员工到员工的定向培养就业。

（2）对接区域产业需求精准培养目标，完善学徒培养模式

试点专业分别适应区域产业发展和人才需求变化，面向徐工集团的先进制造岗位、龙信集团的现代建筑业岗位、路桥企业的施工管理岗位，对职业领域、工作岗位、工作任务和职业能力等人才培养规格进行梳理，校企双方共同研讨，精准确立专业人才培养目标和岗位职业能力特点。

例如：机电一体化专业适应区域产业发展和人才需求变化，目前徐工集团为达成到2020年出口比例达到35%的目标，急需大量的海外售后服务工程师，若从现有熟练技术工人中培养，就会面临年龄偏大、英语底子差的情况，需要通过学习达到海外售后服务外语交流能力的要求；若选择有英语基础的本科学历技术人才，则会出现动手能力差而又不愿从事售后服务工作岗位的情况；而我校学生英语基础较好、动手能力强，且有一定的理论基础，通过现代学徒制工学结合的形式强化培训，完全可以满足徐工集团售后服务工程师的岗位要求，于是校企双方共同针对职业领域、工作岗位、工作任务和职业能力等人才培养规格进行梳理，精准确立专业人才培养目标和岗位职业能力特点。

试点专业依据专业人才培养目标和岗位职业能力特点，校企共同设计人才培养方案，制定培养标准，构建基于岗位工作过程、"学生"和"学徒"相互融通的课程体系，使学习过程融入真实的生产实际中。

道路桥梁工程技术专业通过校企联合开发了"双主体、双基地、双轨制"的全过程育人方案，如图4-1所示。

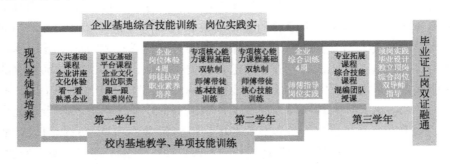

图4-1 道路桥梁工程技术专业校企"双主体、双基地、双轨制"育人方案

（3）开启校企"旋转门"，推进师资全方位融合

为推动现代学徒制项目顺利实施，培养具有专业技能与工匠精神的高素质人才，本着校企分工合作、双主体协同育人、职责共担、共同发展的原则，建立互聘共用、双向挂职锻炼、横向联合技术研发和专业建设的双导师机制，打造高素质现代学徒制双导师队伍团队，学校出台了《现代学徒制双导师队伍实施意见》。各专业选聘企业技术骨干人员作为企业导师在校内校外为学生讲课、指导实践，同时本校教师也到企业挂职锻炼、参与联合技术研发，成为企业一员，为企业发展贡献力量。3 个专业共有省级产业教授 3 人，获得省级兼职教师津贴的企业导师 3 名。

建筑工程技术专业在龙信集团建立企业教师工作站，通过选派专业教师进驻教师工作站参与项目工程建设、项目咨询和科技研发，培养和提升教师工程经历，提升教师双师素质，实现校内教师企业共用。同时协助企业技术人员参与龙信班学员企业实训的管理和指导，校内教师企业工作站工作期间的费用由龙信集团承担。在校内建立企业师傅工作站，依托江苏建筑职教集团平台，聘请 20 名企业高级技术人员、技术骨干或能工巧匠为兼职教师，进驻教师工作站，通过教学能力培训，建立课程教学"双骨干教师"队伍及实践教学"双指导教师"队伍。

（4）校企共同开发课程及教学资源

根据人才培养需求，校企双方共同制定课程标准，开发课程资源，结合互联网技术，建设专业教学资源库，实现教学资源跨区域开放共享。

机电一体化技术专业根据人才培养需求，校企双方已完成 6 门课程的课程标准制定，并分步推进核心课程的内容重构及资源库建设。机电一体化技术专业对接国家职业资格标准和徐工集团海外售后服务岗位，完成"弧焊机器人系统应用""工业机器人生产线安装调试与维护""底盘装配培训""上车装配培训""整车维修培训""英语培训"等课程的课程标准的制定和开发。以"整车维修培训"为例，其对应的岗位为工程机械售后服务岗位，关键能力为工程机械液压系统和电气系统的维修，按照企业反馈，液压系统故障率较高，对该系统的检测及维修十分重要，因此将各种工程机械液压故障的典型案例结合到了本课程的教学内容中。针对校企两地距离及生产与学习任务之间的矛盾，为解决校企双方互动教学、培训的难题，由学校投入资金，校企双方完成了工程机械运用技术教学资源库建设，工程机械课程可借助数字化校园、资源库和在线开放课程完成教学，现代学徒制班学生在企业可通过空中课堂学习并获得学分。

建筑工程技术专业围绕专业课程体系建设，组建了由专业教师、龙信集团产业板块负责人、技术总工、施工技术人员、政府建筑工业化管理部门负责人组成的课程开发小组。课程开发小组在课程开发专家的引领下，对课程体系进行协同设计，

以建筑工程施工产品为载体，基于工作过程和岗位能力进行课程开发（图4-2）。

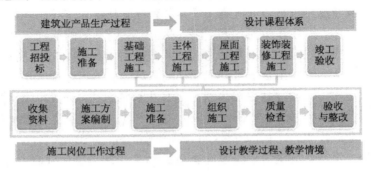

图4-2　基于工作过程的工学结合课程开发

通过对建筑产品生产过程所涉及的主要工作任务及岗位典型工作任务进行综合分析，实现典型工作任务到学习课程的配置转换，确定需要开设的课程门类（学习领域），依照职业成长和认知规律，工作过程结构不变、学习难度逐步递增、学生自主能力逐步增强的原则划分设计学习情境（图4-3）。按行动导向进行教学设计，培养学生独立进行建筑工程施工的信息收集、方案策划、计划制订、施工组织、产品验收及技术应用的能力。

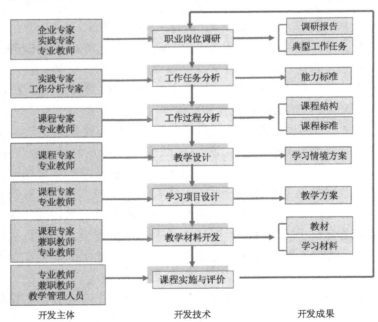

图4-3　基于工作过程的工学结合课程开发流程

在施工项目技术管理岗位上，围绕"新型预制装配技术""BIM信息化技术"等技能和技术新要求，分析建筑工业化施工员工作岗位的技能要求，基于建筑工程施工过程及工作任务构建专业课程体系（图4-4），基于龙信集团开发、设计、施工等环节技术和管理需求，并融入国家职业资格标准开发教学内容，根据学校、企业的教学条件和校企双方师资条件划分学校授课课程、企业授课课程、校企共授课程，从而解决传统课程与就业需求之间的脱节问题，实现课程体系与龙信集团岗位需求的无缝对接。

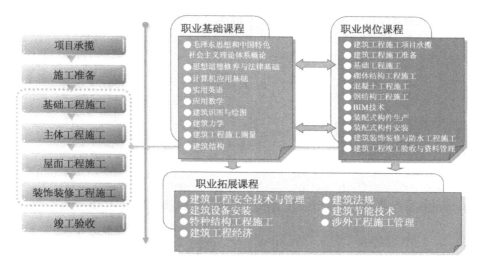

图4-4 基于工作过程的工学结合课程体系

建筑工程技术专业还与企业联合，在泛雅网络教学平台上，建成了建筑工程技术专业的全部线上课程，并面向社会和企业开放，实现了资源共享，满足了开放、自主学习的需要。根据课程教学要求，梳理课程知识和能力体系，细化知识能力点，开发"建筑识图与绘图""建筑结构""建筑工程施工测量""基础工程施工""混凝土工程施工""建筑装饰装修与防水工程施工""建筑工程施工准备""建筑工程施工项目承揽""建筑材料与检测""建筑工程安全技术与管理"10门课程的数字化课程教学资源，建设包含2000个知识点的微课程，建设14门在线开放课程，开发配套现代学徒制校本教材，实现线上与线下学习的有机统一，作为学徒企业学习期间课程学习的有力补充，保持学习的连续性。

（5）结合企业需求共同开发适合学徒制培养的教学组织形式

各试点专业根据岗位特征，系统设计了现代学徒制教学实施流程，以保证学生既能学到知识，又能在岗实践，从而达到现代学徒制人才培养目标。

　　例如：机电一体化技术专业按照徐工集团人才需求的特点设计了"专业基础训练，双基地培养"的现代学徒制实施流程。"专业基础训练"即学生前两年在校内外通过学中做、做中学的一体化教学，完成专业知识学习和基本技能训练，第三年以准员工的身份到徐工集团进行工程机械制造、装配、调试等多种岗位轮换学习及考核，使学生完成由准员工到正式员工的身份转换；"双基地培养"即学生的整个学习过程在校内实训基地和校外实训基地轮流进行，学生具备在校为学生、在企业为学徒的双重角色。学生在企业各实习岗位里，定岗位、定师傅、定实习内容、定期考核，企业文化讲座、职业生涯讲座、技术讲座、行业发展讲座、思想政治教育贯穿了人才培养过程（图4-5）。

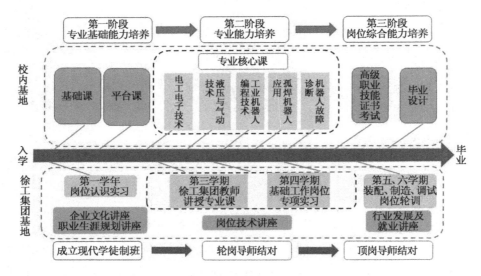

图4-5　"专业基础训练，双基地培养"的现代学徒制实施流程图

　　道路桥梁工程技术专业通过现代学徒制试点项目建设，校企共同制定并实施了"双主体、双基地、双轨制"的育人方案，该方案包含三个阶段，第一阶段是基础能力培养，第二阶段是专业能力培养，第三阶段是岗位综合能力培养，校企对每个阶段的过程都组织制定了详细的规划（图4-6）。

　　第一阶段，以基础能力培养为主，通过企业文化讲座、企业文化进校园、职业生涯规划教育、学徒4＋2模式项目体验（周五尽量不排课，让学生去项目参观体验）等活动，让学生充分了解企业。

　　第二阶段，师徒结对、师傅带徒"双轨制"工学交替培养专业能力。具体做法：将学生分为两组，一组在校内基地学习课程基础知识、基本原理，另一组在企业基地师傅的带领下进行技能训练，半学期后交替。其优点是始终有相对适量的学生在企业项目实践，有利于企业师傅指导培养，更好地支持企业的项目实施，这是企业进行现代学徒制合作的内在动力；另一方面，这种"双轨制"工学交替能够避免大量学生在集中时段进入企业基地或校内基地，有利于各种教学资源的合理调配，有利于保障人才培养的条件支持。

第三阶段，双导师混编团队教学指导，进行岗位综合能力培养。具体做法：在4周企业综合实践的基础上，双导师混编团队利用工地直播，以企业实际项目为载体进行专业拓展课程项目化教学，以双导师指导企业顶岗实践和毕业设计，从而完成学徒培养的全过程。

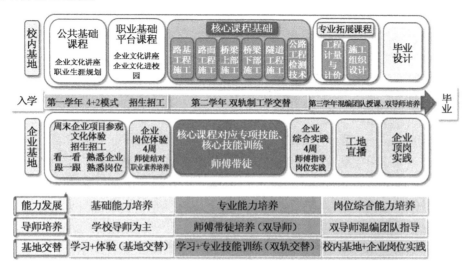

图4-6 道路桥梁工程技术专业校企"双主体、双基地、双轨制"三阶段育人实施流程

（6）建立体现现代学徒制特点的管理制度，培养质量成效显著

根据现代学徒制特点，学校与合作企业共同研讨制定了"双导师队伍实施意见""教学管理实施办法""学分制管理办法"等一系列现代学徒制管理制度，规范管理。同时各专业与合作企业针对现代学徒制实施过程中的各环节，制定了更加详细的实施细则。

建筑工程技术专业创新考核评价与督查制度，基于工作岗位制订以育人为目标的学徒考核评价标准，建立多方参与的考核评价机制。建立企业课程成绩评定办法和企业学徒培养及技能考核学分互换办法，基于工作岗位制订以育人为目标的学徒考核评价标准，融合师傅过程考核、学生自评、项目考核、技能鉴定等，建立多方参与的考核评价机制。建立"学业标准"与"学徒标准"相结合的双证融通评价考核体系，修满人才培养要求的学分，拿到毕业证，达到"学业标准"。根据学徒在企业工作中学习内容和完成任务的情况，制定企业"学徒"考核标准。通过龙信集团过程考核且岗位技能鉴定合格，颁发企业认定的职业岗位技能证书，在集团内通用。

试点以来，现代学徒制人才培养有效提升了专业人才培养质量，学生的工作习惯、职业规范受到了实习及用人单位的广泛赞誉。项目实施以来，建筑工程技术专业学生共获得省级以上职业技能大赛奖项 20 项，申请发明专利 5 项。道路桥梁工程技术专业支持大学生创新创业大赛训练项目 29 项，学生发明杯全国高职高专创新创业大赛多次获奖，其中，2017 年有 2 个项目获全国一等奖、1 个项目获全国二等奖、1 个项目获全国三等奖，2018 年有 2 个项目获全国一等奖、1 个项目获全国三等奖，学生获得授权实用新型专利 11 项。学生参加交通运输无损检测技能大赛获二等奖 2 项，三等奖 6 项。组织培训学生参加 2017 年首届全国高职高专大学生基础力学邀请赛，并荣获一等奖 4 名、二等奖 1 名和团体特等奖。

（7）辐射推广，推动试点经验落地

试点专业边实践、边研究、边推广。项目立项建设以来，先后承担了教师国家级培训 5 项、省级培训 2 项、校本培训 1 项，共有来自全国 47 所同类院校教师 245 人次参加培训，在一定程度上推广了本项目的建设经验和做法。3 年来先后有金华职业技术学院、浙江同济职业技术学院、扬州职业大学、扬州工业职业技术学院、辽宁城建学院、深圳信息职业技术学院、河南建筑职业技术学院、安徽城市管理职业学院等 20 所学校前来交流，从而辐射推广了本项目的建设成果。

4.3　主要经验和特色

（1）推行六双五进五融合，构建"双主体"育人新机制

现代学徒制深化了工学交替、校企共担的人才培养模式的改革，校企深度融合，"双投入"构建培养模式实施平台，"双资源"拓展培养模式实施时空形态，实现"双主体"办学；"双计划"描绘合作育人的规格模型，"双教师"成为合作育人的主导力量，实现"双主体"育人；"双选择"拓宽合作就业的广阔前景，"双服务"提高合作发展的核心竞争力，界定校企双方在资金投入、资源投入、师资投入、计划制定、师傅管理等方面的权责利，实现"双主体"发展。实施"项目进校园、工程师进课堂、教师进工作站、学生进现场、文化进环境"五进育人的校企联合培养机制，通过工学交替、学徒递进，实现"教室现场合一、学生学徒合一、教师师傅合一、教程工艺合一、作品产品合一"，使学院与企业的合作由松散到紧密、由形式到内容，从而实现深度融合。

（2）完善现代学徒制育人机制，严守底线促进高质量发展

实行"循序渐进、分段实施、递进培养、会考评定"的能力培养考核体系，确保专业核心能力的有效达成，守住职业能力培养底线。完善体现现代学徒制特点的制度体系，标准化教学日常管理、双导师培养、教学资源开发、实训条件保障、教学效果多方评价、教学监督等，促进现代学徒制人才培养高质量内涵式发展。

（3）共担德育教育责任，实现企业文化德育教育同频共振

"育人为本、德育为先"，各专业与合作企业共担育人重任。定期邀请相关专业的产业教授、技能大师等技术专家为全体师生做报告，宣传企业文化，传递工匠精神。同时，学校也将现代学徒制学生的思想政治教育工作放在首位。学生在企业期间，马克思主义学院的教师到企业授课，保证思政课的学时和效果。各学院的党支部还与合作企业的党支部结为友好党支部，双方在教学双导师的基础上，又各选派一名生活导师，形成"德育双导师"，以解决学生在生产实习中遇到的思想上、心理上、生活上的问题，形成德育教育同频共振。

4.4　存在问题及对策建议

（1）招生即招工存在政策瓶颈

我校自实施现代学徒制试点以来，一直在寻找招生招工一体化的政策路径。在实施层面上，企业与学校、学生签订三方协议，承认学生的"员工"身份，给予学生"员工"待遇，但在购买社保、约束学生履行协议中关于就业方面的条款时存在与政策相左的局面。这也在一定程度上影响了企业参与的积极性，阻碍了现代学徒制试点工作的推进。

对策建议：政府在政策建设上补齐短板，或从其他角度给予政策支持，以保证企业对学徒投入的经费及精力有稳定的回报。

（2）高水平师傅团队的建设是项目顺利推进的重要保证

师傅团队决定了现代学徒制培养的效果。在实施过程中，师傅带现代学徒制的"学徒"付出的心血，远大于单纯企业的学徒工人。这就需要企业在薪资、奖励、评优评选、职称评聘等方面给予政策倾斜，从而有助于提高师傅对该项目的认可度，才能使师傅付出全部的精力去培养现代学徒制的"学徒"。同时，在组建师傅团队时，除了对技术有要求外，对师傅的素质也有非常高的要求。一支稳定的爱岗敬业、乐于奉献的能工巧匠团队是现代学徒制试点顺利推进的重要保证。

对策建议：通过企业选拔师傅，形成稳定的师傅团队。对这些师傅进行单独的培养与指导，制定师傅成长规划，从制度层面激励师傅，提高师傅的荣誉感。

（3）建筑类企业项目变化大，进度不一，师徒关系存在不稳定性

建筑类企业以项目为单位配备技术人员，项目的进展与工期相关。在现代学徒制三年的培养期内，项目的进展情况与学校教学活动的计划性存在一定的矛盾。一般情况下是在学校的集中教学完成后，再进入企业项目跟师傅。要保证所有学徒接受的岗位是类似的，那进入的项目就不能确定，师傅具有一定的流动性。

对策建议：建立固定的师傅资源库，接受规范的师傅带徒培训，保证师傅水平的稳定性。

5 人才职业能力的结构和评价

5.1　交通工程建设专业群培养模式与课程体系

5.1.1　交通工程建设专业群培养模式

　　交通工程建设专业群经过多年的改革和建设，形成了"校企双元合作、三学期工学交替、双证融通"的人才培养模式（图5-1），并在此基础上探索实施了"分类培养、分层教学"的教学模式，丰富了人才培养的内涵。自2014年创新人才培养模式以来，经过6年的不断完善，道路桥梁工程技术专业建设完善并最终采用了"校企双元合作、三学期工学交替、双证融通"的人才培养模式。将现有一学年二学期的学制，改为一学年三学期。其中，前两学年的第三学期在企业进行道路工程、桥梁工程的施工生产跟岗实训，第三学年的第二、三学期在企业顶岗实习，进行预就业。

图5-1　"校企双元合作、三学期工学交替、双证融通"的人才培养模式

5.1.2　交通工程建设专业群培养目标

道路桥梁工程技术专业施工方向的培养目标定位：德、智、体、美全面发展，

具有良好的职业素质、实践能力和创新意识，面向道路和桥梁工程施工及相关企业，掌握道路和桥梁工程施工一线的专业知识，有较强的实践动手能力，并具有从业职业资格证书，能从事道路和桥梁工程的施工与管理，具有计量与计价、质量检测与评定、施工测量与放样等熟练技能。

道路桥梁工程技术专业监理方向的培养目标定位：德、智、体、美全面发展，具有良好的职业素质、实践能力和创新意识，面向道路和桥梁工程监理及相关企业，掌握道路和桥梁工程监理的专业知识，有较强的实践动手能力，并具有从业职业资格证书，能从事道路和桥梁工程的施工监督和管理，具有一定的施工质量控制、施工进度控制、计量与计价、施工测量与放样等熟练技能。

道路桥梁工程技术专业造价方向的培养目标定位：德、智、体、美全面发展，具有良好的职业素质、实践能力和创新意识，面向道路和桥梁工程施工企业，掌握道路和桥梁工程最基本的专业知识，有较强的工程造价软件应用能力，并具有从业职业资格证书，能从事道路和桥梁工程的施工前投标工作、施工过程中工程计量与计价、变更、索赔、结算和竣工决算等工作。

道路桥梁工程技术专业高铁方向的培养目标定位：德、智、体、美全面发展，具有良好的职业素质、实践能力和创新意识，面向铁道和桥梁工程施工以及相关企业，掌握铁道和桥梁工程施工一线的专业知识，有较强的实践动手能力，并具有从业职业资格证书，能从事铁道和桥梁工程的施工与管理，具有计量与计价、质量检测与评定、施工测量与放样等熟练技能。

5.1.3 交通工程建设专业群课程体系

交通工程建设专业群以公路工程施工企业的施工员为主要就业岗位，道路工程和桥梁工程是公路工程的重要组成部分。因此，本专业构建了以"一岗双线"为特色的课程体系，以道路工程施工、桥梁工程施工为主线，以道路工程、桥梁工程的施工过程为导向，以公路工程施工企业的施工员的岗位工作任务为载体，以岗位职业能力为依据整合学习任务，构建理论教学与实践训练一体化的职业教育课程体系（图5-2、图5-3、图5-4），从而实现教学过程与工作过程的对接，实现课程内容与岗位任务、职业标准的对接，以最大程度培养职业能力和职业素质合格的人才。

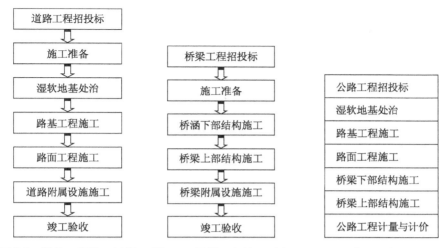

图 5-2 道路工程施工过程　图 5-3 桥梁工程施工过程　图 5-4 施工员岗位专业课程

5.1.4 交通工程建设专业群职业能力体系

交通工程建设专业群按照就业岗位群分岗位（专业方向）构建了施工员、监理员、预算员、试验检测员、质检员、安全员、材料员、测量员和资料员等岗位的职业能力要求体系。具体见表 5-1 至表 5-9。

表 5-1 施工员岗位工作能力

序号	岗位工作任务	岗位专项工作能力
1	A1-1. 熟悉规范、标准、规程等 A1-2. 读懂施工组织设计 A1-3. 识读工程图纸、作业指导书、设计变更 A1-4. 组织施工	B1-1. 规范、标准、规程应用的能力 B1-2. 编制和执行施工组织设计的能力 B1-3. 识读和复核工程设计图纸的能力 B1-4. 编制作业指导书的能力 B1-5. 识读和执行设计变更的能力 B1-6. 组织施工的能力
2	A2-1. 进行技术交底 A2-2. 进行安全交底 A2-3. 做好资料记录	B2-1. 进行技术交底的能力 B2-2. 进行安全交底的能力 B2-3. 做好资料记录的能力
3	A3-1. 安排作业顺序 A3-2. 做好工序交接记录	B3-1. 安排作业顺序的能力 B3-2. 进行工序交接的能力 B3-3. 做好工序交接记录的能力
4	A4-1. 组织和优化劳动力 A4-2. 签发工程任务单 A4-3. 统计工程量 A4-4. 资料收集和整理	B4-1. 组织和优化劳动力的能力 B3-2. 签发工程任务单的能力 B3-3. 统计工程量的能力 B4-4. 资料收集和整理的能力

序号	岗位工作任务	岗位专项工作能力
5	A5－1.填写施工日志 A5－2.配合协作有关部门完成质量验收工作	B5－1.填写施工日志的能力 B5－2.配合协作的能力 B5－3.质量验收的能力
6	A6－1.施工现场安全管理 A6－2.施工现场文明施工管理	B6－1.施工现场安全管理的能力 B6－2.施工现场文明施工管理的能力
7	A7－1.检查施工现场材料的进料情况 A7－2.填写检测记录	B7－1.检查施工现场材料的能力 B7－2.填写检测记录的能力
8	A8－1.施工过程中的质量控制 A8－2.施工过程中的安全控制 A8－3.施工过程中的环境控制	B8－1.施工过程中质量控制的能力 B8－2.施工过程中安全控制的能力 B8－3.施工过程中环境控制的能力

表 5-2　监理员岗位工作能力

序号	岗位工作任务	岗位专项工作能力
1	A1－1.协调工作（协调业主方和施工方）	B1－1.具备沟通与协调能力
2	A2－1.现场监理工作 A2－2.协助专业工程师检查承包人的施工准备、施工放样	B2－1.具备监督与管理能力 B2－2.具备协助与检查能力
3	A3－1.熟悉合同、规范、标准 A3－2.识读工程图纸	B3－1.规范、标准、规程应用能力 B3－2.识读和复核工程设计图纸能力
4	A4－1.检查承包人的劳动力、材料、机械的配置和使用情况 A4－2.填写检查记录	B4－1.具备按照要求检查施工单位资源配置的能力 B4－2.具备按照要求填写检查记录的能力
5	A5－1.检查、记录和签认工序的施工质量 A5－2.进行见证取样 A5－3.汇报施工中存在的问题 A5－4.向承包人下达口头警告	B5－1.具备检查施工质量的能力 B5－2.具备按要求进行见证取样的能力 B5－3.具备记录施工质量的能力 B5－4.具备签认施工质量的能力 B5－5.具备汇报施工中存在问题的能力 B5－6.具备合理下达指令的能力

序号	岗位工作任务	岗位专项工作能力
6	A6-1.审核和鉴定质量检测表格 A6-2.核实工程数量 A6-3.签署原始凭证 A6-4.复核工程变更的数量 A6-5.复核工程索赔的数量 A6-6.中间检验申请批复单的批复 A6-7.分项工程检验申请批复单的批复 A6-8.现场质量检验表（自检）的批复 A6-9.现场质量检验表（抽检）的批复 A6-10.分项（部）工程开工申请批复单的批复	B6-1.具备审核工程数量的能力 B6-2.具备审核各种报表的能力 B6-3.具备批复各种报表的能力 B6-4.具备签认的能力
7	A7-1.绘制图表 A7-2.填写监理记录、监理日志 A7-3.向上级进行工作汇报	B7-1.具备绘制图表的能力 B7-2.具备填写监理记录、监理日志的能力 B7-3.具备语言表达的能力
8	A8-1.现场检测 A8-2.测量工作 A8-3.施工放样报验单的批复 A8-4.检查施工企业的进度执行情况 A8-5.督促施工企业进行进度整改 A8-6.记录施工现场监理工作情况	B8-1.具备现场检测能力 B8-2.具备工程测量能力 B8-3.具备报表批复能力 B8-4.具备检查工程进度的能力 B8-5.具备监督施工单位整改的能力 B8-6.具备记录监理工作情况的能力

表5-3 预算员岗位工作能力

序号	岗位工作任务	岗位专项工作能力
1	A1-1.了解国家的基本建设方针、政策、法令和取费标准 A1-2.编制预算 A1-3.编制结算	B1-1.应用国家政策、法令和取费标准的能力 B1-2.编制预算的能力 B1-3.编制结算的能力
2	A2-1.了解施工现场情况 A2-2.掌握经济信息 A2-3.提供经济资料 A2-4.协助进行成本核算	B2-1.具备收集信息的能力 B2-2.具备信息整理的能力 B2-3.具备成本核算的能力
3	A3-1.收集和整理签证资料 A3-2.进行未完工程的中间结算 A3-3.提供未完工程的中间结算资料 A3-4.办理工程结算	B3-1.收集和整理工程资料的能力 B3-2.具备结算的能力

续表

序号	岗位工作任务	岗位专项工作能力
4	A4－1.参与签订分包工程合同 A4－2.参与签订材料采购合同 A4－3.参与签订工程设备供应合同 A4－4.建立合同台账	B4－1.具备一定的签署合同的能力 B4－2.具备建立台账的能力
5	A5－1.参与项目部合同评审 A5－2.熟悉合同条款 A5－3.对有关合同条款存在的问题提出合理化建议	B5－1.具备一定的合同评审的能力 B5－2.具备合同条款应用的能力 B5－3.具备提出合理化建议的能力

表 5-4　试验检测员岗位工作能力

序号	岗位工作任务	岗位专项工作能力
1	A1－1.熟悉试验技术规范、试验方法 A1－2.材料试验 A1－3.材料质量控制	B1－1.试验规范应用能力 B1－2.材料试验能力 B1－3.材料质量控制能力
2	A2－1.进行抽样试验(监理单位)	B2－1.材料抽样检测能力
3	A3－1.试验仪器设备的维护和保管	B3－1.仪器设备维护和保管的能力
4	A4－1.整理各项试验记录报告 A4－2.试验资料分类归档	B4－1.处理实验数据能力 B4－2.整理试验报告的能力 B4－3.试验资料分类归档的能力
5	A5－1.执行试验工程师指派的任务	B5－1.专业技术理解和沟通的能力 B5－2.执行能力
6	A6－1.实施试验检测	B6－1.试验检测能力
7	A7－1.严格执行规范和检测操作	B7－1.严格执行规范的能力
8	A8－1.记录检测过程	B8－1.记录能力
9	A9－1.设备的还原 A9－2.填写设备的使用记录	B9－1.实验仪器设备管理的能力 B9－2.填写记录表格的能力
10	A10－1.设备的保养、维护	B10－1.实验设备的保养和维护的能力

表 5-5　质检员岗位工作能力

序号	岗位工作任务	岗位专项工作能力
1	A1－1.熟悉法律、法规	B1－1.法律、法规的应用能力
2	A2－1.熟悉设计图纸 A2－2.熟悉施工组织设计 A2－3.熟悉项目质量计划 A2－4.熟悉国家标准、规范 A2－5.进行工序交接的监控工作 A2－6.对施工员进行监控	B2－1.识读设计图纸的能力 B2－2.执行施工组织设计拟订方案的能力 B2－3.按项目质量计划执行的能力 B2－4.标准、规范的应用能力 B2－5.监控能力——对工序、对人
3	A3－1.分部分项工程质量检查 A3－2.分部分项工程质量验收 A3－3.发现和消除质量事故隐患 A3－4.填写质量验收记录 A3－5.质量事故汇报及处理	B3－1.分部分项工程质量检查的能力 B3－2.分部分项工程质量验收的能力 B3－3.发现质量事故隐患的能力 B3－4.质量事故隐患处理的能力 B3－5.验收记录填写的能力 B3－6.语言表达和汇报的能力 B3－7.质量事故处理的能力
4	A4－1.明确三检测任务和程序 A4－2.检查资料	B4－1.执行检测任务和程序的能力 B4－2.检查资料的能力
5	A5－1.建立资料档案 A5－2.提供质量检查资料	B5－1.建立资料档案的能力 B5－2.资料分类整理的能力
6	A6－1.收集资料	B6－1.资料收集的能力
7	A7－1.反馈施工质量信息 A7－2.判定违章情况,并下达相关指令	B7－1.信息反馈的能力 B7－2.违章作业判定的能力 B7－3.下达指令的能力
8	A8－1.做好三控工作 A8－2.进行安全管理	B8－1.质量控制能力 B8－2.费用控制能力 B8－3.进行控制能力 B8－4.安全管理能力
9	A9－1.熟悉安全措施 A9－2.进行安全检查	B9－1.执行安全措施的能力 B9－2.安全检查能力
10	A10－1.控制不安全行为 A10－2.发现不安全因素	B10－1.安全控制能力 B10－2.排查不安全因素的能力
11	A11－1.监督检查特种作业人员持证上岗	B11－1.监督特种作业人员持证上岗的能力
12	A12－1.原材料、半成品检查 A12－2.计量器具定期周检 A12－3.施工设备状态检查	B12－1.原材料、半成品质量检查的能力 B12－2.对计量器具定期周检的能力 B12－3.机械设备使用状态检查的能力

序号	岗位工作任务	岗位专项工作能力
13	A13-1.分包工程的质量监控 A13-2.分包工程的质量验收 A13-3.分包工程的质量记录	B13-1.分包工程的质量监控能力 B13-2.分包工程的质量验收能力 B13-3.分包工程的质量记录能力
14	A14-1.执行指派任务	B14-1.沟通理解能力 B14-2.执行命令能力

表5-6　安全员岗位工作能力

序号	岗位工作任务	岗位专项工作能力
1	A1-1.参与编制安全管理办法 A1-2.参与编制专项安全施工组织设计 A1-3.参与编制单项的安全技术措施 A1-4.向作业班组进行安全技术交底	B1-1.编制安全管理办法的能力 B1-2.编制专项安全施工组织设计的能力 B1-3.编制安全技术措施的能力 B1-4.进行安全技术交底的能力
2	A2-1.行车安全管理 A2-2.施工劳动安全管理 A2-3.进行劳动用品管理、劳动保护监督指导和实施管理 A2-4.锅炉压力容器安全管理 A2-5.环境保护 A2-6.防火、易燃、易爆、有毒物品管理	B2-1.行车安全管理能力 B2-2.施工劳动安全管理能力 B2-3.劳保用品使用与管理能力 B2-4.仪器设备安全管理能力 B2-5.环境保护能力 B2-6.危险物品管理能力
3	A3-1.作业层的安全管理 A3-2.作业标准化管理	B3-1.施工作业安全管理能力 B3-2.作业标准化管理能力
4	A4-1.进行日常安全教育 A4-2.进行岗前培训,做好工人的安全意识、安全技术知识、安全法规、安全用电、防物击、防坠落、防机伤、防中毒、防火灾等常识的教育及新工人的安全知识培训 A4-3.协作抓好安全学习	B4-1.日常安全教育能力 B4-2.岗前安全培训能力 B4-3.日常安全学习能力 B4-4.协助能力
5	A5-1.对安全方案的实施情况进行检查 A5-2.及时发现安全隐患 A5-3.进行安全隐患处理或制止违章作业 A5-4.及时汇报	B5-1.检查安全方案实施的能力 B5-2.发现安全隐患的能力 B5-3.安全隐患处理的能力 B5-4.语言表达能力

序号	岗位工作任务	岗位专项工作能力
6	A6－1．建立安全生产工作台帐 A6－2．进行资料收集和整理	B6－1．建立安全生产台账的能力 B6－2．资料收集和整理的能力
7	A7－1．伤亡事故的统计上报 A7－2．参与事故的调查	B7－1．信息统计能力 B7－2．伤亡事故汇报能力 B7－3．事故调查能力
8	A8－1．参加脚手架、模板工程、基坑支护、提升机、塔吊等设备安装及施工临时用电等的验收工作 A8－2．对检查验收不合格的，有权禁止投入使用	B8－1．危险作业工序验收的能力 B8－2．下达指令的能力
9	A9－1．根据项目生产实际，广泛组织开展群众性的事故预防活动 A9－2．分析和掌握安全工作情况 A9－3．总结推广先进性操作方法和经验	B9－1．开展事故预防活动的能力 B9－2．分析与判断安全情况的能力 B9－3．总结先进性操作方法和经验的能力 B9－4．推广应用的能力

表 5-7　材料员岗位工作能力

序号	岗位工作任务	岗位专项工作能力
1	A1－1．执行公司材料管理制度 A1－2．采购原材料	B1－1．执行管理制度的能力 B1－2．采购原材料的能力
2	A2－1．调查材料供应方 A2－2．搜集供货资料 A2－3．与供货方进行协调、沟通 A2－4．对材料质量进行检查 A2－5．办理材料入库手续	B2－1．调查供应方的能力 B2－2．搜集信息的能力 B2－3．协调、沟通的能力 B2－4．材料质量检测的能力 B2－5．按流程办理手续的能力
3	A3－1．材料的供货管理工作 A3－2．材料的提货、验货及结算工作 A3－3．填写材料采购台账 A3－4．材料成本核算	B3－1．施工作业安全管理的能力 B3－2．作业标准化管理的能力

表 5-8　测量员岗位工作能力

序号	岗位工作任务	岗位专项工作能力
1	A1－1．配合设计单位、施工单位工作 A1－2．做好准备工作	B1－1．协调、配合的能力 B1－2．进行测量工作准备的能力

序号	岗位工作任务	岗位专项工作能力
2	A2-1.识读工程图纸 A2-2.核对图纸中相关数据 A2-3.了解施工总体部署 A2-4.制定测量放线方案	B2-1.识读工程图纸的能力 B2-2.核对设计图纸有关数据的能力 B2-3.理解和应用施工组织设计的能力 B2-4.制定测量放线方案的能力
3	A3-1.校测红线桩	B3-1.测放红线桩的能力
4	A4-1.校正测量仪器	B4-1.校正测量仪器的能力
5	A5-1.对测量放线工作提出预防性要求	B5-1.提出预防性措施的能力
6	A6-1.测量验线(审查测量放线方案) A6-2.测量放线 A6-3.检查测量放线工作	B6-1.审查测量放线方案的能力 B6-2.测量放线的能力 B6-3.检查测量放线工作的能力
7	A7-1.测设标高	B7-1.测设标高的能力
8	A8-1.垂直观测 A8-2.沉降观测 A8-3.记录整理测设数据	B8-1.垂直观测的能力 B8-2.沉降观测的能力 B8-3.测设数据记录、整理的能力
9	A9-1.整理完善测量资料	B9-1.整理测量资料的能力

表 5-9　资料员岗位工作能力

序号	岗位工作任务	岗位专项工作能力
1	A1-1.施工技术管理 A1-2.施工技术资料的保密工作	B1-1.施工技术管理的能力 B1-2.技术资料保密的能力
2	A2-1.科技资料的收集、保管 A2-2.为现场及时、有效地提供资料	B2-1.资料收集、保管的能力 B2-2.及时、有效提供资料的能力
3	A3-1.按照科技档案馆的要求,进行科技资料的收集工作 A3-2.资料的整理 A3-3.资料的归档 A3-4.建立台账 A3-5.填写技术报表	B3-1.按要求进行资料收集的能力 B3-2.按要求进行资料整理的能力 B3-3.按要求进行资料归档的能力 B3-4.资料建档的能力 B3-5.填写技术报表的能力
4	A4-1.为竣工结算提供完整、合格的技术资料 A4-2.竣工资料装订成卷 A4-3.竣工资料的移交	B4-1.竣工资料整理的能力 B4-2.竣工资料装订成卷的能力 B4-3.竣工资料移交的能力
5	A5-1.协助工作	B5-1.沟通协助能力

表 5-1 至表 5-9 来源:江苏建筑职业技术学院道路桥梁工程技术专业教学标准

5.1.5 交通工程建设专业群职业能力评价体系

本书将协同创新中心建设与高职复合型人才培养相结合，充分发挥了协同创新主体优势、地域环境和资源整合优势。依托"协同创新中心"平台，多个协同主体共同分析和确定专业就业岗位所对应的基本职业能力和关键职业能力要求，系统开发服务于"创新性复合型人才"培养的工学一体化课程。确立"创新性复合型高技能人才"的能力标准体系，并以此作为设计协同人才培养方案的依据。本章节采用国际通用评价标准——德国的 KOMET "职业能力与职业认同感测评"模型，以交通工程建设专业群（施工方向）为例，开展班级学生的能力测评并进行分析，得出交通工程建设专业群（施工方向）学生职业能力的获得情况及建议。

5.1.5.1 交通工程建设专业群人才能力分析

通过对交通工程建设专业群的特点及培养目标的分析可知，高职院校专业人才应具备以下能力。

（1）专业能力

专业能力是职业能力培养目标中的最基本要素。交通工程建设专业群高职毕业生需具备的专业能力主要有：道路和桥梁工程施工前准备的能力；道路和桥梁工程施工组织设计与施工方案编制的能力；道路和桥梁工程施工放样及监测点管理的能力；娴熟道路和桥梁工程的施工图识读和绘制竣工图的能力；湿软地基处治、路基工程、路面工程、桥梁工程的组织施工、施工过程控制、施工质量检测与评定等能力；拱桥、梁桥、斜拉桥等特大桥（大桥）的施工方法选择、施工工艺控制等最基本的施工组织和施工管理能力；道路和桥梁工程施工现场管理的能力；道路和桥梁工程计量和计价编制的能力；道路和桥梁工程原材料和混合料的试验与检测的能力；遵守劳动和安全保护规程的能力。

（2）方法能力

交通工程建设专业群高职毕业生需具备的方法能力有：分析现场施工条件并提出实际问题解决方法的能力；新知识、新技术、新工艺的学习能力；获取信息的能力；制订工作计划、步骤的能力；评估施工安装、施工验收工作成果的能力；具有系统与全局思维、创新与整体思维的能力，迁移、决策能力；在学习、工作中发现问题、分析并归纳问题、总结与反思的能力等。在工作中的具体表现是能按照工作任务的要求，提出相应的工作方案，并完成任务；在工作中能发现问题、分析问题和解决问题，具有新工作的适应能力等。

（3）社会能力

交通工程建设专业群高职毕业生需具备的社会能力主要有：具有较强的敬业精

神、良好的思想品德；协调人际关系及团队合作的能力；具有较强的自信心、进取心和心理承受力；具有一定的社会科学、文化知识；批评与自我批评的能力，具有认真、细心、诚实、可靠等品质；具有从事专业相关工作的安全生产、职业道德、环境保护等意识，严格遵守相关法律法规、国家与行业规范；具有较强的社会责任感、较强的协调与组织管理能力；具有安全意识。

（4）实践能力

交通工程建设专业群高职毕业生需具备的实践能力主要有：解决道路与桥梁工程施工技术、施工管理方面的实际问题的能力；在实训模拟或工作岗位中运用专业知识和专业技能，熟练编制道路桥梁工程施工方案并付诸实施的能力；按照施工方案的要求进行道路桥梁工程识图、测量、施工及工程验收的实际操作能力；材料选择、配合比设计、工程检测及结果评定的实践能力；运用 BIM 技术于施工过程进行管理的实践能力。

5.1.5.2 交通工程建设专业群人才测评模型的选择

一个完整交通工程建设专业群的测评体系，包括测评指标体系的确定，测评模型、测评工具的选择，测评所需资料的收集，测评的实施，以及测评结果的分析与总结。本研究选取 KOMET 二维能力模型进行学生职业能力测评，组成该模型的两个维度分别是能力级别维度和学习内容维度。鉴于交通工程建设专业群高职人才主要强调学生的实践能力达成，"工学结合"，"学"为"工"提供知识和技能基础；"学做合一"，"学"的目的在"做"，无论是项目教学法还是案例教学法等，其目的都在于让学生达到"做"的要求。为此，在实证研究中，基于道路桥梁工程技术专业的高职生职业能力的特点，采用基于实训测试法的二维能力测评模型，利用高职生现有的实训项目来实施测评，重在测评学生实践操作的能力，这与道路桥梁工程技术专业中学生实践能力的特征相符，更具有可操作性。

5.1.5.3 交通工程建设专业群测评指标体系

职业能力测评指标体系的建构是基于 KOMET 二维能力模型实施能力测评工作的重点。测评的指标体系包括测评要素、测评标志和测评标准。本研究将道路桥梁工程技术专业的高职学生的职业能力测评划分为三级指标。一级指标包括专业能力、实践能力、方法能力和社会能力。二级指标中专业能力包括基本知识、职业技能、职业态度 3 个三级指标；实践能力包括自主训练能力、操作能力、观察能力 3 个三级指标；社会能力包括组织协调能力、社会责任感、安全与环保意识、心理承受能力 4 个三级指标；方法能力包括分析能力、创造能力、思维能力、决策能力 4 个三级指标。据此，本书设计了一个道路桥梁工程技术专业高职学生职业能力测评指标体系（表5-10）。

表 5-10　交通工程建设专业群高职学生职业能力测评指标体系

一级指标	二级指标	三级指标	测评标志与标度	备注
专业能力	基本知识			
	职业技能			
	职业态度			
实践能力	自主训练能力			
	操作能力			
	观察能力			
社会能力	组织协调能力			
	社会责任感			
	安全与环保意识			
	心理承受能力			
方法能力	分析能力			
	创造能力			
	思维能力			
	决策能力			

5.1.5.4　交通工程建设专业群测评指标权重的确定

职业能力测评更注重的是每个学生基于这些测评指标的测评结果如何，即确定并量化对每个测评指标的记分。明确了一级和二级测评指标后，需要针对其内容重要性确定权重，即测评指标在总分所应占的比重，其体现了各个测评指标在测评体系中的重要性。常见的确定权重的方法有如下四种：主观加权法，即依据自己的经验权衡每个测评指标的轻重直接加权；专家加权法，指邀请与职业能力测评有关的专家，让他们分别独立地对测评指标体系进行加权，然后统计每个测评指标的权重系数并取其平均值；简单比较加权法，是首先确定测评指标中重要程度最小的那个指标，将其与其他测评指标进行比较，做出是它多少倍的重要程度的判断，然后进行归一化，从而得出各个测评指标权重的系数；多元统计法，是利用多元分析中的主成分分析、因素分析及多元回归分析来计算各个测评指标的权数。本实证研究采用简单比较加权法确定各测评指标的权重。本书确定的道路桥梁工程技术专业高职学生职业能力测评指标权重见表 5-11。

表5-11　交通工程建设专业群高职学生职业能力测评各指标所占权重

测评项目	职业能力（100%）
专业能力（30%）	
实践能力（27%）	
社会能力（23%）	
.方法能力（20%）	

5.1.5.5　交通工程建设专业群测评评分表

在测评实践中，要对测试对象的表现情况进行评定，用于描述和评价交通工程建设专业群高职学生职业能力的项目测评指标要具有可操作性，评分者可以此为依据对测试对象的任务解决情况进行评分。为此，本书设计了四分量表，以便于评分者进行评判并计分，见表5-12和表5-13。

表5-12　评分表的4个等级

按照要求			
完全符合	基本符合	基本不符合	完全不符合

表5-13　各评分点的要求及相应的分值比重

符合要求情况	完全符合	基本符合	基本不符合	完全不符合

为方便评分者记分，本书将各测评指标进行编号，依据表5-13中符合要求的情况设置相应分值以便于计算（表5-14）。

表5-14　交通工程建设专业群高职学生各能力对应的分值

编号	内容	完全符合	基本符合	基本不符合	完全不符合
1	基本知识	8	5.3	2.7	0
2	职业技能	15	10	5	0
3	职业态度	7	4.7	2.3	0
4	自主训练能力	9	6	3	0
5	操作能力	9	6	3	0
6	观察能力	9	6	3	0

编号	内容	完全符合	基本符合	基本不符合	完全不符合
7	组织协调能力	6	4	2	0
8	社会责任感	5	3.3	1.7	0
9	安全与环保意识	6	4	2	0
10	心理承受能力	6	4	2	0
11	分析能力	5	3.3	1.7	0
12	创造能力	5	3.3	1.7	0
13	思维能力	5	3.3	1.7	0
14	决策能力	5	3.3	1.7	0
	合计	100	66.5	33.5	0

5.1.5.6 交通工程建设专业群测评

本测试选取江苏建筑职业技术学院交通工程学院交通工程建设专业群的大三学生（路桥 15－1）作为测评对象。样本数量共有 10 组（40 名学生），并邀请了此专业的 3 位任课教师和 1 位协同创新中心高级工程师担任此次测评的评委。

在测试前，本书已经开发了针对学生职业能力、实践能力、社会能力和方法能力的评分细则并统一评分标准，并发给每位评委 10 份测评表，见表 5-15。测评内容选择施工员的主要岗位任务——道路桥梁施工方案编制项目（基本型），测试分组分批次进行，每批每组测评 4 名学生，每次测试的时间为 2 小时。每次测评由 4 位评分老师负责 1 组承担任务的 4 名学生的评定。测试在理实一体教室进行，测试所涉及的内容学生在之前的教学中已经学过并进行过大作业实训。测试开始前，由 1 位老师代表向测试对象做简要说明，让他们务必认真对待此次测试，测试分组进行，1 组 4 名学生，由成员推举的组长分配任务。第一组 4 位学生测评完毕后，休息 15 分钟（评委评分）后再进行第二组测试。整个测试过程中，学生基本都在 2 个小时内完成测试内容。测试完毕后回收所有测试资料及测评表进行数据统计，得出测评结果。

表 5-15　交通工程建设专业群学生职业能力评价

交通工程建设专业群学生职业能力评价表

评委姓名：　　　　　　组别：　　　　　　　　　　　　　日期：

测评学生名单：　　　　　　　　　　　　　　　　　　（第一位为组长）

测评级别			
4 级	3 级	2 级	1 级

请在上表中打"✓"

能力编号	能力	单项能力得分	内容	完全符合		基本符合		基本不符合		完全不符合	
1	专业能力		基本知识	8.0		5.3		2.7		0	
2			职业技能	15.0		10.0		5.0		0	
3			职业态度	7.0		4.7		2.3		0	
4	实践能力		自主训练能力	9.0		6.0		3.0		0	
5			操作能力	9.0		6.0		3.0		0	
6			观察能力	9.0		6.0		3.0		0	
7	社会能力		组织协调能力	6.0		4.0		2.0		0	
8			社会责任感	5.0		3.3		1.7		0	
9			安全与环保意识	6.0		4.0		2.0		0	
10			心理承受能力	6.0		4.0		2.0		0	
11	方法能力		分析能力	5.0		3.3		1.7		0	
12			创造能力	5.0		3.3		1.7		0	
13			思维能力	5.0		3.3		1.7		0	
14			决策能力	5.0		3.3		1.7		0	
本组合计得分											
本组总分											

请在上表中分值右侧空格打"✓"，并计算单项能力得分、合计得分及总分。

5.1.6 交通工程建设专业群职业能力测评结果与评价

评估每组测试对象的测试结果，需要确定两个数值，即"获得分数"和"达到的能力级别"。因此，不仅需要计算出每名学生得到的分数，还要根据职业能力模型判断该学生达到了哪一个能力级别。

（1）测评分数统计

本书计算出了每组学生在 4 个能力级别上的分别得分，为后面判断各组学生处于哪一个能力级别奠定了基础。

（2）能力级别分值计算

各组学生的 4 个能力级别对应的分数计算出来后，需要对每组学生处于哪一个能力级别进行判定，这项工作需要确定每一个能力级别的分值范围。能力级别的分值是指一个能力级别的各项能力指标的算术平均值，该值要四舍五入，保留小数点后一位。

在实际测试过程中，如果测试对象的分数达到了 10 分以上，即能力指标的分值不小于 10，则该项测评视为通过。在分值系统中，最高可得分数为 30 分，高职学生要想达到某个能力特征，必须不少于 10 分。

（3）测评得分与能力级别划分条件

各能力级别的分值已经确定，要想进一步确定各测试组的测量结果属于哪一个能力级别，须以职业能力模型为基础，并按照能力指标来进行解释。前文所述的职业能力模型由专业能力、实践能力、社会能力、方法能力四个单项能力构成，所对应的能力级别分别为能力级别 1、能力级别 2、能力级别 3 和能力级别 4（能力级别 4 最高），其中专业能力是各能力级别的基础。职业能力模型具备职业能力的双重特征：一方面，能力级别逐级递增；另一方面，能力特征又相互独立、互相关联。

在确定用哪些指标将测试对象的测试结果划入相应的能力级别时，要兼顾职业能力模型反应的双重特征。将各测试对象的成绩纳入相应的能力级别时需满足以下条件：

① 达到能力级别 1 所需满足的条件：若测试对象获得的专业能力分值大于 10，但没有达到能力级别 2 的条件，其能力级别确定为 1 级。若测试对象的专业能力分值小于或等于 10 但大于 5，可通过另外 3 个单项能力得分来补偿。如果测试对象专业能力的分值小于或等于 5，则其达不到能力级别 1。

② 达到能力级别 2 所需满足的条件：若测试对象获得的专业能力和实践能力分值都大于 10，但没有达到级别 3 的条件，那么他的能力级别就是 2。若其实践能力分值小于或等于 10，可通过其他两个单项能力得分来补偿。如果测试对象实践能力

小于或等于5，则其达不到能力级别2。

③ 达到能力级别3所需满足的条件：若测试对象获得的专业能力、实践能力和社会能力分值都大于10，但没有达到级别4的条件，那么他的能力级别就是3。如果社会能力分值小于或等于10，可通过"方法能力"得分来补偿。如果社会能力小于或等于5，则其达不到能力级别3。

④ 达到能力级别4所需满足的条件：如果测试对象所获得的上述4种能力维度的分值都大于10，那么他的能力级别就是4。

（4）测试对象测评结果

按照上述测评得分与职业能力级别的对位划分的要求，本书以5位测试对象的成绩为例，判定其达到的职业能力水平（表5-16）。

表5-16　被测试学生的测评结果

能力级别 得分 学生	专业能力得分	实践能力得分	社会能力得分	方法能力得分
第1组	23.0	16.0	12.0	11.7
第2组	15.3	9.0	9.7	5.1
第3组	7.6	6	5.7	3.4
第4组	17.3	12	15.3	5.1
第5组	12.6	21	9.7	8.4

从表5-16可以看出：

① 第1组的专业能力、实践能力、社会能力和方法能力的分值都大于10，其职业能力水平达到了能力级别4。

② 第2组的专业能力的分值大于10但其他能力的分值都小于10，其职业能力水平为能力级别1。

③ 第3组的专业能力分值小于10但大于5，因此，专业能力的分值可以从其他单项能力得分来补偿所需的分值，其职业能力水平为能力级别1。

④ 第4组的专业能力、实践能力和社会能力的分值都大于10，只有方法能力的分值小于10，其职业能力水平为能力级别3。

⑤ 第5组的专业能力和实践能力的分值都大于10，但又没有达到满足能力级别3的条件，其职业能力级别为2。

5.1.7 交通工程建设专业群职业能力评价分析

（1）统计结果

根据上述原则，本书统计了 10 组被试的测评结果。其中，只具备能力级别 1 水平的有 2 组，所占比例为 20.0%；达到能力级别 2 水平的有 2 组，所占比例为 20.0%；达到能力级别 3 水平的有 5 组，所占比例为 50.0%；而达到最高级别（方法能力）水平的组只有 1 组，所占比例为 10.0%。各能力级别的组所占比重如图 5-5 所示。

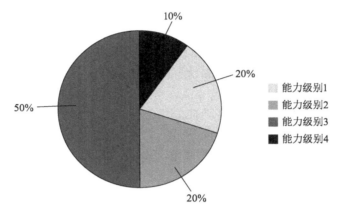

图 5-5 职业能力测评结果

（2）测评结果分析

结合上述测评结果及职业能力模型可知，测试对象大部分处于提高阶段，只有极少数学生达到了较好的职业能力。总体来说，40 名被测试学生的测评结果基本达到该年级所要求的职业能力水平。其中，20% 的学生处于能力级别 1，通过对这些学生进行调查和访谈，发现其测试组中有个别学生学习被动，学习效果差，还有一些学生只停留在掌握基本理论知识，却不能活学活用，这些学生的职业能力水平还有较大提高空间。70% 的学生较好地掌握了实际工作所需的实践能力，基本符合职业能力发展的逻辑规律，这也是作为一个高职毕业生走入就业岗位前必须获得的基本能力。处于能力级别 2 和能力级别 3 的学生的社会适应能力比较强，具有较强的适应能力，且具备比较好的专业能力和实践能力，基本达到人才培养的目标。达到能力级别 4 水平的学生具备了道路桥梁工程技术专业要求的 4 个方面的能力，在工作中有一定的创新。

（3）存在问题

在测试结果为能力级别 1 的一组中，经调查有一名综合表现比较突出的学生

（组长），但由于分组原因，虽然其在完成指定项目的任务过程中认真负责，态度端正，其负责完成的分工内容质量较好，但由于其他3名学生表现较差，最终其所在组只能评定为能力级别1。同样，在测试结果为能力级别2的一组中，也有组员综合表现较差，其分工负责的内容质量也较差，对该组测试结果起到了不利的作用。

5.1.8　小结

本书采用的测评模型和测评方法是在已有研究的基础上引进测评技术的相关理论而形成的，具有一定的科学性和可操作性，测评过程和结果判定简单、方便。但由于专业和岗位工作任务的特点，在实际操作过程中出现了部分组判定结果失真的问题。究其原因，主要有以下几个方面：

① 不同评委打分缺乏详细的严格统一的测评标准，评委的主观性不同程度地带入了测评结果，从而影响其准确性。

② 分组过程中，部分组成员职业能力相差较大，出现了由于个别成员专业知识不扎实、工作不认真而导致拉低整组评分的情况。

③ 凭单项给定任务测试各组得到的统一结果，难以评定各组成员个体的组织协调能力、人际交往能力、社会责任感等指标。

④ 按照本书研究的满足条件将每组纳入的能力级别只是大致的划分，而更精确的级别划分有待进一步深入研究。

针对测评结果出现的不足，提出几点改进，以期在日后的研究和实施过程中更科学合理地对高职学生职业能力进行测评，使测评结果更接近真实：进一步细化原有的测评指标，消除评分过程中的主观影响；在测评中使用其他人文、社会素养等方面的调查问卷辅助进行评测；针对专业和岗位特点，研究在分组状态下如何科学合理地评价每位组员的职业能力级别；更多地引入企业、行业专家担任评委，以检验毕业生是否符合行业、企业的标准和要求，促进高职教育人才培养质量评测体系改革。

5.2　建筑装饰工程技术专业群职业能力评价

江苏建筑职业技术学院建筑装饰工程技术专业群形成于2006年，其核心专业建筑装饰工程技术专业开办于1994年，招生对象为高中毕业生，实施全日制三年制职业教育。该专业是"国家示范性高职院校建设计划"重点建设专业、江苏省"十二五"重点专业、江苏省品牌专业立项建设专业。

随着装饰产业链的快速发展，装饰产业已经形成以施工为主体，涉及方案设计、材料制造与加工、软装饰与服务等多专业渗透和融合发展的模式，企业更希望培养会设计、熟施工、能造价、懂管理、了解市场的复合型技术人才。2006年，由建筑装饰工程技术专业为核心专业，形成了建筑装饰技术专业群，下设建筑装饰工程技术、室内艺术设计、环境艺术设计三个专业方向。

建筑装饰技术专业群内各专业方向具有统一的职业岗位基础课程，有利于培养跨界人才，但在具体的岗位定位、岗位工作内容、岗位能力要求方面还存在一定的差别。本研究主要以建筑装饰工程技术专业群为出发点开展学生职业能力测评研究。

5.2.1 建筑装饰工程技术专业群培养模式与课程体系

（1）建筑装饰工程技术专业群培养模式

根据装饰行业的工程特点和该专业人才培养规格的要求，在校企深度合作的基础上，建筑装饰工程技术专业群以"合作办学、合作育人、合作就业、合作发展"为主线，全面推进工学结合，实施了"校企合作、工学交替、双证融通"的"5+3"工学交替人才培养模式（图5-6）。该专业群通过深入开展校企合作、工学结合运行机制的研究，为项目导向、任务驱动、顶岗实习等教学模式的有效运行提供了有力的保障。

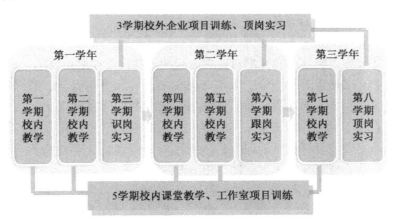

图5-6　"校企合作、工学交替、双证融通"的"5+3"工学交替人才培养模式

"5+3"工学交替人才培养模式即第一、二、四、五、七这五个学期为校内课堂教学和工作室项目训练，第三、六、八这三个学期为校外企业项目训练、顶岗实习，校内校外交替进行；其中第三、六学期为小学期，集中安排学生带着任务到工程现场识岗实习和跟岗实习，返校后带着问题接受工作室或实训室项目教学与训练；第七学期学生进入相应工作室和实训中心接受综合项目训练。在工作室做到"教、学、做合一"，以任务为驱动、以项目为导向进行真题真做，通过直接参与社会项目来锻炼学生的技术能力，实现学生职业能力与职业素质同步培养的目标，完成一项中级职业技能的训练与考核；第八学期，学生以员工的身份进入企业顶岗综合实践，在实践过程中培养学生的综合分析问题能力，强化学生的职业素质和职业道德，培养创新能力和职业胜任能力，要求在此期间达到职业资格标准，并取得一项职业资格证书。通过上述"5+3"工学交替人才培养模式实现校内生产性实训与校外顶岗实习的有机衔接与融通，实现学历证书与职业资格证书的对接，实现专业与产业的对接。

（2）建筑装饰工程技术专业群培养目标

建筑装饰工程技术专业群的培养目标是培养德、智、体全面发展，综合素质优良，牢固掌握必需的科学文化基础知识，具备在该领域某一从业岗位（群）从事现场技术应用工作应有的专业知识、动手技能与职业素质的高素质技术技能人才。

其核心专业建筑装饰工程技术专业方向的培养目标定位：培养德、智、体、美全面发展，具有良好的职业素质、实践能力和创新创业意识，面向建筑装饰施工、建筑装饰工程监理、建筑装饰设计等相关企业，掌握建筑装饰施工与管理方面专业知识，有较强的实践动手能力，并具有从业职业资格证书，能从事建筑装饰工程施工组织与管理、施工图绘制、装饰工程造价、建筑装饰材料采供与管理、装饰工程信息管理的具有熟练技能的高素质技术技能人才。

（3）建筑装饰工程技术专业群课程体系

根据建筑装饰工程技术专业群对应岗位群的公共技能和素质要求，确定了10门职业基础课程；根据建筑装饰施工员核心岗位的工作任务与要求，参照相关的职业资格标准，按照建筑装饰项目工程工作过程（图5-7）开发确定了8门职业岗位课程；根据专业对应岗位群的工作任务与程序，充分考虑学生的岗位适应能力和职业迁移能力，确定了7门职业拓展课程；构建了以建筑装饰工作过程为导向、理论与实践相结合、专业教育与职业道德教育相结合的适合开展工学交替的特色课程体系。

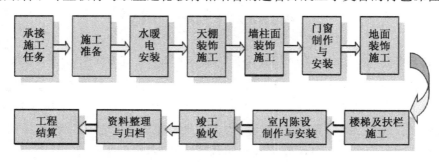

图5-7　建筑装饰项目工程工作过程示意图

5.2.2 建筑装饰工程技术专业群职业能力体系

5.2.2.1 建筑装饰工程技术专业群岗位及岗位群职业能力分析

根据建筑装饰行业发展和市场需求及对毕业生就业情况的调查，明确了高职建筑装饰工程技术专业群适应的就业岗位，主要包括施工员、设计员、造价员、材料员、质检员、安全员、资料员等岗位。具体见表5-17。

表 5-17　建筑装饰专业群岗位及岗位群能力分析

序号	职业岗位	岗位描述	岗位能力
1	施工员（核心岗位）	负责工程施工现场施工技术工作的管理；熟悉施工图纸；编制各项施工组织设计方案和施工安全、质量、技术方案；编制各单项工程进度计划及人力、物力计划和机具、用具、设备计划	1. 熟练的识图能力 2. 参与图纸会审与技术交底的能力 3. 编制施工组织设计的能力 4. 执行相关规范和技术标准的能力 5. 测量放线的能力 6. 选择使用材料、机具的能力 7. 施工技术应用的能力 8. 选择成品保护方法的能力
2	设计员（相关岗位）	负责进行工程投标方案设计及方案效果图设计、工程施工图设计、工程设计交底、施工现场设计配合、变更洽商设计调整、绘制竣工图，通过对工程设计工作管理及与各相关部门的协调配合，保证工程总目标的实现	1. 设计草图的能力 2. 绘制空间透视图的能力 3. 手绘效果图的能力 4. 运用软件绘制效果图的能力 5. 绘制建筑装饰施工图的能力 6. 编制装饰工程图技术文件的能力
3	造价员（相关岗位）	负责进行工程投标报价、编制投标经济标、编制工程预决算、进行工程成本控制分析，通过对工程预决算管理及与各相关部门的协调配合，保证工程投资目标的实现	1. 熟练的识图能力 2. 装饰工程量计算的能力 3. 熟练应用有关计量计价文件的能力 4. 装饰工程计价的能力 5. 编制工程预算的能力 6. 编制投标报价的能力 7. 装饰工程的工料和成本分析的能力 8. 施工过程造价控制的能力 9. 竣工结算的能力
4	材料员（相关岗位）	负责建立材料采购平台、编制工程材料采购供货计划、工程材料的采购、建立库存账目、材料采购及材料使用账目等工作	1. 装饰材料的选购能力 2. 装饰材料的质量检测能力 3. 装饰材料的验收及管理能力

序号	职业岗位	岗位描述	岗位能力
5	质检员、安全员（相关岗位）	负责对工程施工现场的工程施工质量进行监督检查。负责对工程施工现场安全施工作业进行管理	1. 工序质量检验的能力 2. 装饰工程质量标准的监控能力 3. 一般施工质量缺陷的处理能力 4. 编制施工安全技术措施和安全技术交底的能力 5. 施工安全管理的能力 6. 工程质量验收及验收表格的填写能力
6	资料员（相关岗位）	负责对工程文件等资料收集、整理、筛分、建档、归档工作的管理	1. 工程技术资料和数据收集的能力 2. 施工业内文件编制的能力 3. 施工业内文件的组卷与归档的能力

5.2.2.2　建筑装饰工程技术专业群人才职业能力分析

通过分析专业特点及岗位群职业能力，高职建筑装饰工程技术专业群培养的人才应具备的主要职业能力可归纳为以下几种。

（1）专业能力

专业能力主要包括：较高的美学修养和艺术造型能力；中小型装饰工程投标方案设计及方案效果图设计、施工图绘制能力；建筑装饰材料应用、采购和管理的能力；较强的中小型建筑装饰工程预决算编制能力、工程成本控制分析能力和编制投标经济标的能力；较强的建筑装饰工程主要工种的操作能力和指导各分项工程施工的能力；一定的建筑装饰工程项目施工组织方案设计和编制建筑装饰工程施工组织投标文本的能力；较强的建筑装饰工程施工安全管理和质量检验的能力；熟练的工程技术资料收集与整理的能力。

（2）方法能力

方法能力主要包括：学习和获取新知识、新技术、新工艺的能力；发现问题、分析并归纳问题、总结与反思的能力；全局思维、创新和决策的能力；分析现场施工条件并提出实际问题解决方法的能力；制订工作计划、实施步骤及评估验收工作成果的能力；使用岗位环境的适应能力等。

（3）社会能力

社会能力主要包括：良好的职业道德和诚信品质，较高的文化艺术修养和职业素质，热爱建筑装饰行业；从事专业相关工作安全生产、环境保护的意识；遵守国家与行业法律、法规和规范的意识；较强的社会责任感、协调与组织管理的能力；勤奋学习、艰苦奋斗、实干创新的精神；较好的交流沟通和团队协作能力。

（4）实践能力

实践能力主要包括：解决建筑装饰工程施工技术、施工管理方面的实际问题的能力；在实训模拟或工作岗位中运用专业知识和专业技能，完成项目的承接、方案设计、绘制施工图及编制施工方案的能力；按照施工方案的要求进行建筑装饰工程识图、测量、造价、施工及工程验收的实际操作能力；材料选择、工程检测及结果评定的实践能力；在设计和施工过程中运用新技术进行管理的实践能力。

5.2.3　建筑装饰工程技术专业群职业能力测试方案

5.2.3.1　建筑装饰工程技术专业群人才测评模型的选择

KOMET测评技术是基于典型工作任务基础上的试题测试，符合高职学生的认知规律，KOMET测试技术二维能力模型包括两个维度，即能力要求维度和学习内容维度。虽然这个模型是二维的，但由于是基于典型工作任务的题目，具有纵向发展性测试功能，因此能较好地完成综合性的能力模型所达到的目标。建筑装饰工程技术专业群实施的职业能力测试主要参考了KOMET测试技术。

5.2.3.2　开放式测试题目

开发试题前，成立了由企业参加的专家组，确定出该专业的典型工作任务，并根据工作中的常见程度进行筛选。经过研究和优化，制定了5道开放性测试题目。这些题目均来源于真实项目，能最大限度地贴近工作实际场景，题目的情景感强，可信度高。

5.2.3.3　建筑装饰工程技术专业群测评指标体系

参考KOMET测试模型和以往进行建筑装饰工程技术专业群核心技能评价的经验，课题组把建筑装饰工程技术专业群学生职业能力测评指标划分为三级指标。一级指标包括专业能力、实践能力、方法能力和社会能力；二级指标中专业能力包括基本知识、职业技能、职业态度3个三级指标；实践能力包括信息处理能力、操作能力、观察能力3个三级指标；社会能力包括组织协调能力、社会责任感、安全与环保意识、心理承受能力；方法能力包括分析能力、创造能力、思维能力、决策能力4个三级指标。本课题组制定的建筑装饰工程技术专业群高职学生职业能力测评指标体系见表5-18。

表 5-18　建筑装饰工程技术专业群高职学生职业能力测评指标体系

一级指标	二级指标	三级指标	测评标志与标度	备注
专业能力	基本知识			
	职业技能			
	职业态度			
实践能力	信息处理能力			
	操作能力			
	观察能力			
社会能力	组织协调能力			
	社会责任感			
	安全与环保意识			
	心理承受能力			
方法能力	分析能力			
	创造能力			
	思维能力			
	决策能力			

5.2.3.4　建筑装饰工程技术专业群测评指标权重的确定

职业能力测评更注重的是每个学生基于这些测评指标的测评结果如何，即确定并量化对每个测评指标的记分。明确了一级和二级测评指标后，需要针对其内容重要性确定权重，即测评指标在总分中所应占的比重，体现了各个测评指标在测评体系中的重要性。为便于实施，本实证研究采用简单比较加权法确定各测评指标的权重。本课题组制定的建筑装饰工程技术专业群高职学生职业能力测评各指标所占权重见表 5-19。

表 5-19　建筑装饰工程技术专业群高职学生职业能力测评各指标所占权重

测评项目	职业能力(100%)
专业能力(30%)	
实践能力(27%)	
社会能力(23%)	
方法能力(20%)	

5.2.3.5 职业能力测评评分表

测评评分表是评分者评分的主要依据，为便于使用，按照简洁、易控的原则，评分表被设计成 4 个等级，即完全符合、基本符合、基本不符合和完全不符合。评分等级表见表 5-20。

表 5-20 建筑装饰工程技术专业群高职学生职业能力评分等级

评分情况	完全符合	基本符合	基本不符合	完全不符合
分值				

课题组将各测评指标细化编号，编制了对应分值表，以便于评分者打分。分值比对表见表 5-21。

表 5-21 建筑装饰工程技术专业群高职学生各能力对应的分值比对

编号	内容	完全符合	基本符合	基本不符合	完全不符合
1	基本知识	8	5.3	2.7	0
2	职业技能	15	10	5	0
3	职业态度	7	4.7	2.3	0
4	信息处理能力	9	6	3	0
5	操作能力	9	6	3	0
6	观察能力	9	6	3	0
7	组织协调能力	6	4	2	0
8	社会责任感	5	3.3	1.7	0
9	安全与环保意识	6	4	2	0
10	心理承受能力	6	4	2	0
11	分析能力	5	3.3	1.7	0
12	创造能力	5	3.3	1.7	0
13	思维能力	5	3.3	1.7	0
14	决策能力	5	3.3	1.7	0
	合计	100	66.5	33.5	0

5.2.3.6 建筑装饰工程技术专业群测评

（1）测试题目

正式的测试题目从指定的测试题库中抽取，内容如下。

测试题目：空间改造

情景描述：一名公务员今年 40 岁，是三口之家户主，在徐州新城区购买了位于 15 层的住宅，建筑面积 128 m²，厨房、餐厅与北阳台被墙体分割成几个小空间，户主希望把这部分空间扩大，提高使用价值。户主请您负责提供实施方案。

任务：请您提供一份尽可能翔实可行的解决方案，并全面细致地说明采取此方案的理由。如果您觉得有相关问题需要咨询户主，请拟定一份提纲，以便面谈时进行沟通和协调。

（2）测试实施

本测试选取江苏建筑职业技术学院建筑设计与装饰学院建筑装饰工程技术专业群的大三学生（装饰 15 - 1）作为测评对象，受测学生样本数量为 40 名，按照学号顺序分为 4 组，测试专家由 2 名企业人员和 2 名专业教师组成。

测试在理实一体化教室进行，测试的时间为 2 个小时。4 组学生分 2 个考场同时开展测评，测试开始前，每组由一名老师作为代表向测试对象做简要说明，提高测试者对测试的重视度。因为是开放式测试题，整个测试过程中学生可在指定考区自由活动。4 组学生基本都在 2 个小时之内完成测试内容。测评结束后由 4 名测评专家填写考场情况问卷，并持有学生职业能力评价表（表 5-22），为学生测评结果分别打分。测试完毕后回收所有测试资料及测评表进行数据统计，得出测评结果。

表 5-22　建筑装饰工程技术专业群学生职业能力评价

建筑装饰工程技术专业群学生职业能力评价表

评委姓名：　　　　　　　组别：　　　　　　　　　　　　　日期：

测评学生名单：　　　　　　　　　　　　　　　　　　　　　（第一位为组长）

测评级别			
4 级	3 级	2 级	1 级

请在上表中打"√"。

能力编号	能力	单项能力得分	内容	完全符合		基本符合		基本不符合		完全不符合	
1	专业能力		基本知识	8.0		5.3		2.7		0	
2			职业技能	15.0		10.0		5.0		0	
3			职业态度	7.0		4.7		2.3		0	
4	实践能力		信息处理能力	9.0		6.0		3.0		0	
5			动手能力	9.0		6.0		3.0		0	
6			观察能力	9.0		6.0		3.0		0	
7	社会能力		组织协调能力	6.0		4.0		2.0		0	
8			社会责任感	5.0		3.3		1.7		0	
9			安全与环保意识	6.0		4.0		2.0		0	
10			心理承受能力	6.0		4.0		2.0		0	
11	方法能力		分析能力	5.0		3.3		1.7		0	
12			创造能力	5.0		3.3		1.7		0	
13			思维能力	5.0		3.3		1.7		0	
14			决策能力	5.0		3.3		1.7		0	
本组合计得分											
本组总分											

请在上表中分值右侧空格打"√",并计算单项能力得分、合计得分及总分。
来源:本课题组自主设计。

5.2.4 建筑装饰工程技术专业群职业能力测评结果与评价

评估每组测试对象的测试结果,需要确定两个数值,即"获得分数"和"达到的能力级别"。因此,测试完成后,由专家组计算出每个学生得到的分数后,再根据职业能力模型判断该学生达到了哪一个能力级别。

(1)测评分数统计

统计测试分数时候,先计算出学生在 4 个能力级别上的分别得分,按照得分情况判断受测试学生所处的能力级别。

(2)能力级别分值计算

能力级别的分值是指一个能力级别的各项能力指标的算术平均值,这项工作需要确定每一个能力级别的分值范围,该值取四舍五入近似值,保留小数点后一位。

在实际测试过程中，最高可得分数为30分，如果测试对象的分数达到了10分以上，即能力指标的分值≥10，则该项测评视为通过。

（3）测评得分与能力级别划分条件

能力级别的分值确定后，以职业能力模型为基础进一步确定各测试组的测量结果所属的能力级别，并按照能力指标进行解释。前文所述的职业能力模型由专业能力、实践能力、社会能力、方法能力四个单项能力构成，所对应的能力级别为能力级别1、能力级别2、能力级别3和能力级别4（能力级别4最高），其中专业能力是各能力级别的基础。

职业能力模型具备职业能力的双重特征：一方面，能力级别逐级递增；另一方面，能力特征又相互独立、互相关联。在确定用哪些指标将测试对象的测试结果划入相应的能力级别时，应兼顾职业能力模型的双重特征。将各测试对象的成绩纳入相应的能力级别时需满足以下条件：

① 达到能力级别1所需满足的条件：若测试对象获得的专业能力分值大于10，但没有达到能力级别2的条件，其能力级别确定为1级；若测试对象的专业能力分值小于或等于10但大于5，可通过另外3个单项能力得分来补偿；如果测试对象专业能力的分值小于或等于5，则其不能达到能力级别1。

② 达到能力级别2所需满足的条件：若测试对象获得的专业能力和实践能力分值都大于10，但没有达到级别3的条件，其能力级别就是2；若其实践能力分值小于或等于10，可通过其他两个单项能力得分来补偿；如果测试对象实践能力小于或等于5，则其不能达到能力级别2。

③ 达到能力级别3所需满足的条件：若测试对象获得的专业能力、实践能力和社会能力分值都大于10，但没有达到级别4的条件，其能力级别就是3；如果社会能力分值小于或等于10，可通过"方法能力"得分来补偿；如果社会能力小于或等于5，则其不能达到能力级别3。

④ 达到能力级别4所需满足的条件：如果测试对象所获得的上述四种能力维度的分值都大于10，其能力级别就是4。

（4）测试对象测评结果

经过统计，上述4组测评者得分情况见表5-23，职业能力水平分布情况见图5-8。

表 5-23　被测试学生的测评结果

学生 ＼ 能力级别得分	专业能力得分	实践能力得分	社会能力得分	方法能力得分
第 1 组	21.0	18.0	9.3	10.7
第 2 组	8.3	9.4	11.8	6.7
第 3 组	12.6	13.1	7.0	5.4
第 4 组	10.8	14.6	11.8	10.1

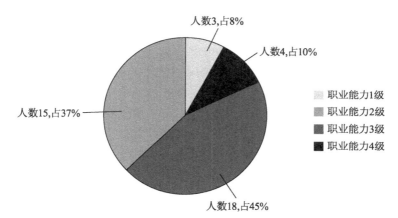

图 5-8　被测试学生职业能力水平分布统计

5.2.5　建筑装饰工程技术专业群职业能力评价分析

（1）统计结果

按照分组来看，第四组学生的能力级别最高。第一组的专业能力、实践能力和方法能力指标均超过 10 分，社会能力得分 9.3 分；第二组中只有社会能力指标超过 10 分，其他 3 个指标均未达到 10 分；第三组的专业能力和实践能力均超过 10 分，专业能力和社会能力指标得分相对较低；第四组的专业能力、实践能力、社会能力和方法能力均达到 10 分。从职业能力水平分布统计表中可知，学生职业能力达到 4 级的有 4 人，占 10%；职业能力达到 3 级的有 18 人，占 45%；职业能力达到 2 级的有 15 人，占 37%；职业能力在 1 级的有 3 人，占 8%。

（2）测评结果分析

整体来看，测评结果基本反映了该专业学生职业能力所处的水平。82% 的学生处于职业能力 2 级和 3 级，有少量学生刚达到 4 级水平，说明大部分被测试学生还处于职业能力的提高和发展阶段。测试结果显示学生的整体社会能力还不强，主要是学生责任意识缺乏、协调组织锻炼偏少、社会体验不深等原因造成。职业能力达到 4 级的学生的四项测试指标能力分布较平衡，说明这些学生平时注重多方面能力的培养，整体素质高；职业能力达到 3 级和 2 级的学生社会适应能力比较强，且具备比较好的专业能力和实践能力；职业能力处于 1 级的学生，一般在学业态度上表现不佳。

从测试结果来看，学生职业能力水平整体达到了社会对高职人才能力的基本要求。数据显示，有近 80% 的学生动手实践能力较强，专业技能掌握较扎实，反映出高职学生职业能力的特点，说明该专业办学方向以社会和企业需求为导向，重视实践能力的培养。

（3）存在问题

职业能力评价表还不够细致。目前采用的职业能力评价表主要基于专业能力、实践能力、社会能力、方法能力 4 个一级指标和 14 个评测点展开，评价指标还不够深入细致，由于评分者理解的差异，可能会出现一定的评分误差。

关注测试过程中的学生表现不够。考评人的主要职责是监考、服务和评分，考评人在考核过程中更多关注学生是否完成测试方案，对学生的现场表现关注不够。为被测者打分时，评分者主要根据被试者提交的书面设计方案进行打分和定级，这种评判形式由于对被试者在完成任务过程中的态度、协作等多方面重要信息掌握不足，可能会影响社会能力和方法能力成绩的认定。

5.2.6　小结

本课题组在建筑装饰工程技术专业群采用的测评模型和测评方法主要借鉴了KOMET 相关理论和测试技术，并结合该专业的专业技能评价考核方法而形成，经过实证，测评过程和结果判定简单、方便。但由于受专业特点和既有条件的限制，测试内容、过程和流程等方面还有很多需要改进的地方，因此，测试数据及对该专业学生职业能力的分析还存在不准确的问题。对本次测试的问题梳理如下：

① 被测试人群基数偏小。参加本次职业能力测试的学生数为 40 人，由于样本基数较小，测试的数据结果尚不能代表全体学生的情况。

② 测试工具偏少。该专业的职业能力测试主要是一份开放式的专业综合测试题目（典型工作任务）和评分者关于学生动机的问卷，没有进行背景问卷、学生测试动机问卷，在分析被测者职业能力时，主要依据卷面结果评分，面对特殊卷面时，分析原因的科学依据不足。

③ 职业能力评价表的评测点还不细致。评委打分缺乏详细、严格、统一的测评

标准，评委的主观性不同程度地带入了测评结果，从而影响其准确性。

④ 测评过程数据掌握不够。较难准确评定被测者个体的组织协调能力、人际交往能力、社会责任感等指标。

针对上述不足，课题组提出了如下几点改进意见：

① 加强 KOMET 理论和职业能力测试方法研究。注重理论与实践相结合，结合建筑装饰工程技术专业群的特点和学生实际，通过案例分析和实践不断完善职业能力测试模型。

② 完善测试题库。组织企业专家进一步深入开展职业能力测试试题的开发研究，广泛收集课程考试、技能大赛试题等资源，提高测试题目的开发水平，形成符合建筑装饰工程技术专业群高职学生的高质量职业能力测试题库。

③ 完善测试工具。增加背景问卷、学生测试动机问卷，为测试数据的科学分析提供参照。

④ 完善测试方案。进一步优化测试方案，科学规划测试准备、测试过程、测试评分和分数评价各环节工作，重视考评人公信力测试和考评水平培训，提高测试的标准化水平。

建设类专业群人才培养典型案例

6.1　践行现代学徒制，打造建筑类专业人力资源池

　　江苏建筑职业技术学院本着"互相支持、双向介入，优势互补、资源互用，互惠双赢、共同发展"的原则，与龙信建设集团有限公司联合搭建资源互补型"双主体"育人平台，协同开展现代学徒制人才培养实践，创造人才培养红利。

6.1.1　现代学徒制人才培养模式改革

　　实施"一年三学期工学交替"人才培养模式（图6-1），将传统的每学年两学期改为每学年三学期，其中至少有一个工作学期。校企双方共同制订专业的教学计划和课程教学大纲，并就课程内容与结构达成共识。学生完成校内理论学习后，进入集团，在企业师傅的指导下开展学徒培养和岗位工作实践，学校教师定期进入企业对学生开展理论教学，以企业管理考核为主，学校定期参与检查指导，完成工学交替，提升学习动力。

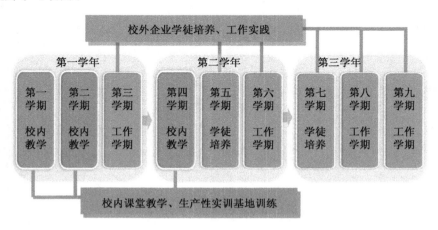

图6-1　"一年三学期工学交替"人才培养模式

教学学期与工作学期相互交替、相互渗透，知识和技能在工学交替过程中向深度和广度发展，相互促进、不断提高。学生通过学徒培养，传承职业技能，通过工作学期岗位工作实践，将师傅的指导和理论学习融于工程实践。通过学徒制的职业培养，课程内容对接岗位要求，人才标准符合企业要求，从而在潜移默化中完成对学生的职业素养和企业文化素养的熏陶，培养出来的学生与企业匹配度高，打造出建筑类人力资源池。

6.1.2　依托校内实训基地实践现代学徒制

校企双方共建以就业为导向的实践教学环境，通过"龙信施工现场直播教室"（图6-2），将全国各地的施工现场监控视频和视频会议系统引入学校。校企双方联合制定实训教学内容（图6-3），按照工程实际开展实践教学，企业能工巧匠和校内指导教师联合教学、联合考核。在学生动手操作的过程中，通过师傅的言传身教，实现在完成实践技能培养的同时，渗透进企业文化和工作素养的培养。

图6-2　龙信学院施工现场直播教室　　图6-3　企业技术人员指导校内基本技能实训

6.1.3　依托校外实训基地实践现代学徒制

（1）工作学期加强理论联系实际，完成工学交替，提升学习动力

学生进入集团开展学徒培养，集团指定师傅进行传帮带，完成企业课程授课和学习。通过工作学期岗位工作实践，在"双师"的指导下，实现单项技能、综合技能、工程综合应用的职业技能递进培养。

（2）教师企业锻炼学习，提升"双师素质"

学校教师进入企业开展理论教学，参与企业的生产实践，进行实践锻炼，提高"双师素质"，从而打造一支工程型教学团队，不断提升开展学徒制培养的能力。

6.1.4 确保师徒待遇，提升培养和学习动力

（1）严格企业选拔体系，规范工作流程

按照学生自愿、双向选择的原则开展龙信班学徒制培养学生选拔。学生自愿报名，由龙信集团人事部门根据企业选拔标准组织学生面试，进行人员选拔（图6-4）。对于确定的人选，由企业、学校、学生、家长签订四方协议（图6-5），界定四方的权、责、利，对企业和学生的行为和学习提出约束和要求。对于进入企业的学生，确保学生待遇不低于海门市最低工资标准。由企业负责学生在企业工作期间的吃、住和保险费用。2017年，共有28名学生通过双向选择进入龙信集团开展学徒制联合培养。

图6-4 龙信集团面试选拔学员   图6-5 企业、学校、学生、家长四方协议

（2）建立学生资助与奖励体系，提升学习动力

在学校正常奖、助学金等资助与奖励体系外，龙信集团设龙信奖学金，按照一定的比例对学习成绩和工作综合表现优异的学生予以奖励。对符合学校贫困生条件的学生给予龙信助学金，确保学生拥有安心学习、乐于学习、勇于学习的环境。通过对28名学生的综合考核，共有10名同学获得龙信奖助学金，每人1000元。

（3）稳定企业师傅团队，确保师徒培养质量

学生在进入集团期间，由集团选派技术人员担任企业师傅，并由集团建立师傅考核制度，给予学徒指导专项补助。同时，将学生的成长与师傅的工资待遇挂钩，以促进师傅不断提升指导质量，从而确保学生培养质量。

6.1.5 学徒制培养提升学生就业竞争力

通过培养，学生可以获得毕业证书、龙信集团工程经历证书和职业资格证书。龙信班毕业生可选择到龙信集团就业，这样能够更快地融入企业，更能为企业的发

展做贡献，也可以选择到其他单位就业，特大型建筑企业的教育培训经历在一定程度上也能够增强就业竞争力。

6.2 校企"双主体、双基地、双轨制"现代学徒制育人

6.2.1 现代学徒制人才培养实施背景

2016 年，江苏建筑职业技术学院与江苏东南工程咨询有限公司合作开展基于"双轨制"的工学交替人才培养。道路桥梁工程技术专业 2015 级 144 名学生分两批进入企业岗位实践，在企业导师、现场师傅的指导下，在真实的职业环境中训练岗位技能；同时，专业教师分批轮流进驻施工现场，全程管理和指导学生岗位实践，在实际项目中锻炼专业技能。"双轨制"工学交替的具体安排及特点如图 6-6 所示。

图 6-6 "双轨制"工学交替安排

通过实施"双轨制"工学交替人才培养，不仅学生能学到东西，也有利于提高教师的双师素质，让教师有机会深入项目实践，收集课程资源，提高教学水平。除此之外，企业的反馈也非常好，因为这种安排解决了企业集中性的技术人员短缺的困难。通过"双轨制"工学交替合作，校企领导真正看到了共赢发展的美好前景，为"产教融合"的长效机制提供了可能。

"双轨制"工学交替人才培养模式的案例成功入选江苏省 2018 年高等职业教育质量年度报告，也为专业申报教育部现代学徒制试点建设提供了良好的基础。

6.2.2 现代学徒制育人案例

道路桥梁工程技术专业成功申报教育部现代学徒制试点项目后，校企双方就专业人才培养进行了全方位的合作。在现代学徒制专业指导委员会的指导下进行了培养方案编制、人才培养标准制定等系列合作，形成了校企"双主体、双基地、双轨

制"育人方案。该方案对学徒的能力培养分为三个阶段，总结如下：

第一阶段，基础能力培养，实现招生招工。能力培养以学校导师为主，企业文化讲座、企业文化进校园、职业生涯规划教育、学徒4+2模式项目体验（周五尽量不排课，让学生去项目参观体验）等活动为辅，让学生充分了解企业、岗位，完成招生招工。

第二阶段，师徒结对、师傅带徒培养学生专业能力。"双轨制"工学交替具体做法：将学生分为两组，一组在校内基地学习课程基础知识、基本原理；另一组在企业基地师傅带领下进行技能训练，半学期后交替。

第三阶段，双导师混编团队培养岗位综合能力。具体做法：在4周企业综合实践的基础上，双导师混编团队利用工地直播，以企业实际项目为载体进行专业拓展课程项目化教学，通过双导师指导企业顶岗实践和毕业设计完成学徒培养全过程。

育人全过程实现校企双主体育人，充分利用双基地优势，"双轨制"工学交替培养学生专业技能。具体育人过程组织如图6-7所示。

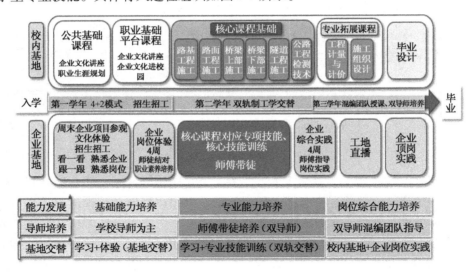

图6-7 校企"双主体、双基地、双轨制"三阶段育人过程组织

6.2.3 校企"双主体、双基地、双轨制"现代学徒制育人特色

"双主体"育人成效显著。企业主动成为育人主体，主动参与人才培养方案制定，主动参与专业建设和课程建设；提供实践岗位，师徒结对的师傅对学徒（准员工）进行培养指导；企业主动参与人才培养的全过程，并为培养方案的执行提供全方位的支持。

"双基地"育人成为常态。双基地是指学校基地和企业基地，以前也有双基地，但只是实习的时间到企业基地，现在工学交替的安排，使得双基地育人成为常态，体现了"工学结合"的学习规律。企业基地成为育人主战场，真正做到了产教融合。

"双轨制"工学交替成为校企合作亮点。"双轨制"工学交替是人才培养方案非常重要的一个环节。其优点是始终有相对适量的学生在企业基地项目实践，有利于企业师傅指导培养，能够更好地支持企业的项目实施，这是企业进行现代学徒制合作的内在动力；另一方面，这种双轨制工学交替避免大量学生在集中时段进入企业基地或校内基地，不仅有利于各种教学资源的合理调配，而且有利于保障人才培养的条件支持。

建成校企混编教学团队。校企双主体共同制定专业标准体系，合作开发了现代学徒制专业教学标准、课程标准。学校基地和企业基地的交流互动，建成了专兼结合的校企混编教学团队，并成为专业建设和育人的主力军。短短两年的时间，校企混编团队联合编制了5本学徒制教材，双导师混编团队建成了包含12门课程的专业资源库。

6.3 六双五进五融合，校企"双主体"协同育人

江苏建筑职业技术学院本着"互相支持、双向介入，优势互补、资源互用，互惠双赢、共同发展"的原则，与龙信集团联合开展现代学徒制人才培养，探索适应"一年三学期工学交替"人才培养模式改革需要、校企共同分担学生培养成本的办学体制和管理体制，探索出了一条校企"双主体"育人的办学之路。

6.3.1 双投入、双资源，实现"双主体"办学

在校企合作中，学校和企业共同投入人、财、物和管理、技术等办学资源，共同建设和管理龙信学院。同时，合作办学也打破了学校办学的"围墙"和藩篱，拓展了办学的时空和形态。

"双投入"构建培养模式实施平台。学校按照国家对全日制学生的管理规定实施对龙信学院的投入。龙信集团建立学生资助与奖励体系。加强实践教学条件建设，培养学生工程实践能力，集团共投入220余万元共建校内建筑工业化生产性实训基地和生产直播系统，在2018年接收28名学生进入企业开展学徒培养，同时安排70余名非现代学徒制学生到龙信的各个公司实习。

"双资源"拓展培养模式时空形态。学校和龙信集团合作共建"龙信建筑施工现场直播教室"，通过现代信息技术手段，无偿将龙信集团遍布在全国各地的施工现场

监控视频和视频会议系统引入学校。视频教室实现了建筑企业工程技术资源和学校教学资源的"零距离"对接，充实丰富了教学资源库。

6.3.2　双计划、双教师，实现"双主体"育人

在校企合作中，学校和企业共同研究制订教学计划，共同开发课程，共同选派学校教师和企业技术人员承担课堂教学和指导实训，共同参与学生管理，共同培养具有龙信企业特质的毕业生。

"双计划"描绘合作育人的规格模型。学校和企业共同制订人才培养计划，其中学校偏重于基本素质和基本专业技能的培养，龙信集团则偏重于实践能力和专业技能的培养。相互协调的"双计划"设定了龙信学院人才培养的特定规格，指导实施"双主体"育人。

"双教师"成为合作育人的主导力量。学生进入企业参加学徒培养，企业指定师傅负责学徒的传帮带，与此同时，学校每年先后选派骨干教师到龙信建设集团挂职，接受企业一线的实践锻炼，提高了"双师素质"，龙信集团每年分批分次选派 10 名左右现场技术人员来校，参与专业课程建设、教学组织与实施，优化了"双师结构"。

6.3.3　双选择、双服务，实现"双主体"发展

在校企合作中，把龙信学院毕业生自主择业和龙信集团优先选择结合起来，兼顾了毕业生的职业发展规划和企业的人才队伍建设。在科研方面，校企合作研发、共同攻关、共同培养师资和技术人员，提高了学校和企业的科技创新能力。

"双选择"拓宽合作就业的广阔前景。通过培养，学生可以获得毕业证书、龙信集团工程经历证书和职业资格证书。龙信班毕业生可以选择到龙信集团就业，这样能够更快地融入企业，更能为企业的发展做贡献。也可以选择到其他单位就业，有了特大型建筑企业的教育培训经历，也增强了就业竞争力。

"双服务"提高合作发展的核心竞争力。依托省级协同创新中心，积极参与企业新产品研发、技术创新、质量通病的防治、新工艺的引进消化吸收，有力增强了企业的核心竞争力。近三年来，校企共同承担建筑工业化领域省级以上科研课题 6 项、申报发明专利 10 项。

6.3.4　五进育人校企联合培养实现五融合

实施"项目进校园、工程师进课堂、教师进工作站、学生进现场、文化进环境"五进育人的校企联合培养机制，通过工学交替、学徒递进，实现"教室现场合一、

学生学徒合一、教师师傅合一、教程工艺合一、作品产品合一",使学院与企业合作由松散到紧密、由形式到内容,实现深度融合。

　　江苏建筑职业技术学院深化工学交替、校企共担人才培养模式的改革,积极推进校企"双主体"育人,初步实现了学校和企业合作办学、合作育人、合作就业、合作发展的新模式。

7.1 建筑工程技术专业群人才培养方案

江苏建筑职业技术学院

<u>建筑工程技术</u> 专业群人才培养方案（2018 版）

一、招生对象与学制

（一）招生对象

高中毕业生/中职毕业生

（二）学制与学历

学制：三年

学历：专科

二、专业群与招生专业

专业群名称	招生专业	专业代码
建筑工程技术	建筑工程技术	560301
	基础工程技术方向	560301
	建筑钢结构工程技术	560305

三、面向职业岗位（群）

专　　业	职业岗位名称	工作任务
专业一： 建筑工程技术	1. 施工员	1. 按照项目生产进度要求,平衡协调各作业组之间的关系,确保工程进度。 2. 发现问题及时采取措施,并向上级汇报。 3. 根据技术员、安全员的安全技术交底,负责向职工进行书面安全技术交底,交底双方必须签字。 4. 严格按照"三检制"要求做好过程质量控制,认真履行工序交接检查手续。 5. 落实现场安全管理的各项措施,消除安全事故和安全隐患。 6. 按照规定,进行安全施工的检查。 7. 根据安全员的安全技术交底,负责向工人做好安全交底。 8. 负责做好班前安全活动。 9. 设置文明施工的各种标志、标牌、围墙等,严格执行文明施工的各项规章制度。 10. 督促职工做好文明施工工作,做到工完场清、工完料清。 11. 关心职工生活,定期检查职工宿舍卫生,对本工种的后勤管理工作负责。 12. 积极参与、配合项目的成本控制工作。 13. 服从技术员、质量员、安全员在施工过程中的交底和管理。 14. 负责并做好现场的限额领料、易耗品材料的以旧换新和材料节约工作。 15. 完成直接上级交办的其他工作。
	2. 安全员	1. 安全员是项目安全生产和创建安全标准化工地的直接责任人和具体负责人。 2. 根据公司要求,负责做好安全贯标工作。 3. 认真执行国家、地区的安全生产和劳动保护法规定及公司的安全管理制度和施工安全规范,定期不定期地进行各种安全检查。 4. 对塔吊、人货电梯装拆、外架拆除等重要工作进行跟班检查。 5. 对工作中查出的安全隐患,下达整改通知单,并限期进行纠正,及时进行复查。 6. 负责对上级主管部门提出的安全整改单进行整改。 7. 负责制止和处理违章指挥和违章作业的行为,对安全意识淡薄、不配合安全管理工作的工长及项目其他管理人员进行处罚并落实整改。

专 业	职业岗位名称	工作任务
	2. 安全员	8. 负责项目职工安全生产教育,组织项目安全生产例会的召开,并及时做好相关记录。 9. 按照国家安全规范要求,针对项目特点、安全措施及时对各工种进行安全技术交底,并及时做好签字归档工作。 10. 按照文明施工规定,搞好场容、场貌,设置文明施工要求的各种标志、标牌、围墙等。 11. 严格执行文明施工的各项规章制度。 12. 严格遵循四不放过的原则,对安全事故组织召开安全分析会,写出事故经过和事故分析报告。 13. 参与组织安全事故应急救援演练,参与组织安全事故救援。 13. 负责项目安全设施的配置工作。 14. 负责安全生产的记录、安全资料的编制。 15. 负责汇总、整理、移交安全资料。 16. 完成直接上级交办的其他工作。
专业一: 建筑工程技术	3. 材料质检员	1. 参与进行施工质量策划,参与制定质量管理制度,编制项目质量计划。 2. 编制项目材料、设备配置计划,参与建立材料、设备管理制度,参与材料、设备的采购。 3. 负责收集材料、设备的价格信息,负责材料、设备的选购,参与供应单位的评价、选择,参与采购合同的管理,负责核查进场材料、设备的质量保证资料,负责进场材料、设备的验收和抽样复检。 4. 负责材料、设备进场后的接收、发放、储存管理,负责监督、检查材料、设备的合理使用,负责监督、跟踪施工试验,负责计量器具的符合性审查。 5. 参与施工图会审和施工方案审查,参与制定工序质量控制措施。 6. 负责工序质量检查和关键工序、特殊工序的旁站检查,参与交接检验、隐蔽验收、技术复核。 7. 负责检验分项工程的质量验收、评定,参与分部工程和单位工程的质量验收、评定。 8. 参与制定质量通病预防和纠正措施,参与质量事故的调查、分析和处理。 9. 负责监督质量缺陷的处理,负责质量检查的记录,编制材料、设备和质量资料。 10. 负责建立材料、设备管理台账,负责材料、设备的盘点、统计,参与材料、设备的成本核算。 11. 负责汇总、整理、移交有关材料、设备和质量方面的资料。

专　业	职业岗位名称	工作任务
专业一：建筑工程技术	4. 造价员	1. 按照施工图、施工合同、施工方案和取费标准，具体编制总承包工程项目预算书，工程竣工后及时做好最终结算工作。 2. 依据当地或者企业内部的定额，进行成本分析和预测。结算完成后进行最终的结算与实际成本的成本差异分析，并编写项目结算书，拟写总承包工程成本报告。 3. 根据工程现场进度与甲方做好阶段性对账、结账工作。 4. 参加图纸会审，负责办理各项经济签证，协助技术负责人办理技术变更签证。 5. 严格按照公司内部定额计算和下达工分，每月做好定额工分与标准定额工分的对比工作。 6. 积极配合分公司做好项目成本制造数的编制工作，及时下达项目成本计划制造数，分阶段做好成本核算书。 7. 及时编制限额用料计划，逐月做好项目成本指标或制度利润指标盈亏分析，严格控制生产成本。 8. 负责项目分包的申请，协助对工程分包方进行考察、评价，参与对分包合同的评审工作，参与分包商的选择工作，认真做好各分包队伍结算的办理工作。 8. 参加投标项目的标书编制工作。 9. 积极配合审计及核算工作，按规定及时提供变更及签证和报表。 10. 积极配合项目部和分公司做好要款工作。 11. 参与项目制度指标利润承包制的推进工作。 12. 参加项目组织的招工工作，负责项目职工人数的统计，并及时做好上报工作。 13. 协助做好相关起诉案件资料的收集工作。 14. 完成直接上级交办的其他工作。
	5. 项目工程师	1. 在公司技术质量部门的指导下，全面负责项目技术质量目标管理工作。 2. 在公司技术部门的指导下，负责编制施工组织设计、施工方案、质量计划、成本控制预案。 3. 负责组织技术、安全交底工作，保证技术、安全问题及时有效地解决，负责设计变更的办理和落实。 4. 负责做好定位放线、标高、预留预埋等技术复核工作。 5. 负责编制项目进度计划、月度计划、周计划，负责项目规范标准体系的建立与运行。 6. 负责对项目钢筋翻样员、资料员、试验员、放线员等的工作监督、检查和指导工作，负责对施工过程中违反技术交底和施工规范的行为进行处理。 7. 负责分部工程的质量验收与评定工作，协助分项工程、单位工程的质量验收与评定工作。

专　　业	职业岗位名称	工作任务
专业一： 建筑工程技术	5. 项目工程师	8. 负责做好技术复核、质量检测工作。 9. 负责对项目出现的质量问题提出整改意见，对监督部门提出的技术问题进行整改。 10. 负责对分包队伍技术方面的管理与协调，参与质量、计划方面的管理和协调。 11. 负责新技术、新工艺的推广和应用，负责对项目人员的技术和规范的培训工作。 12. 定期做好检验、测量、试验设备的检测、保养和维修工作。
	6. 海外项目施工员	1. 在公司技术部门的指导下，负责项目技术目标管理工作。 2. 负责向班组长进行图纸交底、技术交底、工艺交底、质量标准交底。 3. 在公司技术部门指导下，负责编制项目施工组织设计、施工方案、质量计划。 4. 参加图纸会审，负责设计变更的办理和落实。 5. 负责做好定位放线、标高、预留预埋等技术复核工作。 6. 负责编制项目进度计划、月度计划、周计划，负责项目规范标准体系的建立与运行。 7. 负责做好技术复核、质量检测工作。 9. 负责对监督部门提出的技术问题进行整改，参与项目出现的质量问题整改意见制定。 10. 负责对分包队伍技术方面的管理与协调，参与质量、计划方面的管理和协调。
专业二： 基础工程技术方向	1. 施工员	1. 按照项目生产进度要求，平衡协调各作业组之间的关系，确保工程进度。 2. 发现问题，及时采取措施，并向上级汇报。 3. 根据技术员、安全员的安全技术交底，负责向职工进行书面安全技术交底，交底双方必须签字。 4. 严格按照"三检制"要求做好过程质量控制，认真履行工序交接检查手续。 5. 落实现场安全管理的各项措施，消除安全事故和安全隐患。 6. 按照规定，进行安全施工的检查。 7. 根据安全员的安全技术交底，负责向工人做好安全交底。 8. 负责做好班前安全活动。 9. 设置文明施工的各种标志、标牌、围墙等，严格执行文明施工的各项规章制度。 10. 督促职工做好文明施工工作，做到工完场清、工完料清。 11. 关心职工生活，定期检查职工宿舍卫生，对本工种的后勤管理工作负责。

专　　业	职业岗位名称	工作任务
专业二： 基础工程技术 方向	1. 施工员	12. 积极参与、配合项目的成本控制工作。 13. 服从技术员、质量员、安全员对在施工过程中的交底和管理。 14. 负责做好现场的限额领料、易耗品材料的以旧换新和材料节约工作。 15. 完成直接上级交办的其他工作。
	2. 设计员	1. 参与基坑方案选择。 2. 进行桩基设计计算。 3. 进行支护结构设计。 4. 进行结构体系分析。 5. 进行基坑支护造价分析。 6. 参与施工组织管理策划。 7. 参与制定管理制度。 8. 参与图纸会审、技术核定。 9. 基坑设计资料管理。
	3. 安全员	1. 安全员是项目安全生产和创建安全标准化工地的直接责任人和具体负责人。 2. 根据公司要求,负责做好安全贯标工作。 3. 认真执行国家、地区的安全生产和劳动保护法规定及公司的安全管理制度和施工安全规范,定期不定期地进行各种安全检查。 4. 对基坑进行安全监测。 5. 对工作中查出的安全隐患,下达整改通知单,并限期进行纠正,及时进行复查。 6. 负责对上级主管部门提出的安全整改单进行整改。 7. 负责制止和处理违章指挥和违章作业的行为,对安全意识淡薄、不配合安全管理工作的工长及项目其他管理人员进行处罚并落实整改。 8. 负责项目职工安全生产教育,组织项目安全生产例会的召开,并及时做好相关记录。 9. 按照国家安全规范要求,针对项目特点、安全措施及时对各工种进行安全技术交底,并及时做好签字归档工作。 10. 按照文明施工规定,搞好场容、场貌,设置文明施工要求的各种标志、标牌、围墙等。 11. 严格执行文明施工的各项规章制度。 12. 严格遵循四不放过的原则,对安全事故组织召开安全分析会,写出事故经过和事故分析报告。 13. 参与组织安全事故应急救援演练,参与组织安全事故救援。 13. 负责项目安全设施的配置工作。 14. 负责安全生产的记录、安全资料的编制。 15. 负责汇总、整理、移交安全资料。 16. 完成直接上级交办的其他工作。

专 业	职业岗位名称	工作任务
专业二： 基础工程技术 方向	4. 勘探技术员	1. 编制勘探方案。 2. 从事工程勘探。 3. 编制勘探报告。 4. 进行土体的物理性质指标检测。 5. 进行土体的力学性质指标检测。 6. 进行现场原位测试。 7. 参与基坑基槽验收。 8. 工程勘察资料管理。
	5. 质量员	1. 服从、配合技术负责的技术管理与领导,是项目质量管理工作的直接责任人。 2. 参与建立项目质量管理体系。 3. 协助技术员做好项目质量计划的编制工作并监督执行。 4. 根据国家、地方及地方的施工验收规范及作业指导书,负责检验分项工程的质量验收、评定,参与分部工程和单位工程的质量验收评定及竣工验收评定工作。 5. 负责"三检制"的落实工作。 6. 在施工过程中跟班进行质量检查,重要工序旁站检查。 7. 负责对违反施工规范的情况责令整改、返工。 8. 负责对上级检查监督部门提出的质量问题及时进行整改。 9. 对进场材料组织进行质量验收,并做好有效书面材料的把关工作。 10. 参与质量事故的调查、分析和处理。 11. 对检查监督过程中发现的严重问题及时上报技术负责、项目经理,适时启动"拉闸"程序。 12. 负责质量检查的记录,编制质量资料。 13. 负责汇总、整理、移交质量资料。 14. 完成直接上级交办的其他工作。
	6. 资料员	1. 参与制订施工资料管理计划。 2. 参与建立施工资料管理规章制度。 3. 负责建立施工资料台账,进行施工资料交底。 4. 负责施工资料的收集、审查及整理。 5. 负责施工资料的往来传递、追溯及借阅管理。 6. 负责提供管理数据、信息资料。 7. 负责施工资料的立卷、归档。 8. 负责施工资料的封存和安全保密工作。 9. 负责施工资料的验收与移交。 10. 参与建立施工资料管理系统。 11. 负责施工资料管理系统的运用、服务和管理。

专　　业	职业岗位名称	工作任务
专业三： 建筑钢结构工程技术	1. 钢结构施工员	1. 钢结构施工现场大临设施设计与施工。 2. 钢结构施工现场定制管理。 3. 钢结构工程施工测量及测量管理。 4. 钢结构施工用计量器具管理。 5. 钢结构现场机械设备管理。 6. 现场进度控制。 7. 开工、竣工管理。 8. 提供清单以外的加工、施工签证。 9. 钢结构施工组织设计与方案编制。 10. 技术交底与图纸会审。 11. 施工现场技术管理。 12. 参加钢结构工程质量检查。
	2. 钢结构设计员	1. 钢结构结构选型。 2. 钢结构方案设计。 3. 钢结构建筑设计。 4. 钢结构结构设计与计算。 5. 钢结构详图设计。 6. 钢结构施工阶段计算与分析。
	3. 钢结构造价员	1. 合同文件管理。 2. 对外承包合同及采购合同的起草与签约。 3. 现场计价与预算。 4. 劳动力管理。 5. 提供进度及工程量月报、季度及年报表。 6. 人、财、物资源分析。 7. 工程结算。 8. 配合工程审计。
	4. 钢结构资料员	1. 图纸与变更管理。 2. 外来文件管理。 3. 内部文件管理。 4. 施工记录管理。 5. 竣工资料的整理与归档。 6. 竣工图的编制。
	5. 钢结构质检员	1. 工程项目划分(分部分项)。 2. 钢结构质量检查、验收、评定。 3. 钢材试样管理。 4. 材料复验、送检。 5. 材料与设备验收。 6. 与质检站、监理的联系。 7. 工程质量问题的处理与验收。

四、人才培养模式

本专业群采取一年三学期工学交替的人才培养模式，即每学年分为3个学期，第三、六学期安排到企业现场施工实训，第八、九学期安排毕业顶岗实习实践，主要是在施工项目现场实施轮岗训练。

五、人才培养目标与规格

（一）人才培养目标

建筑工程技术专业：立足江苏，辐射长三角、珠三角和京津冀地区，主要面向特级和一级建筑施工企业的一线岗位，按照建筑行业发展和区域社会经济建设的需求，培养德、智、体、美全面发展，具有良好的职业素质、实践能力、创新创业意识和社会责任感，有较强的岗位综合能力和工程实践能力，能全面掌握土建施工的专业知识和技能，了解职业发展和需要，能从事建筑施工一线的技术与管理工作，具有熟练技能的高素质技术技能人才。

基础工程技术专业方向：立足江苏，辐射长三角、珠三角和京津冀地区，主要面向基础工程施工相关企业的一线岗位，按照建筑行业发展和区域社会经济建设的需求，培养德、智、体、美全面发展，具有良好的职业素质、实践能力、创新创业意识和社会责任感，有较强的岗位综合能力和工程实践能力，能全面掌握基础工程施工的专业知识和技能，了解职业发展和需要，能从事基础工程施工一线的技术与管理工作，具有熟练技能的高素质技术技能人才。

建筑钢结构工程技术专业：立足江苏，辐射长三角、珠三角和京津冀地区，主要面向建筑钢结构企业的一线岗位，按照建筑钢结构产业发展和区域社会经济建设的需求，培养德、智、体、美全面发展，具有良好的职业素质、实践能力、创新创业意识和社会责任感，有较强的岗位综合能力和工程实践能力，能较为全面地掌握钢结构设计、加工制作、施工的专业知识和技能，了解职业发展和需要，能从事钢结构设计、加工制作和施工一线的技术与管理工作，具有熟练技能的高素质技术技能人才。

（二）人才培养规格

1. 能力目标

专　业	能力目标
专业一： 建筑工程技术	1. 施工员岗位 ① 准确进行建筑工程测量与施工放线的能力。 ② 娴熟地绘制和识读建筑工程图纸的能力。 ③ 正确编写分部分项工程技术方案和施工措施的能力。 ④ 得体的向班组进行工作任务、技术措施交底的能力。 ⑤ 正确的工程质量检查的能力。 ⑥ 适当的办公自动化及公文处理的能力 ⑦ 简单的英文图纸识读能力。 ⑧ 一定的自学能力。 ⑨ 信息的查询能力。 2. 安全员岗位 ① 准确进行建筑工程测量与施工放线的能力。 ② 娴熟地绘制和识读建筑工程图纸的能力。 ③ 正确编写分部分项工程安全技术方案和安全施工措施的能力。 ④ 得体的向班组进行安全技术措施交底的能力。 ⑤ 模板、脚手架安全计算的能力。 ⑥ 正确的工程质量检查的能力。 ⑦ 适当的办公自动化及公文处理能力 ⑧ 简单的英文图纸识读能力。 ⑨ 一定的自学能力。 ⑩ 信息的查询能力。 3. 材料员岗位 ① 准确进行建筑工程测量与施工放线的能力。 ② 娴熟地绘制和识读建筑工程图纸的能力。 ③ 正确进行建筑材料和产品抽样的能力。 ④ 正确进行常用建筑材料和建筑构配件检测的能力。 ⑤ 正确的工程质量检查的能力。 ⑥ 适当的办公自动化及公文处理的能力 ⑦ 简单的英文图纸识读能力。 ⑧ 一定的自学能力。 ⑨ 信息的查询能力。 4. 造价员岗位 ① 准确进行建筑工程测量与施工放线的能力。 ② 娴熟地绘制和识读建筑工程图纸的能力。 ③ 正确编制建筑和安装工程计量和计价的能力。 ④ 正确进行三维算量的能力。 ⑤ 正确进行合同管理、工程索赔的能力。 ⑥ 适当的办公自动化及公文处理的能力 ⑦ 简单的英文图纸识读能力。 ⑧ 一定的自学能力。 ⑨ 信息的查询能力。

专　业	能力目标
专业一： 建筑工程技术	5．项目工程师岗位 ① 准确进行建筑工程测量与施工放线的能力。 ② 娴熟地绘制和识读建筑工程图纸的能力。 ③ 正确编写单位工程施工组织设计的能力。 ④ 正确进行施工计算的能力。 ⑤ 正确的工程质量检查的能力。 ⑥ 适当的办公自动化及公文处理的能力。 ⑦ 简单的英文图纸识读能力。 ⑧ 一定的自学能力。 ⑨ 信息的查询能力。
专业二： 基础工程技术 方向	1．施工员岗位 ① 准确进行基础工程测量与施工放线的能力。 ② 娴熟地绘制和识读基础工程图纸的能力。 ③ 正确编写分部分项工程技术方案和施工措施的能力。 ④ 得体的向班组进行工作任务、技术措施交底的能力。 ⑤ 正确的工程质量检查的能力。 ⑥ 适当的办公自动化及公文处理的能力。 ⑦ 简单的英文图纸识读能力。 ⑧ 一定的自学能力。 ⑨ 信息的查询能力。 2．设计员岗位 ① 具有基坑方案选择的能力。 ② 正确进行桩基设计计算的能力。 ③ 正确进行支护结构设计的能力。 ④ 正确进行结构体系分析的能力。 ⑤ 具有基坑支护造价分析的能力。 ⑥ 适当的办公自动化及公文处理的能力。 ⑦ 娴熟地绘制和识读基础工程图纸的能力。 3．安全员岗位 ① 准确进行基础工程测量与施工放线的能力。 ② 娴熟地绘制和识读基础工程图纸的能力。 ③ 正确编写分部分项工程安全技术方案和安全施工措施的能力。 ④ 得体地向班组进行安全技术措施交底的能力。 ⑤ 模板、脚手架安全计算的能力。 ⑥ 正确的工程质量检查的能力。 ⑦ 适当的办公自动化及公文处理的能力 ⑧ 简单的英文图纸识读能力。 ⑨ 一定的自学能力。 ⑩ 信息的查询能力。

专　业	能力目标
专业二： 基础工程技术方向	4．质量员岗位 ① 准确进行基础工程测量与施工放线的能力。 ② 娴熟地绘制和识读基础工程图纸的能力。 ③ 正确进行建筑材料和产品抽样的能力。 ④ 正确进行常用建筑材料和建筑构配件检测的能力。 ⑤ 正确的工程质量检查的能力。 ⑥ 适当的办公自动化及公文处理的能力。 ⑦ 简单的英文图纸识读能力。 ⑧ 一定的自学能力。 ⑨ 信息的查询能力。 5．勘探技术员岗位 ① 准确进行基础工程测量与施工放线的能力。 ② 娴熟地识读基础工程图纸的能力。 ③ 准确识别野外地质条件的能力。 ④ 正确进行现场岩土分类的能力。 ⑤ 娴熟的岩土原位测试、室内测试的能力。 ⑥ 勘探计划设计、勘探报告编制的能力。 ⑦ 适当的办公自动化及公文处理的能力 ⑧ 勘探现场安全施工组织的能力。 ⑨ 一定的自学能力。 ⑩ 信息的查询能力。
专业三： 建筑钢结构工程技术	1．具有正确识读钢结构工程施工图的能力、计算机绘图的能力、图纸会审的能力。 2．具有合理选用钢结构材料，并进行材料试验的能力；具有施工现场勘测、测量等工作能力。 3．具有正确选用钢结构施工技术、施工机械、确定施工方案的能力，以及运用国家有关标准、规范组织工程施工的能力；具有编制钢结构工程投标书、进行合同管理及财务结算的能力，并具有进行施工成本控制的能力。 4．具有运用钢结构工程质量评定标准和工程验收规范检查及监督工程质量的能力；掌握发生质量事故的一般规律，具备对事故的分析、判断和处理的能力。 5．具有一般钢结构工程的方案设计、建筑设计、结构设计和深化设计的能力。

2. 知识目标

专 业	知识目标
专业一: 建筑工程技术	1. 具有信息技术、房屋建筑、行业法规等基本理论和知识。 2. 具有建筑工程制图标准、建筑识图规律的理论知识。 3. 具有常用建筑材料主要技术性质的知识。 4. 具有房屋建筑主要构造节点的构造知识。 5. 具有主要分部分项工程施工的技术知识。 6. 具有建筑工程计量与计价的知识。 7. 具有建筑工程施工安全管理的知识。 8. 具有建筑工程施工质量检查与检验的知识。 9. 具有建筑工程技术资料管理的知识。
专业二: 基础工程技术 方向	1. 具有信息技术、岩土工程、房屋建筑、行业法规等基本理论和知识。 2. 具有基础工程制图标准、建筑识图规律的理论知识。 3. 具有工程地质和土力学的知识。 4. 具有建筑力学、建筑基本构件计算的知识。 5. 具有基坑围护结构设计的知识。 6. 具有常用建筑材料主要技术性质的知识。 7. 具有工程施工测量的知识。 8. 具有桩基础施工与检测的知识。 9. 具有基础工程施工技术的知识。 10. 具有基础工程施工质量检查与检验的知识。 11. 具有基础工程计量计价、施工管理的知识。 12. 具有基础工程技术资料管理的知识。
专业三: 建筑钢结构工 程技术	1. 具有本专业高级职业技术人才所必需的相当于高职水平的文化基础知识。 2. 具有本专业必需的专业基础理论知识。 3. 具有本专业必需的专业理论知识。 4. 具有计算机操作的基本知识,以及专业相关软件的使用技能。 5. 具有一门外语基础,能适应科技情报检索、涉外和国外工程的需要。 6. 具有本专业相关的其他专业基本知识。

3. 素质目标

专 业	素质目标
专业一:建筑工程技术 专业二:基础工程技术方向 专业三:建筑钢结构工程技术	1. 具有良好的沟通能力和诚信品质;具有一定的文化艺术修养和职业素质,热爱建筑工程行业。 2. 具有较强的敬业精神和责任意识、遵纪守法意识;具有勤奋学习、艰苦奋斗、实干创新的精神,有在建筑工程行业生产一线建功立业的志向。 3. 热爱祖国,拥护中国共产党的领导和党的基本路线,具有为国家富强和民族昌盛服务的政治思想素质,具有正确的世界观、人生观和价值观。 4. 具有较好的团队协作能力。 5. 具有健全的人格和健康的身体。

4. 就业与发展

就业领域：毕业生能够在特级和一级建筑施工企业的一线项目工程师、施工员、材料质检员、安全员、造价员、资料员等岗位或房地产企业的相关岗位从事技术或管理工作。

职业发展预期：特级和一级建筑施工企业的项目总工、项目执行经理、项目经理、安全总监等面向施工一线的管理人员、基层管理者及技术骨干。

六、毕业标准

（一）基本要求

要求 1：具有较好的人文社会科学素养、较强的社会责任感、良好的工程职业道德和团队合作意识。

要求 2：掌握与建筑工程技术专业相关的基础科学理论知识和工程技术基础知识，了解设备施工图的一般知识，了解建筑工程技术专业的前沿发展现状和趋势，了解新工艺、新技术和新材料的发展动态。

要求 3：受到建筑工程技术相关专业关于材料取样、送检、检测及结果评定的技能和建筑行业基本工种训练，具有对材料检测和对基本工种实施管理的能力。

要求 4：受到水准仪、经纬仪、全站仪等建筑施工测量仪器的使用训练，具备准确进行建筑工程测量与施工放线的能力。

要求 5：掌握建筑施工图、结构施工图（钢结构专业为设计图和加工详图）和设备施工图的基本图示方法和要求，具备娴熟地利用 CAD 绘制、识读建筑工程图纸并进行工程量计算的能力。（钢结构专业还要求具备详图设计技能）

要求 6：掌握建筑工程施工的常用施工工艺和施工技术措施，具备参与并正确编写分部分项工程技术方案和施工措施的能力，具备能够组织向班组进行工作任务、技术措施交底的基础能力，具备正确的工程质量检查能力。

要求 7：获得工程实践方法的基本训练，具有综合运用所学知识和技术手段来解决工程实际问题的能力，具有正确认识、分析和界定问题的能力，具有分辨各方观点与利益关系的能力，具有搜集相关资料，并分析不同资料之间的相互关系的能力，具有围绕某一问题尽可能多地提出可行的解决方案的能力，基本具有在各种约束条件下（标准、成本、时间、兼容性）得出最佳方案的能力。

要求 8：掌握文献检索、资料查询和运用现代信息技术获取相关信息的基本方法，具有独立获取新知识的能力。

要求 9：了解与建筑工程技术相关专业的施工技术、设计、研发、环境保护和可持续发展等方面的方针、政策与法律、法规。

要求 10：掌握基本的创新方法，具有创新意识和一定的组织管理能力、较强的表达能力与人际交往能力，具有终身学习意识和社会适应能力。

要求 11：掌握计算机理论知识，具有能够应用办公软件进行适当的办公自动化、工程资料及公文处理的能力，具有建筑工程施工管理常用软件的应用能力。

要求 12：掌握一门外语，具备基本的听、说、读、写能力，具备简单的英文图纸识读能力，具备一定的国际交流能力。

（二）学分要求

所修课程的成绩全部合格，应修满规定的学分。

（三）计算机能力要求

江苏省高校计算机等级考试（一级）考核标准。

（四）外语能力要求

高等学校英语应用能力考核标准。

（五）职业资格证书要求

基本要求	专业群通用职业资格证书		施工员、质检员、资料员（江苏省住房与城乡建设厅）、造价员（中国建设工程造价管理协会）
	专业专项能力职业资格证书	专业一：建筑工程技术 专业二：基础工程技术方向 专业三：建筑钢结构工程技术	施工员、质检员、资料员（江苏省住房与城乡建设厅）、造价员（中国建设工程造价管理协会）
提高要求	高级别的职业资格证书		无

（六）职业技能要求

建筑工程技术专业：建筑工程施工测量技能、建筑识图技能和工程算量技能等专业核心能力通过毕业技能会考。

基础工程技术方向：建筑工程施工测量技能、建筑识图技能和基础施工设计等专业核心能力通过毕业技能会考。

建筑钢结构工程技术：建筑工程施工测量技能和详图设计技能等专业核心能力通过毕业技能会考。

七、课程体系设置

（一）课程类别分配

类 别	课程组		学分数	学时数	学时比/%
通识通修课程模块	公共基础必修课程组		44.5/40.5/40.5	688/616/616	24.8/22.3/22.3
	公共文化素质课程组		7.5	120	4.3/4.3/4.4
		小计	52/48	808/736	29.1/26.6/26.7
技术平台课程模块		小计	36.5	591	21.3/21.4/21.7
专项能力课程模块	建筑工程技术专业	小计	74.5	1186	42.7
	基础工程技术方向专业	小计	77	1277	46.1
	建筑钢结构工程技术专业	小计	78	1239	44.3
个性化学习课程模块	专业提升类课程组		2	192	6.9/6.9/7.0
	跨类复合类课程组				
	企业定制类课程组				
	科技创新类课程组				
	学历提升类课程组				
	国际化提升类课程组				
建筑工程技术专业		总计	175	2777	100.0
基础工程技术方向专业		总计	173.5	2768	
建筑钢结构工程技术专业		总计	174.5	2758	

（二）必修、选修分配

类 别	环 节	学分数	学时数	学时比/%
必修课程	公共基础必修课程	44.5/40.5/40.5	688/616/616	24.8/22.3/22.6
	公共文化素质课程	7.5	120	4.3/4.3/4.4
	技术平台课程	36.5	591	21.3/21.4/21.7
	小计	88.5/84.5/84.5	1399/1327/1327	50.4/48.0/48.7

续表

类 别	环 节	学分数	学时数	学时比/%
选修课程	专项能力课程	74.5/77/78	1186/1277/1239	42.7/46.1/44.9
	个性化学习课程	12	192	6.9/6.9/7.0
	小计	81.5	1378/1469/1431	49.6/53.0/51.9

注:表中数据适用"建筑工程技术/基础工程技术方向/建筑钢结构工程技术"专业。

（三）课程体系表

课程模块	课程代码	课程名称	课程类别	课程性质	学时	其中实践学时	学分	各类课程按学期参考周课时						开设部门
								第一学年		第二学年		第三学年		
								15周	16/18周	20周	16/12周	13周	15周	
通识通修课程	12000201	实用英语（一）	A	必修	80		5	6						
		实用英语（二）	A	必修	32	24	3		2					
		英文图纸识读（建工）	B	必修	36	24	2		2					
	12000203	高等数学（一）	A	必修	64	8	4	5						
		高等数学（二）	A	必修	48		3		3					
	12000101	计算机应用基础（一）	B	必修	48	24	3	6/8周						
		计算机应用基础（二）	B	必修	24	12	1.5	6/4周						
		计算机绘图（建工）	B	必修	36	24	2		2					
	14000101	体育	B	必修	96	88	7	2	2					
	13000102	*思想道德修养与法律基础	A	必修	48	8	3			3				
	13000103	*毛泽东思想和中国特色社会主义理论体系概括	A	必修	64	8	4		3					
	00000102	*心理调适与发展	A	必修	24	12	1.5		2					
		*职业观与职业生涯规划	A	必修	24		1.5	2						
		就业与创业教育	A	必修	16		1			2				
		*公共文化素质课	A	必修	120		7.5							
	13000104	*形势与政策	A	必修	16		1							
		*军事理论	A	必修	24		1.5							

续表

课程模块	课程代码	课程名称	课程类别	课程性质	学时	其中实践学时	学分	各类课程按学期参考周课时						开设部门
								第一学年		第二学年		第三学年		
								15周	16/18周	20周	16/12周	13周	15周	
通识通修课程		＊军事训练	C	必修	48	48	3	2周						
	01100401	＊专业导论	A	必修	16	8	1							
		＊假期实践	C	必修	32	32	2							
		合计			896	272	52	21	14	5				
技术平台课程	01100402	建筑识图与绘图	B	必修	90	50	5.5	6						
	01100403	建筑力学	A	必修	123	30	7.5	5	6/8周					
	01100405	建筑工程施工测量	B	必修	80	60	5		5					
	01100404	建筑结构	B	必修	124	50	7.5		6/8周	4				
	01100406	建筑材料与检测	B	必修	48	24	3		3					
	01100407	建筑工程施工准备	B	必修	78	24	5					6		
	01100409	基本技能实训	C	必修	48	48	3	（2周）		（2周）				
		合计			591	286	36.5	11	14	4	0	12		
专项能力课程：建筑工程技术专业	01101501	基础工程施工	B	必修	72	24	4.5			4				
	01101502	混凝土结构工程施工	B	必修	80	24	5			4				
	01101503	钢结构工程施工	B	必修	64	24	4				4			
	01100408	施工项目承揽与合同管理	B	必修	78	40	5					6		
	01101506	建筑工程竣工验收与资料管理	B	必修	32	12	2				4/8周			
		建筑装饰与防水工程施工	B	必修	32	16	2				4/8周			
	01101706	BIM技术在施工中的应用	C	必修	52	40	3.5				4/13周			
	01102710	建筑法规	A	必修	32	4	2				4/8周			
	01101709	建筑工程经济	B	必修	33	16	2			3/11周				
	01101507	建筑节能技术	B	必修	39	16	2.5					3		
	01101508	识岗实习	C	必修	48	48	3		2周					
	01101509	跟岗实习	C	必修	96	96	6				4周			
		顶岗实习与毕业项目	C	必修	528	528	33					7周	15周	

续表

课程模块	课程代码	课程名称	课程类别	课程性质	学时	其中实践学时	学分	第一学年 15周	第一学年 16/18周	第二学年 20周	第二学年 16/12周	第三学年 13周	第三学年 15周	开设部门
		合计			1186	888	74.5			11	16	3		
		专业总计			2777	1526	175	32	24	20	24	21		
专项能力课程：基础工程技术方向	01101501	基础工程施工	B	必修	60	30	3.5			3				
	01100408	施工项目承揽与合同管理	B	必修	78	40	5					6		
		基坑围护结构施工	B	必修	48	20	3				3			
		基坑围护结构设计	B	必修	60	30	3.5			3				
		工程地质与土力学	B	必修	64	16	4		4					
		岩土工程勘探	B	必修	60	20	3.5			3				
		桩基础施工与检测	B	必修	48	20	3				3			
	01101506	建筑工程竣工验收与资料管理	B	必修	36	6	2					3		
		基础工程计量与计价	B	必修	87	60	5.5				3	3		
		地质灾害防治	B	必修	36	6	2				3			
	01101508	识岗实习	C	必修	48	48	3		2周					
	01101509	跟岗实习	C	必修	96	96	6				4周			
		顶岗实习与毕业项目		必修	528		33					7周	15周	
		合计			1249	392	77							
		专业总计			2768	1476	173.5							
专项能力课程：建筑钢结构工程技术专业		建筑工程经济与工程计量	B	必修	78	24	5					6		
	01102501	钢结构识图与结构选型	B	必修	54	24	3.5		6/后9周					
	01102503	钢结构焊接工艺	B	必修	36	18	2.5		4/前9周					
	01102504	钢结构支撑架设计	B	必修	36	12	2.5		4/后9周					
		空间网格结构设计	B	必修	50	36	3.5					4		
		轻钢门式钢架结构设计	B	必修	42	36	2.5				6/前7周			
		空间网格结构工程施工	B	必修	48	24	3					4		

课程模块	课程代码	课程名称	课程类别	课程性质	学时	其中实践学时	学分	各类课程按学期参考周课时						开设部门
								第一学年		第二学年		第三学年		
								15周	16/18周	20周	16/12周	13周	15周	
专项能力课程：建筑钢结构工程技术专业		轻钢与围护结构工程施工	B	必修	60	24	3.5			3				
		重钢结构工程施工	B	必修	42	36	2.5				6/后7周			
	01102718	Tekla 钢结构详图设计	B	必修	66	48	4				6/后11周			
	01102719	AutoCAD 三维应用	C	必修	48	48	3		2周					
		组合结构工程施工	B	必修	55	24	3.5			5/前11周				
	01102509	钢结构施工实训	C	必修	96	96	6					4周		
		顶岗实习与毕业项目	C	必修	528	528	33					7周	15周	
		合计			1239	978	78							
		专业总计			2728	1308	171.5	31	27	25	23	18	24	
个性化学习课程		个性化学习课程		选修	192		12							
		合计												
其他环节		入学教育		必修				1周						
		毕业教育		必修									1周	
		集中考试周						1周						

说明：

①周数栏中"/"左侧数字适用于建筑工程技术和基础工程技术专业方向，"/"右侧数字适用于建筑钢结构工程技术专业。

②识岗实习与假期实践均安排在第二学期，识岗实习之后进行假期实践。

③专业的总学时、总学分和每学期的周课时均的个性化教学模块中的施工员岗位为准。

④建筑钢结构工程技术专业中的"建筑结构"在第二学期讲授钢结构部分的内容。

⑤基本技能实训中的建筑钢结构工程技术专业开在第四学期，其他专业开在第二学期。

（四）个性化学习课程模块分组课程表（学生根据需要选学一组）

个性化课程模块	课程代码	课程名称	课程	学时	其中实践学时	学分	各类课程按学期参考周课时						开设部门
							第一学年		第二学年		第三学年		
							15周	16/18周	20周	16/12周	13周	15周	
专业提升类课程组	施工员		适用于建筑工程技术专业										
		水电图纸识读	限修	32	16	2				4/8周			
	01101510	建筑工程安全技术与管理	限修	32	8	2					3		
		建筑结构抗震	限修	32	8	2				4/8周			
		核心筒施工	限修	32	16	2				4/8周			
	01101706	砌体结构工程施工	限修	32	8	2				4/8周			
		装配化施工技术	限修	32	8	2					3		
	施工员		适用于基础工程技术专业										
		建筑施工技术	限修	87	37	5.5					3	3	
	01102708	工程项目管理	限修	32	8	2					3		
	01102710	建筑法规	限修	32	4	2					3		
		BIM技术的施工应用	限修	48	48	3					3		
	施工员		适用于建筑钢结构工程技术专业										
	01102713	钢结构施工阶段验算与分析	选修	48	24	3				4			
	01102721	钢结构工程案例分析	选修	48	8	3					4/12周		
	01102508	深化设计实训	选修	48	48	3				2周			
	40010537	BIM技术的施工应用	选修	48	24	3				4			
	项目工程师		适用于建筑工程技术专业										
	01101510	建筑工程安全技术与管理	限修	32	8	2					3		
		工程数学	限修	32	8	2	3						
		建筑力学B	限修	32	4	2			4/8周				
		建筑结构B	限修	32	4	2			4/8周				
		建筑施工计算	限修	32	8	2					3		
		水电图纸识读	限修	32	16	2				4/8周			
	安全员		适用于建筑工程技术专业										

续表

个性化课程模块	课程代码	课程名称	课程	学时	其中实践学时	学分	各类课程按学期参考周课时						开设部门
							第一学年		第二学年		第三学年		
							15周	16/18周	20周	16/12周	13周	15周	
专业提升类课程组		建筑施工模板与脚手架安全技术	限修	32	12	2					3		
		建筑施工现场临时用电安全技术	限修	32	12	2				4/8周			
		施工安全防护与文明施工	限修	32	12	2				4/8周			
		建筑施工机械与吊装安全技术	限修	32	8	2				4/8周			
		建筑工程安全检查与评分标准	限修	32	12	2					3		
	01101706	砌体结构工程施工	限修	32	8	2				4/8周			
	安全员	适用于基础工程技术专业											
	01101510	建筑工程安全技术与管理	限修	32	8	2					3		
		建筑施工技术	限修	87	37	5.5					3	3	
	01102710	建筑法规	限修	32	4	2					3		
	材料质检员	适用于建筑工程技术专业											
	01101510	建筑工程安全技术与管理	限修	32	8	2				4/8周			
		结构性材料检测	限修	32	8	2				4/8周			
		功能性材料检测	限修	32	8	2				4/8周			
		材料员管理实务	限修	32	8	2				4/8周			
		检测实训	限修	32	24	2					3		
		建筑工程质量检测	限修	32	8	2					3		
	造价员	适用于建筑工程技术专业											
		水电图纸识读	限修	32	8	2				4/8周			
	01101715	水电工程预算	限修	32	8	2				4/8周			
		三维计量实训	限修	32	24	2					3		
		装饰工程预算	限修	32	8	2					3		
	01101510	建筑工程安全技术与管理	限修	32	8	2				4/8周			
	01101706	砌体结构工程施工	限修	32	8	2				4/8周			

个性化课程模块	课程代码	课程名称	课程	学时	其中实践学时	学分	各类课程按学期参考周课时						开设部门
							第一学年		第二学年		第三学年		
							15周	16/18周	20周	16/12周	13周	15周	
专业提升类课程组	设计员	适用于基础工程技术专业											
	01101510	建筑工程安全技术与管理	限修	32	8	2					3		
	01101507	建筑节能技术	限修	32	16	3					3		
		建筑设备安装	限修	40	18	2.5			2				
	01102710	建筑法规	限修	32	4	2					3		
	01101709	建筑工程经济	限修	32	16	2					3		
	设计员	适用于建筑钢结构工程技术专业											
	01102713	钢结构施工阶段验算与分析	选修	48	24	3				4			
	01102721	钢结构工程案例分析	选修	48	8	3					4/12周		
	01102719	深化设计实训	选修	48	48	3				2周			
	40010537	BIM技术在施工中的应用	选修	48	24	3				4			
	质量员	适用于基础工程技术专业											
	01101510	建筑工程安全技术与管理	限修	32	8	2					3		
	01101507	建筑节能技术	限修	32	16	3					3		
		建筑设备安装	限修	40	18	2.5			2				
	01102708	工程项目管理	限修	32	8	2					3		
	01102710	建筑法规	限修	32	4	2					3		
	勘探技术员	适用于基础工程技术专业											
	01101507	建筑节能技术	限修	32	16	3					3		
		建筑施工技术	限修	87	37	5.5					3	3	
	01102710	建筑法规	限修	32	4	2					3		
	合计			192	64	12							

个性化课程模块	课程代码	课程名称	课程	学时	其中实践学时	学分	各类课程按学期参考周课时						开设部门
							第一学年		第二学年		第三学年		
							15周	16/18周	20周	16/12周	13周	15周	
跨类复合类课程组		适用于建筑钢结构工程技术专业											
		建筑安装工程预算	选修	48	24	3				4			
	01101501	基础工程施工	选修	48	8	3				4			
		广联达造价软件应用	选修	48	48	3				2周			
	01101502	混凝土结构施工	选修	48	24	3				4			
		合计		192		12							
	PC工程技术	适用于建筑工程技术专业											
	01101510	装配式构件设计	限修	48	12	3				6/8周			
		装配式构件制作	限修	48	4	3					4/12周		
		装配式构件安装	限修	48	8	3					4/12周		
		CSI施工技术	限修	48	4	3				6/8周			
	BIM技术应用	适用于建筑工程技术专业											
		BIM建模	限修	48	48	3				6/8周			
		三维钢筋建模	限修	48	48	3				6/8周			
		BIM技术管理	限修	48	48	3					4/12周		
		BIM算量与计价	限修	48	48	3				4/12周			
		合计		192		12							
科技创新类课程组		合计		192		12							
学历提升类课程组		高等数学(三)	选修	64		4				4			
		计算机基础	选修	64		4					4		
		英语	选修	64		4			6				
		合计		192		12							

个性化课程模块	课程代码	课程名称	课程	学时	其中实践学时	学分	各类课程按学期参考周课时						开设部门
							第一学年		第二学年		第三学年		
							15周	16/18周	20周	16/12周	13周	15周	
		适用于建筑工程技术专业											
国际化类课程组		雅思英语	限修	32	16	2				4/8周			
	01101706	砌体结构工程施工	限修	32	8	2				4/8周			
		国际工程管理	限修	32	16	2					3		
		水电图纸识读	限修	32	8	2					3		
	01101510	建筑工程安全技术与管理	限修	32	8	2				4/8周			
		建筑工程英文图纸识读(二)	限修	32	8	2				4/8周			
		合计		192	64	12							

(五)技术平台课程、专项能力课程信息表

序号	课程代码	课程名称	学分	学时	学习内容
1	01100401	专业导论	1	16	专业培养目标,教学内容,就业方向与岗位,培养要求,专业、行业的现状及发展等
2	01100402	建筑识图与绘图	5.5	90	砖混结构、框架结构、剪力墙结构房屋的建筑、结构施工图的识读;AUTOCAD、天正建筑软件的应用等内容
3	01100403	建筑力学	7.5	123	结构计算的原理及方法,力系的简化和力系的平衡,结构中构件及构件之间作用力的强度、刚度问题,刚体、弹性体和结构体系的力学性能,以及在荷载作用下的位移、应力和应变
4	01100404	建筑结构	7.5	124	基本构件受力分析,桁架、钢架结构内力计算,砌体结构、框架结构、剪力墙结构和轻钢结构房屋的受力特征、内力定性分布、钢筋构造要求、施工要求等
5	01100405	建筑工程施工测量	5	80	三大仪器(水准仪、经纬仪、全站仪)的操作和读数,建筑物施工放线,楼层轴线和标高的引测,沉降观测等内容
6	01100406	建筑材料与检测	3	48	主体工程胶凝材料、混凝土材料、墙体材料、钢筋材料、砂浆等建筑材料的技术性质、特点、使用要求和检测方法

序号	课程代码	课程名称	学分	学时	学习内容
7	01100407	建筑工程施工准备	5	78	工程施工开始前的人、机、料、法律、环境相关的技术准备、材料准备、机具准备、人员准备,房屋主体工程施工方案的编制,房屋装饰装修工程施工方案的编制,施工总平面图的编制,网络计划及相关技术措施等
8	01100408	建筑工程施工项目承揽	5	78	招标文件,投标文件,投标技巧,工程索赔,合同管理,工程量计算,分部分项组价、合价,工料消耗计算,工程款支付的计算,现场变更及索赔,造价及材料消耗控制等
9	01101501	基础工程施工	4.5	72	基础施工图的识读,土方量计算,土方开挖、基坑支护施工、土方回填,条形基础施工、独立基础施工、筏板基础施工、箱形基础、桩基础施工等内容
10	01101502	混凝土结构工程施工	5	80	钢筋混凝土框架结构、钢筋混凝土剪力墙结构与楼梯结构的施工图识读,模板施工方案,钢筋配料计算及钢筋工程施工方案,混凝土工程施工方案,质量检查与验收,脚手架的搭设构造与要求,脚手架的施工计算,脚手架的施工检查与验收等
11	01101503	钢结构工程施工	4	64	钢结构施工图的识读、用料计算、施工工艺、施工方法、质量检查等内容
12		建筑装饰与防水工程施工	2	32	内、外墙抹灰、地面抹灰、贴面施工的工艺过程、操作方法、质量检查,楼地面施工工艺流程、施工要点、质量检查与验收,铝合金门窗、塑钢门窗安装施工、质量检查,轻钢龙骨吊顶、铝合金龙骨吊顶安装施工、质量检查与验收等,卷材防水屋面施工工艺流程、施工要点、质量检查,刚性防水屋面施工工艺流程、施工要点、质量检查,地下防水施工工艺流程、施工要点、质量检查,卫生间防水施工的施工要点等
14	01101506	建筑工程竣工验收与资料管理	2	32	工程竣工操作流程及竣工资料准备
15	01101507	建筑节能技术	2	32	墙体、地面、屋面、门窗幕墙节能系统的构造、施工工艺、施工要点和质量标准
16		顶岗实习及毕业设计项目	33	528	完成施工组织设计、工程造价计算、结构设计等设计内容,深入施工一线从事建筑施工综合实训,主要以见习员级岗位参加企业生产活动

续表

序号	课程代码	课程名称	学分	学时	学习内容
17	01101508	识岗实习	48	48	学生以初学者的身份参加现场实习,认识工地、工程及项目部
18	01101509	跟岗实习	6	96	学生以施工现场技术管理人员助手的身份到工地实习,熟悉将来的工作环境,观察和学习现场技术和管理人员的工作内容、工作方法,把学校学到的知识与技能运用到实际工程中
19	01101702	建筑结构抗震	2	32	地震与地震动的基本知识,场地、地基和基础的抗震设计,结构地震反应分析与抗震验算,多、高层钢筋砼和钢结构房屋、钢筋砼等的抗震设计,以及隔震与消能减震房屋的构造
20	01101703	计算机辅助建筑设计	2	32	使用天正建筑设计软件进行建筑平面图、立面图、剖面图的设计与绘制
21	01101704	计算机辅助结构设计	2	32	使用 PKPM 结构设计软件进行结构施工图的设计与绘制
23	01101706	砌体结构工程施工	2	32	构造柱、圈梁、楼盖结构的钢筋配料计算,砖砌体施工,构造柱、圈梁、楼盖结构的施工与质量检查,砌体结构主体施工的工艺过程和施工方法等
24	01102708	工程项目管理	2	32	项目管理概论,项目管理组织,项目经理与人力资源管理,项目目标与范围管理,项目计划、项目成本管理,项目质量管理,项目沟通和冲突管理,项目采购与招投标管理,项目合同管理,项目风险管理,项目启动和终止管理等
25	01101709	建筑工程经济	2	32	建筑工程经济的原理和分析的方法,建筑工程不确定分析,建筑工程项目的可行性研究等
26	01102710	建筑法规	2	32	《中华人民共和国招标投标法》《中华人民共和国合同法》、建筑工程质量管理条例、建筑工程施工现场管理规定等
27		水电图纸识读	2	32	水施工图识读,暖通施工图识读,电的施工图识读
28	01101715	水电工程预算	2	32	水电工程量计算,水电预算编制
30		建筑施工模板与脚手架安全技术	2	32	建筑施工现场常用模板的种类,设计计算及安装要求,建筑施工现场常用脚手架的种类、设计计算及安装要求
31		建筑施工现场临时用电安全技术	2	32	施工现场临时用电的计算、布置等安全技术

序号	课程代码	课程名称	学分	学时	学习内容
32		施工安全防护与文明施工	2	32	施工现场安全文明施工的相关规定
33		建筑施工机械与吊装安全技术	2	32	塔吊、施工升降机、物料提升机、索具设备、起重机械等常用施工机械的安全操作相关规定和吊装时的安全技术
34		建筑工程安全检查与评分标准	2	32	建筑工程施工现场的各项安全检查内容、方法及标准
35		核心筒施工	2	32	混凝土核心筒的钢筋工程、脚手架工程、模板工程、混凝土工程的施工工艺和技术要求
36	01101510	建筑工程安全技术与管理	2	32	职业卫生常识、职业病、安全生产、安全教育、安全技术、安全管理、工伤保险等
37		结构性材料检测	2	32	建筑结构材料的种类、性能、特点、制作过程和验收、检测等
38		功能性材料检测	2	32	建筑用电线、电缆、电料、管材和混凝土外加剂等辅助材料的种类、性能、特点、制作过程和验收、检测等,建筑装饰材料的种类、性能、特点、制作过程和验收、检测等
39		材料员管理实务	2	32	材料供应与管理,材料消耗定额管理,材料供应及运输管理,材料采购管理,材料的仓库管理,施工现场材料与工具管理,材料核算等
40		检测实训	2	32	各种建筑材料的检测操作实训
41		建筑工程质量检测	2	32	建筑工程质量管理概述,质量控制的三个阶段,建筑工程项目施工阶段的质量控制
42		建筑力学 B	2	32	平面体系的几何组成分析,静定结构的内力和位移计算,力法,位移法,力矩分配法,影响线和包络图,矩阵位移法和结构动力学简介
43		建筑结构 B	2	32	轻钢结构房屋、单层工业厂房的受力特征、内力定性分布、钢筋构造要求、施工要求等
44		三维计量实训	2	32	三维计量和计价软件的建模、算量和套价实训
45		装饰工程预算	2	32	楼地面工程、墙柱面工程等的算量和计价
46		装配化施工技术	3	48	装配式混凝土结构构件的吊装工艺流程、注意事项、检测验收等

序号	课程代码	课程名称	学分	学时	学习内容
47		CSI 施工技术	3	48	工业化住宅装配整体式装饰工程的设计和施工
48		装配式构件制作	3	48	预制混凝土构件:梁、板、柱、楼梯等其他构件的设计方法、绘图方法及加工厂生产工艺流程技术等
49		国际工程管理	2	32	国际工程项目管理的概念,国内发展现状及存在差距,国际工程承包招投标及相关合同条件以及国际工程承包项目的经营管理
50		建筑工程英文图纸识读	2	32	专业英语单词及砖混、框架、剪力墙结构英文图纸施工图的识读
51		地下建筑材料	4	58	地下工程胶凝材料、混凝土材料、防水材料、钢筋材料、砂浆等建筑材料的技术性质、特点、使用要求和检测方法
52		工程地质与土力学	5	76	地质作用,岩石矿物,地质历史,地质构造,地下水,岩土的物理性质、工程性质及工程分类,地基土的压缩、剪切,土压力,工程地质勘察
53		基坑工程施工	2	30	工程地质勘察报告、基坑施工图的识读,编制基坑工程施工方案,土方量计算,吊塔基础验算,土方开挖,基坑支护施工,土方回填施工等内容
54		岩土工程勘探	2	40	岩、土的分类,岩土工程勘察阶段及类别,钻探技术与取样,物探技术,原位实验,岩土野外识别及现场描述,特殊土
55		地质灾害防治	2	36	地震灾害,火山灾害,斜坡地质灾害,特殊土地质灾害,地面变形地质灾害,地质灾害评估
56		基坑围护结构设计	4	60	钢板桩设计,H 型钢木挡板支护结构设计,水泥土墙设计,土钉墙支护结构设计,SMW 工法挡墙设计,灌注桩支护结构设计,支护结构支撑设计
57		基坑围护结构施工	2	30	钢板桩支护结构施工,H 型钢木挡板支护结构施工,水泥土墙支护结构施工,土钉墙支护结构支护结构施工,SMW 工法挡墙施工,地下连续墙结构施工,支撑结构支撑设计
58		桩基础施工与检测	4	72	桩基础分类,桩基础施工方法,桩基础施工方案编制,灌注桩成孔质量检测,桩基础质量检测方法,桩基础承载力检测

续表

序号	课程代码	课程名称	学分	学时	学习内容
59		建筑施工技术	7	116	基坑工程施工,基础工程施工,砌体工程施工,混凝土工程施工,地下防水工程施工,地基加固工程施工,钢结构加工和安装工程施工,设备安装工程施工
60		建筑设备安装	2.5	40	暖通空调,建筑给排水以及消防系统的类型及构成,电气系统的类型及构成
61		建筑工程基本技能训练	3	52	瓦工、钢筋工、模板工的工种训练
62	01100409	基本技能实训	3	48	支撑架的搭设,高强螺栓的安装与检验,焊缝检测等基本能力的训练
63		基础工程计量与计价	7	120	基础工程造价组成,基础工程预算定额,清单计价规范,基础工程计价方法和程序,桩基工程量计算,基坑支护结构工程量计算,地基处理工程量计算,基础工程量计算,措施项目工程量计算,图形算量,常用预算软件的使用,工程决算基本概念,工程决算编制与审核
64	01102708	建筑工程项目管理	2	36	项目管理概论、项目管理组织、项目经理与人力资源管理、项目目标与范围管理、项目计划、项目成本管理、项目质量管理、项目沟通和冲突管理、项目采购与招投标管理、项目合同管理、项目风险管理、项目启动和终止管理等
65	01101709	建筑工程经济	2	39	基础工程经济的原理和分析的方法,基础工程不确定分析,基础工程项目的可行性研究等
66		基础工程计量与计价训练	1.5	24	基坑支护结构预决算文件编制,框架结构房屋预决算文件编制
67		建筑工程经济与工程计量	5	65	招标文件,投标文件,投标技巧,工程索赔,合同管理,工程量计算,分部分项组价、合价,工料消耗计算,工程款支付的计算,现场变更及索赔,工程经济与工程财务等
68	01102501	钢结构识图与结构选型	3.5	54	钢结构设计图与施工详图的识读,AutoCAD辅助绘图和钢结构常用钢结构体系及其选型
69	01102503	钢结构焊接工艺	2.5	36	钢材焊接材料的选用,焊接机具的选用,焊机电流选择,手工电弧焊,埋弧自动焊,焊接变形和残余应力和焊接工艺评定等

序号	课程代码	课程名称	学分	学时	学习内容
70	01102504	钢结构支撑架设计	2.5	36	单双排、满堂脚手架和型钢支撑架的设计计算、构造要求,塔吊基础验算,塔吊、汽车吊和履带吊的选用,钢丝绳计算,卷扬机和葫芦的选用等
71		空间网格结构设计	3.5	52	网架、网壳及桁架结构等空间钢结构体系的特点、适用范围、结构及设计
72		轻钢门式钢架结构设计	2.5	42	轻钢门架结构和钢框架的结构特点、主结构和次结构设计
73		空间网格结构工程施工	3	48	网架、网壳及桁架结构等空间钢结构的体系加工、拼装安装方法和质量控制及验收等
74		轻钢与围护结构工程施工	3.5	60	轻钢门架结构和钢框架结构及其围护结构的加工制作和施工安装、质量控制和验收等
75		重钢结构工程施工	2.5	42	重钢材料、结构体系的特点,加工制作和施工安装,质量控制和验收等
76	01102718	Tekla 钢结构详图设计	3.5	60	Tekla 软件工具栏与菜单栏的应用、建模与编辑、使用技巧、详图生成等
77	01102719	AutoCAD 三维应用	3	48	AutoCAD 三维命令的应用,三维建模及模型编辑、详图绘制与生成
78		组合结构工程施工	3	45	土方工程、砌体工程、混凝土结构工程、装饰工程等的施工方法及技术要求等
79	01102509	钢结构施工实训	6	96	深入钢结构加工或施工一线从事钢结构生产实训,跟随实际岗位参加企业生产活动
80		顶岗实习与毕业项目	33	528	毕业设计进行轻钢、网架、管桁架等结构的结构设计或深化设计,并编制施工方案,顶岗实习深入施工一线从事建筑施工综合实训,主要以见习员级岗位参加企业生产活动
81		BIM 建模	3	48	BIM 软件建立建筑模型,轴网、标高、墙体、门窗、楼板、楼梯、屋面等构件的建模
82		BIM 算量与计价	3	48	使用 BIM 建模软件对所建模型进行墙体、门窗、楼板、楼梯、屋面等构件算量,并进行计价
83		BIM 技术管理	3	48	使用 BIM 软件进行进度计划编制、现场布置、施工模拟等
84		高等数学(三)	4	64	专转本数学
85		计算机基础	4	64	专转本计算机基础
86		英语	4	64	专转本英语

（六）专业技能信息表

1. 建筑工程技术专业

技能层次	职业能力	实践项目	相应课程	开设学期	学时	学分
基本技能	信息的查询能力	计算机上机实践	计算机应用基础	1	72	4.5
	自学能力	识岗实习		2	48	3
		跟岗实习		4	96	6
专项技能（核心技能）	测量放线能力	测量实训	建筑工程测量	2	80	5
	识图能力	识图实训	建筑工程识图与绘图	1	75	5.5
	绘制施工图纸的能力	CAD绘图实训	建筑工程识图与绘图	1	75	5.5
	BIM技术应用能力	BIM相关软件培训	BIM技术的施工应用	4	52	3.5
综合技能	分项工程施工措施编制能力		建筑施工准备	5	78	5
	施工计算能力		建筑施工计算	5	32	2
	安全专项措施编制能力		建筑施工模板与脚手架安全技术	4	32	2
			建筑施工现场临时用电安全技术	4	32	2
			施工安全防护与文明施工	4	32	2
			建筑施工机械与吊装安全技术	5	32	2
			建筑工程安全检查与评分标准	5	32	2
	材料检测能力	检测实训	结构性材料检测	2	32	2
			功能性材料检测	2	32	2
	造价软件应用能力	三维算量实训		5	32	2
	工程量计算能力		建筑工程施工项目承揽与合同管理	4、5	99	6
			水电工程预算	4	32	2
	英文图纸识读能力		英文图纸识读	2	48	3

2. 基础工程技术专业

技能层次	职业能力	实践项目	相应课程	开设学期	学时	学分
基本技能	信息的查询能力	计算机上机实践	计算机应用基础	1	90	7
	自学能力	识岗实习		2	100	5
		跟岗实习		4	120	4
专项技能（核心技能）	测量放线能力	测量实训	工程施工测量	2	72	4.5
	识图能力	识图实训	建筑工程识图与绘图	1	99	6
	绘制施工图纸的能力	CAD绘图实训	建筑工程识图与绘图	1	99	6
	工程地质勘探的能力		工程地质与土力学	2	76	5
			岩土工程勘探	3	40	2
	基坑支护设计能力		基坑围护结构设计	3	60	4
	施工技术应用能力		建筑施工技术	4、5	116	7
	BIM技术应用能力	BIM相关软件培训	BIM技术的施工应用	4	52	3.5
综合技能	分项工程施工措施编制能力		建筑施工准备	4、5	110	7
	施工计算能力		基础工程计量计价	5	120	7
	安全专项措施编制能力		建筑工程安全技术与管理	4	50	3
			建筑法规	5	39	2
	材料检测能力	检测实训	地下建筑材料	2	58	4
			建筑节能技术	5	50	3
	造价软件应用能力	三维算量实训		5	32	2

3. 建筑钢结构工程技术专业

技能层次	职业能力	实践项目	相应课程	开设学期	学时	学分
基本技能	材料检测	材料检测实验	建筑材料与检测	2	48	3
	连接节点质量检测	高强螺栓连接和焊缝连接检测	钢结构焊接工艺	3	36	2.5
			基本技能实训	4	48	3
	支撑架设计搭设	支撑架搭设	钢结构支撑架设计	3	36	2.5
			基本技能实训	4	48	3
专项技能（核心技能）	识图与CAD绘图	CAD绘图、三维CAD绘图	建筑识图与绘图	1	70	4.5
			计算机绘图实训	1	24	1.5
			CAD三维应用	2	48	3
	施工现场勘测、测量	测量仪器应用	建筑施工测量	2	80	5
	深化设计	钢结构深化设计实训	Tekla钢结构详图设计	3	60	3.5
			深化设计实训	4	48	3
综合技能	钢结构工程施工方案编制和实施	各种钢结构施工方案的编制；企业实践	建筑施工准备	5	65	4
			经济与工程计量	5	65	4
			空间结构施工	4	48	3
			轻钢围护结构施工	3	60	3.5
			重钢结构工程施工	4	42	2.5
			组合结构施工	3	45	3
			施工验算与分析	4	48	3
			钢结构企业实训	4	96	4
			顶岗实习	6	360	22.5
	简单钢结构结构设计和施工计算	各种钢结构结构设计	建筑结构	2、3	134	8.5
			空间结构设计	5	52	3.5
			轻钢门架结构设计	4	42	2.5
			施工验算与分析	4	48	3
			毕业设计	5	168	10.5

续表

技能层次	职业能力	实践项目	相应课程	开设学期	学时	学分
综合技能	钢结构加工产品和工程项目的质量检验	企业实践训练	建筑材料与检测	2	48	3
			钢结构焊接工艺	3	36	2.5
			空间结构施工	4	48	3
			轻钢围护结构施工	3	60	3.5
			重钢结构工程施工	4	42	2.5
			组合结构施工	3	45	3
			施工验算与分析	4	48	3
			钢结构企业实训	4	96	4
			顶岗实习	6	360	22.5

（七）个性化学习课程模块信息表

1. 建筑工程技术专业、基础工程技术专业

序号	课程组	课程组简介	学习内容与目标	选学建议（含基础要求，适合面）
1	专业提升类课程组	本课程组为专业提升类，按照专业分工不同可以分为施工员、安全员、材料员、造价员、项目工程师五种，主要培养不同岗位的专业能力。	施工员开设：水电图纸识读、建筑工程安全技术与管理、建筑结构抗震、核心筒施工、砌体结构工程施工、PC工程施工。通过这些内容的学习，使学生达到施工员的上岗要求。 安全员岗位开设：建筑施工模板与脚手架安全技术、建筑施工现场临时用电安全技术、施工安全防护与文明施工、建筑施工机械与吊装安全技术、建筑工程安全检查与评分标准、核心筒施工。通过这些内容的学习，使学生达到安全员的上岗要求。 材料员岗位开设：建筑工程安全技术与管理、结构性材料检测、功能性材料检测、材料员管理实务、检测实训、建筑工程质量检测。通过这些内容的学习，使学生达到材料员的上岗要求。 造价员岗位开设：水电图纸识读、水电工程预算、三维计量实训、装饰工程预算、建筑工程安全技术与管理、砌体结构工程施工。通过这些内容的学习，使学生达到造价员的上岗要求。 项目工程师岗位开设：建筑工程安全技术与管理、工程数学、建筑力学2、建筑结构2、建筑施工计算、水电图纸识读、核心筒施工。通过这些内容的学习，使学生达到项目工程师的上岗要求。	学生根据自己的兴趣爱好和将来的岗位选择。

序号	课程组	课程组简介	学习内容与目标	选学建议（含基础要求，适合面）
2	跨类复合类课程组			
3	企业定制类课程组	本课程组分为PC工程技术和BIM技术应用两个定制课程组，PC工程技术主要培养学生建筑工业化生产所需的技术和技能，BIM技术应用主要培养学生BIM软件的应用能力。	PC工程技术开设：装配式构件设计、装配式构件制作、装配式构件安装、CSI施工技术。使学生掌握建筑工业化生产所需的技术和技能。 BIM技术应用：BIM建模、三维钢筋建模、BIM技术管理、BIM算量与计价。通过这些内容的学习，使学生掌握软件应用所需的技术和技能。	适合进行工业化生产的企业根据需要定制的学生，学生需具备较为扎实的力学结构等理论基础。BIM施工应用适合对BIM技术人员需求的企业，需要学生对各类软件有较好的兴趣和理解能力。
4	科技创新类课程组			
5	学历提升类课程组	本课程组主要训练学生顺利通过专转本考试。	开设高等数学、计算机基础、英语等专转本考试科目。通过本课程组的学习，使学生在学历提升的过程中打牢基础。	学生在有能力学好本专业开设的所有课程（个性化课程除外）的基础上，有强烈升学愿望的学生，建议选修本课程组课程。
6	国际化类课程组	本课程组主要培养学生出国从事相关企业管理和技术服务的技术和技能。	开设雅思英语、砌体结构工程实施、国际工程管理、水电图纸识读、建筑工程安全技术与管理、英文图纸识读。	适合外语水平较高，有管理方面特长，有出国就业打算的同学。

2. 建筑钢结构工程技术专业

序号	课程组	课程组简介	学习内容与目标	选学建议 (含基础要求,适合面)
1	专业提升类课程组	本课程组主要包括"钢结构施工阶段验算与分析""钢结构工程案例分析""深化设计实训"和"BIM技术的施工应用"四门课,主要提升学生施工和设计的职业能力。	钢结构的安装施工计算、经典钢结构工程的施工案例分析、深化设计软件的强化训练和BIM系统中相关软件的应用。通过这些内容的学习,使学生的施工技术管理能力和深化设计能力得到进一步的提升。	学生在学完建筑钢结构工程技术专业前三学期开设的所有课程的基础上,并且以钢结构企业为就业方向,而且有较高的专业能力提升要求的,建议选修本课程组课程。
2	跨类复合类课程组	本课程组主要包括"建筑安装工程预算""基础工程施工""广联达造价软件应用"和"混凝土结构工程施工"四门课,满足学生今后跨类发展的需求。	水电暖等安装工程的造价知识、造价软件的应用、建筑基础工程的施工知识和混凝土结构工程的施工知识。通过本课程组的学习,把学生塑造成复合型高技能人才。	学生在学完建筑钢结构工程技术专业前三学期开设的所有课程的基础上,并且对钢结构相近跨类专业有浓厚就业兴趣的,建议选修本课程组课程。
3	企业定制类课程组			
4	科技创新类课程组			
5	学历提升类课程组	本课程组主要训练学生顺利通过专转本考试。	高等数学、计算机基础、英语等专转本考试科目。通过本课程组的学习,使学生在学历提升过程中打牢基础。	学生在有能力学好本专业开设的所有课程(个性化课程除外)的基础上,有强烈升学愿望的,建议选修本课程组课程。
6	国际化类课程组			

八、制订与实施说明

（一）制订说明

本人才培养方案依据江苏建筑职业技术学院《关于制定 2018 版人才培养方案的原则意见》和《人才培养方案管理办法（试行）》进行编制，主要以强化通识通修课、优化技术平台课、精炼专项能力课、丰富个性化教学模块，合理序化课程体系，深化课程内涵改革和教学资源建设，推动教学管理改革为基本原则，更加深入分类培养、分层教学改革，以满足学生发展的不同需求，努力实现高职教育"技能专长＋可持续发展"的人才培养目标。

本人才培养方案构建了建筑工程技术专业群职业基础通用课程平台，加大了职业基础课程教学力度，以突出专业核心技能的培养结合专业就业岗位的能力要求开发各专业方向课程平台，按照职业岗位（群）工作任务要求设置理论与实践"一体化"课程，有机融合理论教学和实践教学于一体，以便"教学做"合一的实施。

本人才培养方案的培养特色有如下三点：

（1）建筑工程技术专业群针对建筑产品特点和建筑施工特点，构建"工学交替"人才培养模式。专业群将传统的每年两学期改为每年三学期，其中至少有一个学期的时间，学生在企业实习，使教学规律与企业生产周期相协调，学生在校学习与企业实践相交替，符合生产规律和学生认知规律。学生每年都有机会到现场实践，在企业学习企业的先进技术和先进文化，开展实践活动，了解现场、了解企业、了解岗位，为零距离上岗提供了可能。

（2）建筑工程技术专业群形成了职业主动培养的新体系。专业群的课程体系（包括实践教学体系）按照循序渐进、分段实训、递进培养的原则进行开发，遵循人才成长规律，学生在解决一个又一个问题的过程中获得的成就感，可以激发学生的学习热情，为学生学习提供动力，从而使之不断成长，获得专业所必需的知识和技能。

（3）为学生的后续职业发展提供必要的基础。专业群培养方案充分考虑了学生的职业发展需求，一方面考虑学生岗位迁移的可能方向，开设能及时反映职业领域最新科技信息、施工工艺和技术的岗位提升课程；另一方面设置其他专业或专业方向课程模块，供学有余力的学生自主选修，以提高学生的就业能力与岗位迁移能力。

（二）实施说明

1. 实施方法

建筑工程技术专业群人才培养方案按照一学年三学期工学交替（图 7-1）来实施，课程内容打破理论教学和实践教学的界限，大部分课程为理、实一体化课程，课程在工学结合教室或实训室实施，注重"教学做"合一。

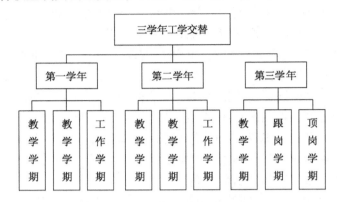

图 7-1　每学年三学期工学交替构成图

2. 实施手段

（1）跟踪行业发展，准确定位人才培养的目标和规格。深入开展行业岗位（群）调查，根据岗位工作任务进行职业能力分析，明确职业岗位所需的知识、技能及素质的要求，调整专业培养目标，加强岗位核心能力和职业迁移能力的培养。

（2）构建"校企合作、工学交替、双证融通"的人才培养模式，深化校企合作，以满足工学交替学生实践的要求。在校企合作的深度上，企业要实质性参与教学活动的全过程（包括参与人才培养方案的制定、课程建设、实训基地建设、安排顶岗实习、承担授课任务等）；学校要帮助企业培训员工，与企业合作开发新技术；在课程内容上，将岗位标准融入教学内容。

（3）以岗位职业核心能力培养为核心，深化课程体系、教学内容与教学方法改革。根据岗位工作任务和工作过程的要求，构建基于工程过程系统化的课程体系，实现课程与岗位任务的对接；针对课程内容和教学要求，确定课程教学方法与手段，提高课程的针对性、实践性、有效性；开展工学结合优质课程建设，编写具有职教特色的课程教材。

（4）打造校企互通、专兼结合的"工程型"专业教学团队。通过"请进来、走出去"的办法，聘请企业的技术骨干和能工巧匠担任兼职教师；同时选派专职教师到企业进行顶岗实践，打造一支结构合理、素质优良、业务精湛、教学水平高、实践技能强、结构完善合理的专兼结合的教学团队。

（5）建立满足学生职业能力培养要求的校内和校外两个实训基地。在校内建成6个集教学、培训于一体的校内实训室和60个满足学生工学交替要求的校外实训基地，确定顶岗实习管理和考核的标准。

（6）加强学生职业素质和职业迁移能力的培养。充分利用校内实训室和校外实训基地，发挥学生在教学过程中的主体作用，使学生在训练过程中形成良好的职业道德、科学的创新精神、熟练的职业技能和较强的职业迁移能力，使毕业生的双证书率达到96%以上，一次就业率达到98%以上。

（7）探索校企"双主体"育人新机制。建筑工程技术专业与企业合作共建了"龙信学院""中南学院""中技学院"，在既有专业培养方案的基础上增加了企业技术课程和企业文化课程，增加的技术课程和文化课程全部由企业教师上课，企业负责安排和指导实习，提供视频现场直播，所有这些费用全由企业承担。同时每年资助学生20万元奖、助学金，学校负责学生在校期间的日常教学和管理，学生接受学校教师和企业教师双师授课，在学校环境、企业现场的环境和视频直播教室现场环境下接受训练和教育。学校为企业一线技术人员提供技术与管理培训，帮助企业开展技术改造、革新技术标准、完善操作规程、贯彻行业规范，使企业的新技术、新方法在校内实训基地内得到试验、改进和完善，最终形成双向互动、合作共赢的校企合作运行机制。

3. 实施组织

第一学年的第一、二学期，学生进校学习一些岗位基础课程和部分职业岗位课程后，第三学期安排学生到现场进行基础工程施工综合能力训练；第二学年的第一、二学期，学生回校学习主要职业岗位课程，第三学期安排学生到现场进行主体工程施工的综合能力训练；第三学年第一学期，学生主要学习职业拓展课程，提升学生的多岗位就业能力，在第三学年的第二、三学期进行顶岗（轮岗）实训。这种模式符合高职学生的学习和认知规律，能够解决传统教育中存在的学生"厌学"或者学习动力不足、毕业生职业岗位能力差的问题。学生能及时把所学的知识和技能运用于实践，巩固校内所学理论、技能，能够在真实的职业环境中进行综合技能训练。

学生素质教育也是专业改革中的一项必不可少的内容。根据专业人才的知识、能力、素质结构分析，对于学生的素质教育，我们计划在不同阶段选择不同培养内容的培养体系。第一年主要以培养学生的基本素质为主，让学生树立正确的人生观和世界观，为此，要在学生中开展思想道德教育活动，提高学生的综合素质；第二年以专业素质教育为主，为学生开办各种专业知识讲座、结合专业学习介绍施工企业状况、开展职业技能培训等，提高学生学习专业知识的兴趣，培养学生的专业意识；第三年以职业素质为培养重点，主要结合学生的实习，相互渗透，互相补充，以构成完整的学生素质培养体系。

7.2 建筑工程技术专业群主干课程标准

7.2.1 "建筑识图与绘图"课程标准

"建筑识图与绘图"课程标准

课程代码：40011800
课程类别：职业岗位课程
适用专业：建筑工程技术
总 学 时：90～100 学时

一、课程教学目标

"建筑识图与绘图"课程着重培养建筑工程行业从业人员快速识读工程施工图的能力，课程主要讲授建筑识图的基本知识、建筑形体的投影、建筑施工图的识读与绘制、结构施工图的识读与绘制、计算机绘图及建筑构造的知识。通过本课程的教学，学生能正确快速识读工程施工图，查阅相关建筑工程图集，正确处理建筑节点，具有熟练识读建筑施工图的能力，并能正确识读结构施工图和设备施工图，胜任施工员岗位的工作。本课程要达到的能力目标和知识目标如下：

1．能力目标

（1）具有较强的空间想象能力和构思能力；

（2）能将建筑施工图与结构施工图融会贯通，能读懂建筑施工图和结构施工图；

（3）能用 CAD 绘图软件绘制建筑节点图及竣工图；

（4）能熟练查阅建筑相关图集；

（5）能掌握建筑构造节点的构造做法；

（6）具有较强的职业道德和职业素养。

2．知识目标

（1）掌握建筑制图标准规范的基本规定；

（2）掌握建筑形体投影的原理；

（3）掌握建筑施工图、结构施工图的图示内容、图示方法和读图方法；

（4）掌握 CAD 绘图软件的使用。

二、典型工作任务描述

在建筑工程施工现场，施工图纸是建筑工程施工的指导性文件，是施工人员进行交流的技术语言。施工人员应严格按照工程图纸施工。在工程施工前，技术人员应非常熟悉施工图纸的情况。施工技术人员熟练识读建筑施工图、结构施工图和设备施工图，并根据施工图纸的说明，查阅相应的施工图集，掌握建筑工程各个部位的构造做法，并计算出相应的工程量及下料尺寸，并与施工管理人员及工人进行技术交流、协作、指导施工，将二维的施工图纸建造成三维的建筑。在工程结束时，应根据工程的实际建造情况绘制 CAD 竣工图。

三、教学内容

1. 学习单元划分

顺序	授课主要内容（含课内实训）	时数	建议教学环境	实训
一	学习单元1　建筑识图基本知识	10		
1	项目1　建筑制图标准和规范	1	多媒体教室、识图教室	
2	项目2　绘图工具和绘图仪器	1	多媒体教室、识图教室	
3	项目3　绘图的方法和步骤	8	多媒体教室、绘图教室	✓
二	学习单元2　建筑形体的表达	14		
1	项目1　投影基本知识	2	多媒体教室	
2	项目2　点、线、面的投影	4	多媒体教室	
3	项目3　体的投影	4	多媒体教室	✓
4	项目4　剖视图与断面图	4	多媒体教室	✓
三	学习单元3　建筑施工图	42		
1	项目1　建筑施工图概述	2	多媒体教室	
2	项目2　建筑施工图首页图和建筑总平面图	4	多媒体教室、绘图教室	✓
3	项目3　建筑平面图	10	多媒体教室、绘图教室	✓
4	项目4　建筑立面图	8	多媒体教室、绘图教室	✓
5	项目5　建筑剖面图	8	多媒体教室、绘图教室	✓
6	项目6　建筑详图	10	多媒体教室、绘图教室	✓

续表

顺序	授课主要内容(含课内实训)	时数	建议教学环境	实训
四	学习单元4　结构施工图	24		
1	项目1　结构施工图概述	2	多媒体教室、绘图教室	✓
2	项目2　基础施工图	6	多媒体教室、绘图教室	✓
3	项目3　楼层结构施工图	4	多媒体教室、绘图教室	✓
4	项目4　结构构件详图	12	多媒体教室、绘图教室	✓
	合计学时	90		

2. 学习单元描述

学习单元1　建筑识图基本知识	学时:10(2～4)

学习目标
1. 能应用建筑制图标准进行规范绘图和识图; 2. 能掌握CAD绘图的基本操作; 3. 能正确使用绘图工具和保养绘图工具。

学习内容	教学方法和建议
项目1　建筑制图标准和规范 主要内容:图纸幅面的大小及规定;标题栏与会签栏的规格及作用;图线的线宽比及基本规定;字体的书写规定及设置;比例的采用及注意事项;尺寸标注的组成及基本规定。 项目2　绘图工具和绘图仪器 主要内容:绘图工具的使用方法和保养知识;了解计算机绘图的知识。 项目3　绘图的方法和步骤 主要内容:手工绘图的方法和步骤;计算机绘图的方法和步骤。	1. 采用项目教学法进行教学。 2. 在项目1的教学中采用以实际工程图纸为载体、利用多媒体演示的教学形式。 3. 在项目2的教学中采用绘图工具和仪器实物或图片进行教学,使学生具有较好的直观感。 4. 在项目3的教学中,利用教师示范、学生实际操作的方法进行教学,通过"做中学,学中做,学做合一"的教学方法进行教学(抄绘和机绘教师指定的图纸内容)。

工具与媒体	学生已有基础	教师所需执教能力要求
1. 施工图纸; 2. 多媒体教学设备; 3. 教学课件、软件; 4. 网络教学资源; 5. 工作任务单。	1. 掌握基本的平面几何和立体几何的知识; 2. 了解计算机的基本知识。	1. 能根据教学内容设计教学案例、编制任务单; 2. 能根据教学案例、任务单实施教学; 3. 能根据学生的情况制作多媒体课件; 4. 能应用现代多媒体教学手段; 5. 具备计算机绘图的能力。

本单元安排学生在多媒体教室进行讲授建筑制图规范中的基本规定和绘图工具的使用方法,安排学生在机房进行计算机绘图方法的教学。

学习单元2　建筑形体的表达	学时:14(4～6)

学习目标

1. 理解投影的原理及建筑形体的基本元素——点、线、面的投影规律;
2. 能按照投影规律绘制建筑形体的三视图;
3. 培养学生较强的空间感和立体感;
4. 培养学生认真的学习态度。

学习内容	教学方法和建议
项目1　投影基本知识 主要介绍:投影原理及其分类;三面正投影图的形成及图示规律。 项目2　点、线、面的投影 主要内容:点的投影的形成、表达和规律;线的类型及投影的形成、表达和规律;面的类型及投影的形成、表达和规律。 项目3　体的投影 主要内容:基本体的投影;组合体的投影;三视图的识读及绘制。 项目4　剖视图与断面图 主要介绍:建筑形体六面视图的表达和简化画法;剖视图的形成原理、类型、绘制方法、读图方法;断面图的形成原理、类型、绘制方法、读图方法。	1. 采用项目教学法进行教学。 2. 在项目1和项目2的教学中,利用多媒体教学演示投影的形成原理,增强直观感。 3. 在项目3的教学中采用一栋简单的一层建筑和建筑中常见的建筑构件,如楼梯、台阶、阳台、梁板柱节点、基础详图、楼盖等进行案例教学,增强专业知识的应用性。 4. 项目3教学的开展在工学结合教室和多媒体教室以及建筑构造展示中心进行,并在机房进行绘制体的三视图教学。 5. 结合多媒体、建筑实训中心和各种建筑模型进行实物教学,培养学生的空间立体感和增加学生的学习兴趣。

工具与媒体	学生已有基础	教师所需执教能力要求
1. 多媒体教学设备; 2. 教学课件、软件; 3. 网络教学资源; 4. 工作任务单。	1. 掌握基本的平面几何和立体几何的知识; 2. 具备基本的计算机绘图能力。	1. 能根据教学内容设计教学案例、编制任务单; 2. 能根据教学案例、任务单实施教学; 3. 能根据学生和教学的情况制作多媒体课件; 4. 计算机绘图的能力; 5. 能应用现代多媒体教学手段。

本单元安排学生在多媒体教室进行讲解投影的基本知识、建筑形体基本元素的投影、剖视图和断面图的形成及绘制方法;安排学生在计算机绘图教室进行绘制三视图的教学。

学习单元3　建筑施工图	学时:42(4～6)

学习目标

1. 能根据建筑施工图的图示方法和图示内容,利用正确的读图方法识读施工图;
2. 具有建筑构造的知识,并应用建筑构造知识正确识图和指导施工;
3. 能通过制图规范、通用图集,查阅相应建筑节点并用于指导施工;
4. 能应用正确的读图方法识读建筑施工图;
5. 能对建筑施工图进行初步交底。

学习内容	教学方法和建议
项目1 建筑施工图概述 主要内容:建筑的分类、分等、分级及组成;工程图纸的内容;建筑施工图基本规定;建筑施工图识读的基本步骤及应注意的问题。 项目2 建筑施工图首页图和建筑总平面图 主要内容:建筑施工设计说明的识读;建筑施工图图纸目录的识读;建筑总平面图的识读及绘制。 项目3 建筑平面图 主要内容:建筑平面图的作用、形成、数量;建筑平面图的图示内容与图示方法;识读建筑平面图的方法;绘制建筑平面图。 项目4 建筑立面图 主要内容:建筑立面图的形成、作用、数量;建筑立面图的图示内容与图示方法;建筑墙面装修的构造;识读建筑立面图;绘制建筑立面图。 项目5 建筑剖面图 主要内容:建筑剖视图的形成、作用;建筑剖视图的图示内容与图示方法;识读建筑剖视图;绘制建筑剖视图。 项目6 建筑详图 主要内容:建筑详图的形成、作用、特点;墙身节点、楼梯、门窗、阳台雨篷、变形缝、地下室防水的构造;识读墙身节点详图、楼梯详图、门窗详图、阳台雨篷详图、变形缝详图、地下室防水详图;根据详图索引查找建筑图集中相应的节点详图;绘制相应节点详图。	1. 采用项目教学法进行教学。 2. 以任务为驱动,结合实际工程案例,借助实际工程图纸,采用项目教学法进行教学。 3. 以实际工程图纸为载体,以工作过程为导向,按基本知识→读图→计量→绘图的教学过程实施教学,提高学生识读建筑施工图的能力。 4. 在识图中结合建筑构造知识绘制有关构造图,通过绘图实训进一步达到识图的目的,真正实现课程的一体化教学。 5. 教学的开展充分利用学校环境、建筑构造展示中心、多媒体教室和工学结合教室开展教学。 6. 按照学生学习能力强弱、动手能力强弱等进行分组,选定一能力较强的同学担任组长,进行识图汇总和图纸初步交底。

工具与媒体	学生已有基础	教师所需执教能力要求
1. 施工图纸和施工图集; 2. 多媒体教学设备; 3. 教学课件、软件; 4. 网络教学资源; 5. 工作任务单。	1. 掌握建筑形体三视图绘制的原理; 2. 掌握建筑制图标准和规范的基本规定; 3. 掌握剖视图、断面图的形成原理及绘制方法; 4. 具有计算机绘图的能力。	1. 能根据教学内容设计教学案例、编制任务单; 2. 能根据教学案例、任务单实施教学; 3. 能根据学生的情况制作多媒体课件; 4. 能应用现代多媒体教学手段; 5. 熟悉建筑工程施工程序。

本单元安排学生在识图教室、多媒体教室和工学结合教室识读建筑施工图,安排学生在机房绘制相应的建筑施工图。

学习单元4　结构施工图		学时:24(4~6)
学习目标		
1. 能应用建筑构造和结构的知识正确识图和指导施工; 2. 能根据结构施工图的图示内容和读图方法,应用制图规范、结构标准图集和正确的读图方法识读结构施工图; 3. 能将建筑、结构施工图及通用图集融会贯通,进行初步图纸交底。		
学习内容		教学方法和建议
项目1　结构施工图概述 主要内容:结构构件的组成及相互之间的关系;结构施工图的主要内容;常用结构构件代号;钢筋混凝土基本知识(材料的表达、不同结构构件的钢筋组成和分类)。 **项目2　基础施工图** 主要内容:基础平面图和基础详图的形成;基础的类型和构造;基础施工图的图示内容及图示方法;识读基础施工图;基础施工图绘制。 **项目3　楼层结构施工图** 主要内容:楼层结构施工图的形成;楼板的类型和构造;楼层结构施工图的图示内容及图示方法;识读结构施工图;根据图纸查阅图集;绘制结构施工图。 **项目4　结构构件详图** 主要内容:框架梁、框架柱、楼梯等结构构件施工图平面表示法的图示方法和图示内容;识读框架梁、框架柱、楼梯等结构构件施工图;绘制建筑结构相应节点详图;根据图纸查阅相应的结构构造详图施工图集。		1. 采用项目教学法进行教学。 2. 采用不同类型的网架结构,如正交正放四角锥网架、抽空四角锥网架、星型四角锥网架、棋盘形四角锥网架、三角锥网架等施工图进行识读。 3. 采用不同类型的网架结构施工方案、图片、动画和视频进行施工方法教学和虚拟实训。 4. 使用多媒体以使学生直观地理解网架结构施工工序和安装方法。 5. 按照学生学习能力、动手能力的强弱等进行分组,选定一能力较强的同学担任组长,进行图纸识读交底和施工方案评析。
工具与媒体	学生已有基础	教师所需执教能力要求
1. 施工图纸和施工图集; 2. 多媒体教学设备; 3. 教学课件、软件; 4. 视频教学资料; 5. 网络教学资源; 6. 工作任务单。	1. 能够熟练快速识读建筑施工图; 2. 能够根据图纸的表达查阅相应的建筑施工图集; 3. 能够具备建筑构造的知识; 4. 具备计算机绘图的能力。	1. 能根据教学内容设计教学案例、编制任务单; 2. 能根据教学案例、任务单实施教学; 3. 能根据学生的情况制作多媒体课件; 4. 能应用现代多媒体教学手段; 5. 熟悉建筑工程施工程序; 6. 熟悉结构平面表示法的内容; 7. 具备计算机绘图的能力。
本单元安排学生在识图教室、多媒体教室和工学结合教室识读结构施工图,安排学生在机房绘制相应的结构施工图。		

四、教学方法与手段建议

本课程是高职建筑工程技术专业的一门职业岗位课程，包括识图图纸、绘制图纸和建筑构造的内容，理论知识涉及内容较多，是一门专业技术含量高、实践性很强的课程。教学过程中应充分利用学院内的建筑技术实训中心模型室、识图实训室、工学结合教室、计算机绘图室和现场工程实际进行教学；本工程按照学生的认知规律安排教学内容，选用现在建筑行业有代表性的结构类型的图纸，以任务为驱动，收集工程照片、施工动画和录像等充实课程教学资源库；充分利用自编教材、工作任务单和教学资源库实施教学，发挥学生的主体作用和教师的主导作用，实现"工学结合、校企合作、教学做一体化"的课程教学。

五、教学要求

1. 对教师的要求

要求主讲教师具备讲师及以上职称；能根据教学内容设计教学案例、编制任务单；能根据教学案例、任务单实施教学；能根据教学内容制作多媒体教学课件；能应用现代多媒体教学手段；熟悉建筑工程施工程序；具备计算机绘图的能力；与施工企业有紧密的合作关系。

2. 对前修课程和后续课程的要求

该课程是一门重要的职业技术课，是进行后续课程的基础。同时在后续课程的学习和实践环节中应进一步加强对结构施工图的识读。通过实际工程锻炼，在施工组织设计课程中进一步加强建筑施工图纸与实际工程的联系，使学生形成工程整体性理念。

3. 工学结合要求

本课程与工程实际结合较为紧密，在教学过程中以实际工程图纸为载体，以任务为驱动，以项目教学、教学做合一等教学方式进行教学；在教学中教师要及时了解学校周边工程施工情况，有针对性地带领学生进行现场教学；在实训教学环节中，充分利用实训条件开设情境、最大化的开发学生的想象力和创造力。同时，学生也应利用假期和周末主动到现场参观学习，以提高学习兴趣和加深对教学中问题的理解和掌握。

六、考核方法与要求建议

在课程考核方面，首先应建立课程考核标准，根据每一部分的内容，确定不同的考核方法。课程考核包括两个方面的内容：一是持续性考核，二是课程结业考核。

其中，持续性考核包括在授课过程中的考勤、课堂提问和任务单的完成情况等，持续性考核占整个考核的30%。最后的课程结业考核以期末教考分离闭卷考试的形式，评分占70%。课程结业考核知识点要求如下：

顺序	教学内容	考核知识点	建议权重	备注
1	学习单元1　建筑识图基本知识	1. 图纸幅面类型、图框、标题栏、会签栏的基本规定； 2. 线型、线宽组的基本规定和使用范围； 3. 比例、字体、尺寸标注的基本规定； 4. 绘图的基本步骤； 5. 计算机绘图的基本命令的掌握。	10%	
2	学习单元2　建筑形体的表达	1. 投影的原理、分类及在工程中的应用； 2. 三视图的形成及绘图规律； 3. 点线面的投影规律； 4. 建筑形体的三视图的绘制与识读； 5. 剖视图与断面图的形成原理、类型及绘制。	20%	
3	学习单元3　建筑施工图	1. 建筑的分类、分等，民用建筑的组成； 2. 标高、详图索引符号、详图符号等施工图的基本规定及一套完整工程图纸的内容与排列顺序、读图方法； 3. 建筑施工图的图纸内容； 4. 建筑总平面图的识读； 5. 建筑平面图的识读； 6. 建筑立面图的识读； 7. 建筑剖面图的识读； 8. 建筑详图的识读。	40%	
4	学习单元4　结构施工图	1. 结构施工图纸的内容、排列顺序、读图方法； 2. 结构施工图的混凝土、钢筋等的基本规定和绘图规则； 3. 基础施工图的识读； 4. 现浇板层施工图的识读； 5. 框架柱、框架梁、楼梯平面表示法的表达方法及施工图的识读。	30%	
总　计			100%	

7.2.2 "建筑力学"课程标准

"建筑力学"课程标准

课程代码:40010200
课程类别:职业基础课程
适用专业:建筑工程技术
总 学 时:150学时

一、学习目标

1. 知识目标

（1）理解刚体静力分析的基本概念；了解结构计算简图的含义，掌握杆件结构的简化方法；熟练掌握物体的受力分析，并能够正确绘出受力图；掌握平面杆件体系的几何组成分析。

（2）了解力系简化的理论；熟练应用平面力系的平衡方程求解平衡问题；会求解空间力系的平衡问题。

（3）掌握静定结构内力和位移计算的基本方法；熟练掌握静定梁和钢架内力图的绘制；熟练掌握用图乘法计算静定梁和钢架的位移。

（4）掌握用传统方法求解简单超静定结构并绘制内力图；能用PKPM软件计算平面杆件结构。

（5）了解影响线的概念及其简单应用。

（6）理解弹性变形体静力分析的基本概念；掌握基本变形构件的应力和变形、强度和刚度计算、组合变形构件的强度计算、压杆的稳定校核；了解应力状态分析和强度理论。

2. 能力目标
（1）具有求解平衡问题的能力；
（2）具有对简单杆件结构进行内力分析和绘制内力图的能力；
（3）具有对一般构件进行强度和刚度计算的能力；
（4）具有对建筑结构进行力学分析的基本思维能力。

3. 社会能力目标
（1）具有辩证思维的能力；
（2）具有人际沟通交往的能力；

（3）具有适应艰苦环境生存的能力；

（4）具有继续学习提高的能力。

二、教学内容

1. 学习单元划分

顺序	授课主要内容（含课内实训）	时数	实训
1	绪论	2	
2	结构的计算简图	12	
3	几何组成分析	6	
4	力系的平衡	12	
5	静定杆件的内力	12	
6	静定结构的内力	12	
7	静定结构的位移	8	
8	超静定结构的内力和位移	12	
9	渐近法与近似法	10	
10	用 PKPM 软件计算平面杆件结构	6	
11	影响线	8	
12	轴向拉压杆的强度	8	✓
13	连接件的强度	2	
14	受扭杆的强度和刚度	6	
15	梁的强度和刚度	8	✓
16	应力状态与强度理论	6	
17	组合变形杆件的强度和刚度	6	
18	压杆稳定	4	
19	附录一　截面的几何性质	4	
20	附录二　综合练习题	6	
	合计学时	150	

2. 学习单元描述

（1）绪论

学习目标	1. 了解建筑力学的研究对象； 2. 了解建筑力学的基本任务。		
学习内容	1. 建筑力学的研究对象 荷载、结构、构件，杆件结构、板壳结构、实体结构、平面杆件结构、空间杆件结构。 2. 建筑力学的基本任务 力系、平衡状态、平衡力系、平衡条件、强度、刚度、稳定性、几何组成。		
学时/学分	（理论课时2，实践课时0）/	考核评价	
教学方法	1. 讲授； 2. 播放音像。		
教学活动设计	结合讲授播放音像片介绍古今中外的著名建筑图片及建筑力学在工程中的应用。		
主要考核点	知识目标	1. 荷载、结构的概念，结构的分类； 2. 平衡状态、平衡力系的概念，强度、刚度、稳定性的概念，几何组成的概念。	
	能力目标		

（2）结构的计算简图

学习目标	1. 了解刚体和变形体的概念；理解力的概念和静力学公理；理解力矩的概念；理解力偶的概念和性质。 2. 理解约束和约束力的概念；掌握工程中常见约束的性质、简化表示和约束力的画法。 3. 了解结构计算简图的概念；掌握杆件结构计算简图的选取方法。 4. 熟练掌握物体的受力分析并能够正确绘出受力图。 5. 理解变形固体的基本假设。 6. 了解杆件的变形形式。
学习内容	1. 力与力偶 刚体、变形体、力的概念，静力学公理，力矩的概念，力偶的概念，力偶的性质 2. 约束与约束力 约束和约束力的概念，常见的约束和约束力。 3. 结构的计算简图 结构计算简图的概念，杆件结构的简化。 4. 受力分析与受力图 受力分析步骤，举例。 5. 变形固体的基本假设 连续性、均匀性、各向同性、线弹性、小变形。 6. 杆件的变形形式 基本变形，组合变形。

学时/学分	（理论课时 12,实践课时 0）/	考核评价	
教学方法	1. 讲授; 2. 播放音像; 3. 习题分析讨论。		
教学活动设计	1. 约束与约束力和结构的计算简图这两项内容制作成课件播放,形象直观地与工程实际结合; 2. 受力图习题的分析讨论。		
主要考核点	知识目标	1. 力与力偶的概念和性质; 2. 常见约束的性质和约束力表示。	
	能力目标	1. 绘出物体的受力图; 2. 抽象出简单工程实际结构的计算简图。	

（3）几何组成分析

学习目标	1. 了解几何不变体系和几何可变体系的概念; 2. 理解几何不变体系的基本组成规则; 3. 能对一般的平面杆件体系进行几何组成分析; 4. 了解静定结构和超静定结构的概念; 5. 了解平面杆件结构的分类。		
学习内容	1. 概述 几何不变体系,几何可变体系,几何组成分析的目的,刚片、自由度与约束。 2. 几何不变体系的基本组成规则 二刚片规则,三刚片规则,二元体规则。 3. 几何组成分析举例 几何组成分析的方法,几何可变、几何瞬变、几何不变,无多余约束与有多余约束等例题。 4. 体系的几何组成与静定性的关系 静定结构,超静定结构。 5. 平面杆件结构的分类 梁、钢架、桁架、组合结构、拱。		
学时/学分	（理论课时 6,实践课时 0）/	考核评价	
教学方法	1. 讲授; 2. 习题分析讨论。		
教学活动设计	几何组成分析习题的分析讨论。		
主要考核点	知识目标	1. 几何组成分析中的基本概念; 2. 平面杆件体系几何组成的基本规则; 3. 体系的几何组成与静定性的关系。	
	能力目标	平面杆件体系的几何组成分析。	

（4）力系的平衡

学习目标	1. 掌握平面汇交力系和平面力偶系的合成。 2. 理解力的平移定理；了解平面力系的简化理论和简化结果。 3. 熟练掌握力在坐标轴上投影的计算；了解合力矩定理；熟练掌握平面内力对点之矩的计算。 4. 理解各种平面力系的平衡方程；熟练运用平衡方程求解单个物体和物体系统的平衡问题。 5. 掌握力在空间直角坐标轴上投影的计算和力对轴之矩的计算；了解空间约束和约束力；能运用空间力系的平衡方程求解平衡问题。 6. 理解重心、形心和静矩的概念；会确定简单均质物体的重心和形心。		
学习内容	1. 汇交力系和平面力偶系的合成 汇交力系的合成，平面力偶系的合成。 2. 力在坐标轴上的投影和力矩的计算 力在坐标轴上投影的计算；合力矩定理，力矩的计算。 3. 平面力系向一点的简化 力的平移定理，平面力系向一点的简化，简化结果的讨论。 4. 平面力系的平衡方程及其应用 平衡方程，平衡问题的求解步骤和技巧；平面力系的几种特殊情况，物体系的平衡问题。 5. 空间力系的平衡方程及其应用 力在空间直角坐标轴上的投影；力对轴之矩、合力矩定理；空间约束和约束力；平衡方程及其应用。 6. 重心与形心 重心的概念，形心和静矩的概念，确定重心和形心位置的方法，简单形状均质物体重心位置表。		
学时/学分	（理论课时 12，实践课时 0）/	考核评价	
教学方法	1. 讲授； 2. 习题分析讨论。		
学活动设计	平面力系平衡问题习题的分析讨论。		
主要考核点	知识目标	1. 力在坐标轴上投影的计算和力矩的计算； 2. 力系的平衡方程，求解平衡问题的步骤和技巧； 3. 重心、形心和静矩的概念。	
	能力目标	1. 由作用于结构上的荷载运用平衡方程计算相应的未知力； 2. 计算组合截面的形心位置。	

（5）静定杆件的内力

学习目标	1. 理解内力的概念；熟练掌握用截面法求静定杆件内力； 2. 了解轴向拉压杆的受力特点和变形特点；了解其计算简图；熟练掌握其轴力计算和轴力图绘制； 3. 了解受扭杆的受力特点和变形特点；了解其计算简图；熟练掌握其扭矩计算和扭矩图绘制； 4. 了解单跨梁在平面弯曲时的受力特点和变形特点；了解其计算简图；熟练掌握其剪力和弯矩的计算、剪力图和弯矩图的绘制。		
学习内容	1. 轴向拉压杆 工程实例,计算简图；内力的概念,截面法；轴力,轴力图。 2. 受扭杆 工程实例,计算简图；外力偶矩计算,扭矩,扭矩图。 3. 单跨梁 工程实例,平面弯曲的概念,计算简图；剪力与弯矩的概念及计算,用内力方程法、微分关系法、区段叠加法绘制单跨梁和斜梁的内力图。		
学时/学分	（理论课时 12,实践课时 0）/	考核评价	
教学方法	1. 讲授； 2. 播放音像； 3. 习题分析讨论。		
教学活动设计	1. 将轴向拉压杆、受扭杆和单跨梁的工程实例制作成课件播放,形象直观地与工程实际结合； 2. 单跨梁的内力图习题的分析讨论。		
主要考核点	知识目标	1. 内力和内力图的概念； 2. 用截面法求静定杆件指定截面上的内力； 3. 用内力计算规律求梁指定截面上的剪力和弯矩,直梁的剪力图和弯矩图的图形规律。	
	能力目标	1. 绘制轴向拉压杆的轴力图； 2. 绘制受扭杆的扭矩图； 3. 绘制单跨梁的剪力图和弯矩图。	

（6）静定结构的内力

学习目标	1. 了解多跨静定梁的几何组成和受力特性；熟练掌握其内力计算和内力图绘制。 2. 了解静定平面刚架的受力特性；熟练掌握其内力计算方法和内力图绘制。 3. 了解静定平面桁架的受力特性；掌握其内力计算方法。 4. 了解静定平面组合结构的受力特性；掌握其内力计算方法和内力图绘制方法。 5. 了解三铰拱的受力特性，掌握其内力计算方法；了解合理拱轴的概念。 6. 了解静定结构的特性。		
学习内容	1. 多跨梁 工程实例，多跨静定梁的几何组成，层次图，内力计算与内力图绘制。 2. 平面刚架 工程实例，钢架的特点，钢架分类，内力计算与内力图绘制。 3. 平面桁架 工程实例，桁架的特点，桁架的分类，内力计算与内力图绘制，梁式桁架受力性能比较。 4. 平面组合结构 工程实例，组合结构的特点，内力计算与内力图绘制。 5. 三铰拱 工程实例，拱的特点，拱的分类，三铰拱的内力计算，合理拱轴。 6. 静定结构的特性 解的唯一性、局部平衡性、荷载等效性。		
学时/学分	（理论课时 12，实践课时 0）/	考核评价	
教学方法	1. 讲授； 2. 播放音像； 3. 习题分析讨论。		
教学活动设计	1. 将多跨静定梁、静定平面刚架、静定平面桁架、静定平面组合结构和三铰拱的工程实例制作成课件播放，形象直观地与工程实际结合； 2. 多跨静定梁和静定平面刚架的内力图习题的分析讨论。		
主要考核点	知识目标	静定结构的内力计算方法和内力图的绘制方法。	
	能力目标	绘制多跨静定梁和静定平面刚架的内力图。	

（7）静定结构的位移

学习目标	1. 了解结构位移的概念；了解实功与虚功的概念；了解变形体的虚功原理；了解结构位移计算的一般公式。 2. 掌握用单位荷载法计算静定结构在荷载作用下的位移的方法。 3. 熟练掌握用图乘法计算静定梁和静定平面刚架在荷载作用下的位移的方法。 4. 掌握静定结构由于支座移动、温度改变引起的位移计算。		
学习内容	1. 概述 线位移与角位移,绝对位移与相对位移,位移计算的目的。 2. 变形体的虚功原理 实功与虚功,变形体的虚功原理。 3. 结构位移计算的一般公式 结构位移计算的一般公式,单位荷载法,虚单位荷载的设置。 4. 静定结构在荷载作用下的位移计算 计算的一般公式,几种典型结构的位移计算公式。 5. 图乘法 适用条件和公式,常见图形的面积和形心,图乘法技巧。 6. 静定结构由于支座移动、温度改变引起的位移计算 支座移动引起的位移计算,温度改变引起的位移计算。		
学时/学分	（理论课时 8,实践课时 0）/	考核评价	
教学方法	1. 讲授； 2. 习题分析讨论。		
教学活动设计	用图乘法计算静定梁和静定平面刚架在荷载作用下的位移习题的分析讨论。		
主要考核点	知识目标	1. 单位荷载法,虚单位荷载的设置； 2. 几种典型静定结构的位移计算公式； 3. 图乘法公式及适用条件,常见图形的面积和形心,图乘法技巧； 4. 静定结构由于支座移动、温度改变引起的位移计算公式。	
	能力目标	1. 用图乘法计算静定梁和静定平面刚架在荷载作用下的位移； 2. 静定结构由于支座移动、温度改变引起的位移计算。	

（8）超静定结构的内力和位移

学习目标	1. 掌握超静定次数的确定方法;掌握力法的基本原理和解题步骤; 2. 熟练掌握用力法求解简单超静定梁和钢架的内力的方法;能用力法求解铰接排架、超静定桁架和组合结构的内力; 3. 能用力法求解支座移动和温度改变时超静定结构的内力; 4. 掌握位移法基本未知量的确定方法;掌握位移法的基本原理和解题步骤;了解单跨超静定梁的弯矩和剪力图表; 5. 了解对称结构与对称荷载的概念;掌握对称结构的计算方法; 6. 了解超静定结构的特性。			
学习内容	1. 力法的基本原理和典型方程 超静定次数的确定,力法的基本原理,力法的典型方程。 2. 力法的计算步骤和举例 计算步骤,超静定梁与超静定钢架、铰接排架、超静定桁架、超静定组合结构等例题。 3. 结构对称性的利用 对称结构与对称荷载,对称结构的计算,半钢架法。 4. 座移动和温度改变时超静定结构的内力计算 支座移动时超静定结构的内力计算,温度改变时超静定结构的内力计算。 5. 位移法的基本原理和典型方程 位移法的基本未知量,位移法的基本原理,位移法的典型方程,单跨超静定梁的弯矩和剪力图表。 6. 超静定结构的特性 变形因素都会产生内力,内力与材料、截面尺寸有关,具有较强的防护突然破坏的能力,一般地,内力分布范围大、峰值小,变形小、刚度大。			
学时/学分	（理论课时 12,实践课时 0)/		考核评价	
教学方法	1. 讲授; 2. 习题分析讨论。			
教学活动设计	1. 用力法计算超静定梁、超静定钢架的内力和绘制内力图习题的分析讨论; 2. 用位移法计算超静定梁、超静定钢架的内力和绘制内力图习题的分析讨论。			
主要考核点		知识目标	1. 超静定次数,力法的基本结构,力法的基本原理,力法的典型方程,力法的解题步骤; 2. 位移法的基本未知量,位移法的基本结构,位移法的基本原理,位移法的典型方程,位移法的解题步骤; 3. 结构对称性的利用。	
		能力目标	1. 用力法计算超静定梁、超静定钢架的内力和绘制内力图; 2. 用位移法计算超静定梁、超静定钢架的内力和绘制内力图。	

（9）渐近法与近似法

学习目标	1. 了解转动刚度、分配弯矩和传递弯矩等概念；掌握力矩分配法的基本原理。 2. 熟练掌握用力矩分配法求解连续梁和无侧移钢架的内力的方法。 3. 能用分层法和反弯点法求多层多跨钢架的内力的方法。		
学习内容	1. 力矩分配法的基本原理 固端弯矩、不平衡力矩、转动刚度、分配弯矩、传递弯矩、单结点的力矩分配法计算。 2. 多结点的力矩分配法 多结点的力矩分配法计算；连续梁和无侧移钢架的内力计算。 3. 多层多跨钢架的近似计算 分层法和反弯点法。		
学时/学分	（理论课时 10，实践课时 0)/	考核评价	
教学方法	1. 讲授； 2. 习题分析讨论。		
教学活动设计	用力矩分配法求解连续梁、无侧移钢架的内力和绘制内力图习题的分析讨论。		
主要考核点	知识目标	1. 力矩分配法的基本概念和基本原理； 2. 分层法和反弯点法。	
	能力目标	用力矩分配法求解连续梁、无侧移钢架的内力和绘制内力图。	

（10）用 PKPM 软件计算平面杆件结构

学习目标	1. 了解有限元法的基本思想和发展概况； 2. 了解 PKPM 软件的主要功能； 3. 能用 PKPM 软件计算平面杆件结构。		
学习内容	1. PKPM 软件简介 有限元法概述；PKPM 软件简介。 2. 用 PKPM 软件计算举例 梁、钢架、桁架的计算。		
学时/学分	（理论课时 6，实践课时 0)/	考核评价	
教学方法	1. 讲授； 2. 上机操作。		
教学活动设计	学生在计算机上用 PKPM 软件计算平面杆件结构。		
主要考核点	知识目标	1. 有限元法的基本思想和发展概况； 2. PKPM 软件的主要功能； 3. 用 PKPM 软件计算平面杆件结构的步骤。	
	能力目标	用 PKPM 软件计算梁、平面刚架、平面桁架。	

（11）影响线

学习目标	1. 理解影响线的概念； 2. 掌握用静力法和机动法绘制静定梁的反力、内力的影响线的方法； 3. 能利用影响线求反力和内力； 4. 能利用影响线确定最不利荷载位置； 5. 了解简支梁的内力包络图和绝对最大弯矩； 6. 了解连续梁的影响线和内力包络图。		
学习内容	1. 影响线的概念 固定荷载，移动荷载，影响线。 2. 用静力法绘制静定梁的影响线 用静力法绘制静定梁影响线的原理和步骤，反力和内力的影响线绘制；间接荷载作用下的影响线；内力的影响线与内力图的区别。 3. 机动法绘制静定梁的影响线 用机动法绘制静定梁影响线的原理和步骤，反力和内力的影响线绘制。 4. 影响线的应用 计算影响量，确定最不利荷载位置。 5. 简支梁的内力包络图和绝对最大弯矩 内力包络图，绝对最大弯矩。 6. 连续梁的影响线和内力包络图 用机动法绘制连续梁影响线的轮廓，连续梁在均布活载作用下的内力包络图。		
学时/学分	（理论课时8，实践课时0）/	考核评价	
教学方法	讲授。		
教学活动设计			
主要考核点		知识目标	1. 影响线的概念；内力的影响线与内力图的区别； 2. 用静力法和机动法绘制静定梁影响线的原理和步骤； 3. 最不利荷载位置的概念，内力包络图和绝对最大弯矩的概念。
		能力目标	1. 用静力法和机动法绘制静定梁的反力、内力的影响线的方法； 2. 利用影响线求反力和内力； 3. 利用影响线确定最不利荷载位置。

（12）轴向拉压杆的强度

学习目标	1. 理解应力的概念;熟练掌握轴向拉压杆横截面上的应力计算方法和应力分布规律。 2. 理解应变的概念;熟练掌握轴向拉压杆的变形计算方法;理解胡克定律,了解弹性模量、泊松比、拉压刚度的概念。 3. 掌握材料在拉压时的力学性能和测试方法。 4. 理解许用应力与安全因数的概念。 5. 熟练掌握轴向拉压杆的强度计算方法。 6. 了解应力集中的概念。		
学习内容	1. 轴向拉压杆的应力 应力的概念,正应力与切应力;拉压杆的应力,分布规律。 2. 轴向拉压杆的变形 应变的概念,线应变;拉压杆的变形,胡克定律,弹性模量,泊松比,拉压刚度,常用材料的 E、ν 约值表。 3. 材料在拉压时的力学性能 以低碳钢和铸铁为例,介绍材料在拉压时的力学行为和性能指标;许用应力与安全因数。 4. 轴向拉压杆的强度计算 强度条件,强度计算,考虑自重时的强度计算。 5. 应力集中的概念 应力集中的概念,应力集中对构件强度的影响。		
学时/学分	（理论课时 6,实践课时 2）/	考核评价	
教学方法	1. 讲授; 2. 试验操作。		
教学活动设计	学生 4 个人一组进行低碳钢和铸铁的拉伸与压缩试验。		
主要考核点	知识目标	1. 应力与应变的概念; 2. 胡克定律; 3. 轴向拉压杆横截面上的应力计算和应力分布规律; 4. 低碳钢拉伸时的四个阶段,应力应变图,强度指标,塑性指标,塑性材料和脆性材料的主要区别; 5. 轴向拉压杆的强度条件和强度计算的方法。	
	能力目标	轴向拉压杆的应力和强度计算。	

（13）连接件的强度

学习目标	1. 了解工程中杆件的连接方式; 2. 熟练掌握连接件的剪切和挤压强度计算。		
学习内容	1. 工程中杆件的连接方式 螺栓连接、铆钉连接、销轴连接、键块连接、焊接、榫接。 2. 连接件的剪切和挤压强度计算 剪切的实用计算,挤压的实用计算。		
学时/学分	（理论课时 2,实践课时 0）/	考核评价	
教学方法	1. 讲授; 2. 播放音像。		
教学活动设计	将工程实际中杆件的螺栓连接、铆钉连接、销轴连接、键块连接、焊接、榫接等各种连接方式制作成课件播放,形象直观地与工程实际结合。		
主要考核点	知识目标	1. 连接件的受力和变形特征,破坏形式; 2. 连接件的剪切和挤压强度计算。	
	能力目标	连接件的剪切和挤压强度计算。	

（14）受扭杆的强度和刚度

学习目标	1. 理解切应力互等定理和剪切胡克定律; 2. 掌握圆轴扭转时的应力和强度的方法计算; 3. 掌握圆轴扭转时的变形和刚度计算的方法; 4. 会计算矩形截面杆自由扭转时的应力和变形,并进行强度和刚度计算。		
学习内容	1. 圆轴扭转时的应力和强度计算 切应力互等定理,切应变,剪切胡克定律;切应力公式,分布规律;极惯性矩,扭转截面系数;强度计算。 2. 圆轴扭转时的变形和刚度计算 变形公式,扭转刚度,刚度条件,刚度计算。 3. 矩形截面杆自由扭转时的应力和变形 应力公式,变形公式,系数 α、β、γ 表。		
学时/学分	（理论课时 6,实践课时 0）/	考核评价	
教学方法	讲授。		
教学活动设计			

主要考核点	知识目标	1. 切应力互等定理和剪切胡克定律； 2. 圆轴扭转时横截面上的切应力公式和分布规律； 3. 圆形截面和圆环形截面的极惯性矩、扭转截面系数； 4. 圆轴扭转时扭转角的计算公式； 5. 矩形截面杆自由扭转时横截面上切应力的分布规律。
	能力目标	圆轴扭转时的强度和刚度计算。

（15）梁的强度和刚度

学习目标	1. 熟练掌握梁弯曲时横截面上正应力、切应力的计算方法和梁的强度计算方法； 2. 了解提高梁弯曲强度的主要措施； 3. 了解梁的极限弯矩的概念； 4. 掌握用叠加法计算梁弯曲时的变形方法，以进行刚度计算。
学习内容	1. 梁弯曲时的应力 正应力公式，分布规律，中性轴，惯性矩，弯曲截面系数；切应力公式，分布规律。 2. 梁弯曲时的强度计算 强度条件，强度计算。 3. 提高梁弯曲强度的主要措施 合理布置支座和荷载，合理截面，变截面梁，等强度梁。 4. 梁的极限弯矩 理想弹塑性体，正应力分布的三个阶段，极限弯矩，塑性铰。 5. 梁弯曲时的变形和刚度计算 挠度与转角，积分法，叠加法；弯曲刚度，刚度条件，刚度计算；典型荷载作用下单跨静定梁的变形表。

学时/学分	（理论课时6，实践课时2）/	考核评价	
教学方法	1. 讲授； 2. 试验操作。		
教学活动设计	学生2个人一组进行梁弯曲正应力的电测试验。		

主要考核点	知识目标	1. 中性层和中性轴；矩形、圆形、圆环形截面的惯性矩和弯曲截面系数；正应力、切应力的分布规律和计算公式。 2. 梁的极限弯矩的概念。 3. 挠度与转角，积分法，叠加法。
	能力目标	梁的强度和刚度计算。

（16）应力状态与强度理论

学习目标	1. 理解应力状态的概念;了解应力状态的分类。 2. 掌握平面应力状态中单元体斜截面上的应力计算的方法,主应力和主平面计算的方法,以及最大切应力和最大切应力平面计算的方法。 3. 了解梁的主应力迹线的概念。 4. 理解强度理论的概念;了解常用的强度理论和强度理论选用原则。 5. 能利用应力状态和强度理论解释一些破坏现象;能对钢梁进行主应力强度计算。	
学习内容	1. 应力状态的概念 应力状态的概念,单元体,主平面,主应力,应力状态的分类。 2. 平面应力状态分析 斜截面上的应力,应力圆,主应力和主平面计算,最大切应力和最大切应力平面计算,梁的主应力迹线。 3. 强度理论及其应用 强度理论的概念,常用强度理论,强度理论选用原则,简单应用。	
学时/学分	（理论课时6,实践课时0）/	考核评价
教学方法	讲授。	
教学活动设计		
主要考核点	知识目标	1. 应力状态的概念,单元体,应力状态的分类; 2. 斜截面上的应力,应力圆,主应力和主平面,最大切应力和最大切应力平面; 3. 梁的主应力迹线; 4. 强度理论的概念,常用强度理论,强度理论选用原则。
	能力目标	1. 解释一些破坏现象; 2. 对钢梁进行主应力强度计算。

（17）组合变形杆件的强度和刚度

学习目标	1. 了解工程实际中的组合变形;掌握组合变形问题的分析方法。 2. 掌握斜弯曲杆件的应力和强度计算的方法,以及挠度和刚度计算的方法。 3. 掌握拉伸(压缩)与弯曲组合变形、偏心压缩(拉伸)杆件的应力和强度计算的方法;了解截面核心的概念。 4. 能对弯曲与扭转组合变形杆件进行应力和强度计算。

学习内容	1. 概述 斜弯曲,拉压与弯曲,偏心拉压,弯曲与扭转;组合变形问题的分析方法。 2. 斜弯曲 应力和强度计算,挠度和刚度计算。 3. 拉伸(压缩)与弯曲的组合变形 应力和强度计算。 4. 偏心压缩(拉伸) 应力和强度计算;截面核心。 5. 弯曲与扭转的组合变形 应力和强度计算。		
学时/学分	(理论课时6,实践课时0)/	考核评价	
教学方法	1. 讲授; 2. 播放音像。		
教学活动设计	将工程实际中的各种组合变形杆件制作成课件播放,形象直观地与工程实际结合。		
主要考核点	知识目标	1. 组合变形问题的分析方法; 2. 斜弯曲杆件的受力和变形特征,应力和挠度计算; 3. 拉伸(压缩)与弯曲组合变形、偏心压缩(拉伸)杆件的受力和变形特征,应力计算; 4. 截面核心的概念; 5. 弯曲与扭转组合变形杆危险点处的应力状态。	
	能力目标	1. 斜弯曲杆件的强度计算; 2. 偏心压缩杆件的强度计算。	

(18) 压杆稳定

学习目标	1. 理解压杆稳定的概念; 2. 掌握压杆的柔度计算方法,失稳平面的判别和临界力的计算方法; 3. 掌握用折减因数法对压杆进行稳定计算的方法; 4. 了解提高压杆稳定性的主要措施。
学习内容	1. 压杆稳定的概念 中心受压直杆模型;稳定平衡、临界平衡、不稳定平衡、失稳;临界力,临界应力。 2. 细长压杆临界力的欧拉公式 欧拉公式,长度因数,相当长度,典型细长压杆的临界力表;失稳平面。 3. 欧拉公式的适用范围与经验公式 惯性半径,柔度,欧拉曲线;大柔度压杆,中、小柔度压杆;抛物线公式,临界应力总图;压杆临界力的计算。

学习内容	4. 压杆的稳定计算 稳定条件,折减因数法,Q235 钢 a 类和 b 类截面的 φ 表,稳定计算。 5. 提高压杆稳定性的主要措施 合理选材,加强杆端约束,减小压杆长度,选择合理截面。		
学时/学分	(理论课时 4,实践课时 0)/	考核评价	
教学方法	1. 讲授; 2. 播放音像。		
教学活动设计	将工程实际中的压杆稳定问题制作成课件播放,形象直观地与工程实际结合。		
主要考核点	知识目标	1. 压杆稳定的概念; 2. 柔度,压杆的分类;欧拉公式,抛物线公式,临界应力总图。 3. 稳定条件,折减因数法。 4. 提高压杆稳定性的主要措施。	
	能力目标	压杆的稳定计算。	

(19) 附录一 截面的几何性质

学习目标	1. 理解静矩,形心;惯性矩,惯性半径,极惯性矩,惯性积;形心主惯性轴和形心主惯性矩等概念。 2. 掌握组合截面的静矩和形心的计算方法。 3. 掌握简单截面的惯性矩和极惯性矩的计算方法。 4. 了解平行移轴公式;会计算组合截面的惯性矩和惯性积。 5. 了解转轴公式;会计算组合截面的形心主惯性轴和形心主惯性矩。		
学习内容	1. 静矩与形心 静矩,形心,组合截面的静矩和形心。 2. 惯性矩与惯性积 惯性矩,惯性半径,极惯性矩,惯性积。 3. 平行移轴公式 平行移轴公式,组合截面的惯性矩和惯性积;常用截面的几何性质表。 4. 转轴公式 转轴公式,主惯性轴与主惯性矩,组合截面的形心主惯性轴和形心主惯性矩。		
学时/学分	(理论课时 4,实践课时 0)/	考核评价	
教学方法	讲授。		
教学活动设计			

主要考核点	知识目标	1. 静矩,形心;惯性矩,惯性半径,极惯性矩,惯性积;形心主惯性轴和形心主惯性矩。 2. 平行移轴公式。 3. 转轴公式。 4. 组合截面的形心主惯性轴和形心主惯性矩。
	能力目标	1. 掌握组合截面的静矩和形心的计算; 2. 掌握简单截面的惯性矩和极惯性矩的计算。

（20）附录二 综合练习题

学习目标	1. 会选取计算简图; 2. 会计算荷载的大小; 3. 会绘制内力图; 4. 会计算应力和变形。		
学习内容	1. 钢筋混凝土楼盖结构; 2. 框架结构。		
学时/学分	（理论课时6,实践课时0)/	考核评价	
教学方法	1. 讲授; 2. 上机操作。		
教学活动设计	学生上机用 PKPM 软件进行有关计算。		
主要考核点	知识目标	1. 选取计算简图; 2. 计算荷载的大小; 3. 绘制内力图; 4. 计算应力和变形。	
	能力目标	1. 计算钢筋混凝土楼盖结构; 2. 计算框架结构。	

7.2.3 "建筑结构"课程标准

"建筑结构"课程标准

课程代码：40011520
课程类别：职业基础课程
适用专业：建筑工程技术

总 学 时： 150～180 学时

一、课程教学目标

"建筑结构"课程主要培养学生的以下能力：理解建筑结构基本概念；掌握建筑结构构件的基本计算理论与结构构造措施；具有利用材料、力学、构造、结构等方面知识解决实际工程结构方面问题的基本能力。本课程主要讲授混凝土基本构件、建筑结构抗震设计基本知识、钢筋混凝土梁板结构、钢筋混凝土单层厂房（排架结构）、钢筋混凝土框架结构、钢筋混凝土剪力墙结构、钢筋混凝土框架－剪力墙结构、砌体结构等内容。

通过学习"建筑结构"课程，使学生了解建筑力学、建筑结构和建筑工程之间的联系，理解和体会建筑工程；使学生掌握建筑结构方面的基本概念、基本知识和基本技能，学会将力学、施工、设计方面的知识融会贯通，学会处理与建筑结构相关的施工现场的实际技术问题；使学生充分了解各种建筑结构形式的基本力学特点、应用范围、材料性能、结构体系、抗震设计的基本知识及施工中必须采用的设备和技术措施；使学生学会从工程中抽象出计算简图，用近似、简化的方法快速计算和比较各种建筑建造时的施工技术措施和方案，使得建筑力学、建筑结构和建筑建造协调一致。本课程是学生将来从事建筑工程设计、施工、管理工作所需的必不可少的一门课程。

1. 能力目标

（1）具有确定建筑结构中的荷载及其材料选择的能力；

（2）具有运用梁、板、柱的构造知识和基础知识进行建筑工程施工技术指导的能力；

（3）具有运用建筑结构抗震设计的一般规定和构造知识处理建筑工程中的各种结构类型的抗震构造措施的能力；

（4）具有运用钢筋混凝土梁板结构的受力特征和构造知识处理、解决实际建筑工程中的施工技术、施工质量及其质量验收问题的能力；

（5）具有快速解读钢筋混凝土单层工业厂房（排架结构）的施工图和解决实际施工技术及其施工方案的能力；

（6）具有快速解读钢筋混凝土框架结构的施工图和解决其实际工程的施工技术及其施工方案的能力；

（7）具有快速解读钢筋混凝土剪力墙结构的施工图和解决其实际工程的施工技术及其施工方案的能力；

（8）具有快速解读钢筋混凝土框架－剪力墙结构的施工图和解决其实际工程的施工技术及其施工方案的能力；

（9）具有快速解读砌体结构施工图和解决其实际工程的施工技术及其施工方案的能力；

（10）具有较强的职业道德和职业素养。

2. 知识目标

（1）会选用钢筋和混凝土的强度等级及其强度基本指标；

（2）会进行一般梁、板、柱基本构件的截面设计和相应的配筋计算；

（3）掌握建筑结构抗震设计的基本知识、一般规定和构造要求的知识；

（4）掌握钢筋混凝土梁板结构的设计内容和构造要求的知识点；

（5）明确钢筋混凝土单层工业厂房（排架结构）的布置内容及其受力特点，掌握排架结构柱和牛腿的配筋构造、常用节点连接做法及其抗震构造措施；

（6）明确钢筋混凝土框架结构的体系、受力特点、内力及侧移的计算方法，掌握框架结构的构造要求及其抗震构造措施；

（7）明确钢筋混凝土剪力墙结构的体系、受力特点、剪力墙和连梁的截面设计，掌握剪力墙结构的构造要求及其抗震构造措施；

（8）明确钢筋混凝土框架 – 剪力墙结构的体系、受力特点、协同工作，掌握框架结构的构造要求及其抗震构造措施；

（9）明确砌体结构对块材和砂浆性能的要求、砌体结构承重体系和静力计算方案，掌握多层砌体结构房屋在地震作用下的受力特点及其抗震构造措施。

二、教学内容

1. 学习单元划分

顺序	授课主要内容（含课内实训）	时数	建议教学环境	实训
一	学习单元1　绪论	6(2)		
1	项目1　概述	2	多媒体教室	
2	项目2　建筑结构荷载	2	多媒体教室	
3	项目3　建筑结构的设计方法	2	多媒体教室	
二	学习单元2　钢筋与混凝土材料的力学性能	6(2)		
1	项目1　钢筋	2	多媒体教室 + 实验室	✓
2	项目2　混凝土	2	多媒体教室 + 实验室	✓
3	项目3　钢筋与混凝土的共同工作	2	多媒体教室	

顺序	授课主要内容(含课内实训)	时数	建议教学环境	实训
三	学习单元3 混凝土基本构件	54(8)		
1	项目1 钢筋混凝土受弯构件及梁的模型制作	28	多媒体教室+实训室	✓
2	项目2 钢筋混凝土受压构件	12	多媒体教室+实训室	✓
3	项目3 钢筋混凝土受扭构件	4	多媒体教室+实训室	✓
4	项目4 受弯构件的裂缝和变形	4	多媒体教室	
5	项目5 预应力混凝土构件	6	多媒体教室+实训室	✓
四	学习单元4 钢筋混凝土梁板结构	18(4)		
1	项目1 概述	2	多媒体教室	
2	项目2 整体式单向板肋梁楼盖	8	多媒体教室+工学结合室	✓
3	项目3 整体式双向板肋梁楼盖	4	多媒体教室+工学结合室	✓
4	项目4 楼梯和雨篷	4	多媒体教室+工学结合室	✓
五	学习单元5 建筑结构抗震设计基本知识	6(4)		✓
1	项目1 概述	2	多媒体教室	
2	项目2 建筑抗震设防	4	多媒体教室	
六	学习单元6 钢筋混凝土单层工业厂房排架结构	10(2)		
1	项目1 单层厂房结构的组成	2	多媒体教室	
2	项目2 单层厂房的结构布置及其受力特点	2	多媒体教室	
3	项目3 单层厂房柱的主要构造要求	4	多媒体教室+工学结合室	✓
4	项目4 单层厂房的抗震措施	2	多媒体教室	
七	学习单元7 钢筋混凝土框架结构	10(2)		
1	项目1 概述	2	多媒体教室	
2	项目2 框架结构的内力及侧移的近似计算方法	2	多媒体教室	
3	项目3 框架结构构件设计及其模型制作	4	多媒体教室+实训室	✓
4	项目4 现浇框架结构的构造要求	2	多媒体教室+实训室	✓
八	学习单元8 钢筋混凝土剪力墙结构	10(2)		
1	项目1 概述	2	多媒体教室	
2	项目2 简述剪力墙结构设计	4	多媒体教室	

顺序	授课主要内容（含课内实训）	时数	建议教学环境	实训
3	项目3　剪力墙结构的构造要求	4	多媒体教室＋实训室	✓
九	学习单元9　钢筋混凝土框架－剪力墙结构	10(2)		
1	项目1　概述	2	多媒体教室	
2	项目2　框架－剪力墙结构协同工作计算	4	多媒体教室	
3	项目3　框架－剪力墙结构构件的截面设计与构造要求及其抗震措施	4	多媒体教室＋实训室	✓
十	学习单元10　砌体结构	20(4)		
1	项目1砌体材料及其力学性能	4	多媒体教室	
2	项目2砌体结构构件计算	8	多媒体教室	
3	项目3砌体结构房屋的受力特点与构造要求	8	多媒体教室＋实训室	✓
	合计学时	150(30)		

2. 学习单元描述

学习单元1　绪论	学时:6（2）
学习目标	

1. 了解建筑力学、建筑结构和建筑工程之间的联系；
2. 了解建筑结构的发展概况及其分类；
3. 了解建筑结构的功能要求和极限状态设计方法的应用；
4. 理解和体会建筑工程,学会从工程中抽象出计算简图；
5. 熟悉建筑结构荷载的分类及其荷载组合。

学习内容	教学方法和建议
项目1　概述 主要内容:建筑结构基础的研究意义,建筑结构发展概况,建筑结构的分类及其应用。 项目2　建筑结构荷载 主要内容:荷载的作用与作用效应,荷载的分类,荷载的代表值。 项目3　建筑结构的设计方法 主要内容:结构的功能要求,安全等级及设计使用年限,结构的可靠性,建筑结构的极限状态,极限状态方程,承载能力极限状态实用表达式。	1. 合理使用多媒体教学手段； 2. 采用问题引导的方法来提高学生的学习兴趣； 3. 结合多媒体丰富信息,使学生了解各种建筑结构类型及一些前沿知识； 4. 按照学生学号分组,每4~5人为一组,同学们自己选定组长,小组协作,完成思考题和习题。

续表

工具与媒体	学生已有基础	教师所需执教能力要求
1. 建筑结构荷载规范； 2. 多媒体教学设备； 3. 教学课件、软件； 4. 视频教学资料； 5. 网络教学资源； 6. 小组协作,完成思考题与习题。	1. 基本具备绘制和识读建筑结构施工图图纸的能力； 2. 基本具备建筑材料相关的知识、工程测量相关知识、力学相关知识。	1. 能快速解读各种建筑和结构的施工图； 2. 能分析和处理建筑结构工程中的常见问题； 3. 能根据学生的认知能力和认知规律科学地编排整个教学过程,设计教学内容和教学方法； 4. 熟悉荷载规范,"工程数学"基础扎实。

本单元安排学生在多媒体教室学习,利用课外时间带领学生参观徐州师范大学、中国矿业大学等院校里的各种建筑结构类型。

学习单元2　钢筋与混凝土材料的力学性能	学时:6(2)

学习目标

1. 了解钢筋与混凝土之间的黏结作用；
2. 熟悉混凝土结构对钢筋的性能要求；
3. 会选用钢筋和混凝土的强度等级及其强度指标。

学习内容	教学方法和建议
项目1　钢筋 主要内容:钢筋的类型,钢筋的主要力学性能,钢筋的选择。 项目2　混凝土 主要内容:混凝土的强度,混凝土的变形。 项目3　钢筋与混凝土的共同工作 主要内容:钢筋和混凝土共同工作的原因,钢筋与混凝土的黏结作用,钢筋的锚固与连接。	1. 采用案例教学法进行教学； 2. 合理使用多媒体、演示教学的手段； 3. 以实验室里的钢筋和混凝土材料及资料为载体,使学生通过"学中做、做中学"的方式,学会选用钢筋和混凝土的强度等级及其强度基本指标； 4. 结合学生实验和演示实验对钢筋和混凝土的力学性质指标进行归纳总结。

工具与媒体	学生已有基础	教师所需执教能力要求
1. 多媒体教学设备； 2. 教学课件、软件； 3. 网络教学资源； 4. 建材实验室机械设备； 5. 小组协作,思考题和习题。	1. 基本具备绘制和识读建筑结构施工图图纸的能力； 2. 基本具备建筑材料相关的知识、工程测量相关知识、力学相关知识。	1. 能快速解读各种建筑和结构的施工图； 2. 能分析和处理建筑结构工程中的常见问题； 3. 能根据学生的认知能力和认知规律科学地编排整个教学过程,设计教学内容和教学方法； 4. 能够解决和处理试验中的常见问题。

本单元安排学生在多媒体、实验室、实训室里学习,以达到"学中做、做中学"目的。

学习单元 3 混凝土基本构件	学时:54(8)

学习目标

1. 熟练掌握一般梁、板、柱基本构件的截面设计和相应的配筋计算方法;
2. 具有快速解读混凝土基本构件的结构施工图的能力;
3. 熟练掌握和运用梁、板、柱的基本理论知识和构造知识进行建筑工程施工技术指导;
4. 基本掌握受弯构件挠度与裂缝的验算方法;
5. 能根据预应力混凝土构件选择所需的材料和施加预应力的方法。

学习内容	教学方法和建议
项目 1 钢筋混凝土受弯构件及梁的模型制作 主要内容:梁和板的一般构造,受弯构件正截面承载力计算,受弯构件斜截面承载力计算,受弯构件的构造要求的补充,钢筋混凝土简支梁的模型制作。 项目 2 钢筋混凝土受压构件 主要内容:受压构件的分类,受压构件的构造要求,轴心受压构件的正截面承载力计算,偏心受压构件正截面承载力计算,偏心受压构件斜截面抗剪承载力计算,课堂练习。 项目 3 钢筋混凝土受扭构件 主要内容:概述,钢筋混凝土纯扭构件的破坏特征,配筋的构造要求,在弯、剪、扭共同作用下的承载力计算,矩形截面弯剪扭构件的承载力计算可按,课堂练习。 项目 4 受弯构件的裂缝和变形 主要内容:概述,钢筋混凝土受弯构件变形验算,裂缝宽度的验算。 项目 5 预应力混凝土构件 主要内容:预应力混凝土构件的基本概念,预应力混凝土的分类,预应力混凝土的特点,预加应力的方法,先张法与后张法的比较,预应力混凝土构件对材料的要求。	1. 根据不同的教学内容采用不同的教学方法,如实际工程案例教学法、任务驱动教学法、对比教学法、讨论式教学法、现场教学法、提问法、演示法等; 2. 采用实际建筑工程施工图图纸(现浇的梁、板、柱)结合建筑的功能要求进行荷载计算、内力计算、构件截面配筋计算,使学生具有较强的真刀真枪的计算和设计能力; 3. 采用录像、课件、动画等形式,使学生对梁、板、柱等基本知识建立感性认识,加深对理论知识的理解; 4. 分小组制作钢筋混凝土简支梁的模型,完成课堂练习; 5. 利用课余时间和周末时间带领学生到附近建筑工地参观钢筋混凝土梁、板、柱的钢筋设置情况。

工具与媒体	学生已有基础	教师所需执教能力要求
1. 多媒体教学设备; 2. 教学课件、计算软件; 3. 视频教学资料; 4. 网络教学资源; 5. 建筑结构荷载规范; 6. 实训室; 7. 各种类型的实际工程的钢筋混凝土梁、板、柱配筋施工图; 8. 制作简支梁模型。	1. 具备绘制和解读基本构件配筋施工图图纸的能力; 2. 具备建筑材料相关的知识、工程测量相关知识、力学相关知识; 3. 具备查阅和运用各种建筑结构方面规范知识的能力; 4. 具备对钢筋混凝土基本构件的截面设计与配筋计算的基本知识和与建筑施工有关的基本技能。	1. 能快速解读各种梁、板、柱的结构施工图; 2. 能分析和处理建筑结构工程中的常见问题; 3. 能根据学生的认知能力和认知规律科学地编排整个教学过程,设计教学内容和教学方法; 4. 能熟练地对实际建筑工程(施工现场)中的基本构件(梁、板、柱)采用近似、简化的方法正确而又安全地进行截面设计和配筋计算; 5. 具有丰富的施工现场处理问题的经验。

本单元安排1~2人参观建筑施工现场,熟悉混凝土基本构件的钢筋设置情况,做到理论与实际相结合,分小组完成制作简支梁模型。

学习单元4　钢筋混凝土梁板结构	学时:18(4)

学习目标

1. 能进行现浇楼盖(梁板结构)中的单向板、双向板的截面设计和配筋计算;
2. 能进行现浇板式楼梯的截面设计和配筋计算;
3. 能运用梁、板结构的受力特征和构造知识处理、解决实际工程中的施工技术、施工质量及其质量验收问题;
4. 熟练掌握钢筋混凝土梁板结构中的构造措施与构造要求。

学习内容	教学方法和建议
项目1　概述 主要内容:概述,应用范围,单、双向板的设计判断。 项目2　整体式单向板肋梁楼盖 主要内容:结构平面布置,计算简图,单向板肋梁楼盖的内力计算——弹性计算法,单向板肋梁楼盖的内力计算——塑性计算法,多跨连续单向板的配筋计算和构造要求,多跨连续次梁的配筋计算和构造要求,主梁的配筋计算和构造要求,单向板肋梁楼盖结构施工图,课堂练习页。 项目3　整体式双向板肋梁楼盖 主要内容:概述,双向板结构布置,双向板的受力特点,双向板内力计算——弹性理论计算,双向板支承梁的计算特点。 项目4　楼梯和雨篷 主要内容:楼梯,雨篷。	1. 根据不同的教学内容采用不同的教学方法,如实际工程案例教学法、任务驱动教学法、对比教学法、讨论式教学法、现场教学法、提问法等; 2. 采用实际建筑工程施工图图纸(现浇单向板肋型楼盖施工图、现浇双向板肋型楼盖施工图、现浇楼梯和雨篷施工图)结合建筑的功能要求进行荷载计算、内力计算、(单向板、双向板、多跨连续梁、楼梯、雨篷)构件截面配筋计算,使学生具有较强的真刀真枪的计算和设计能力; 3. 采用录像、课件、动画等形式使学生对梁板结构的基本知识建立感性认识,加深对理论知识和基本技能的理解; 4. 按照学生学号分组,每4~5人为一组,同学们自己选定组长,完成课堂练习页的任务。

工具与媒体	学生已有基础	教师所需执教能力要求
1. 多媒体教学设备; 2. 教学课件、计算软件; 3. 视频教学资料; 4. 网络教学资源; 5. 建筑结构荷载规范; 6. 建筑设计强制性条文; 7. 实训室; 8. 成套现浇单向板肋型楼盖结构施工图、现浇双向板肋型楼盖结构施工图、现浇楼梯和雨篷结构施工图。	1. 具备绘制和解读梁板结构施工图的能力; 2. 具备建筑材料相关的知识、工程测量相关知识、力学相关知识; 3. 具备查阅和运用各种建筑结构设计规范知识的能力; 4. 具有对钢筋混凝土梁板结构中的单向板、双向板和连续梁的截面设计与配筋计算的基本知识和与建筑施工有关的基本技能。	1. 能快速解读梁板结构的结构施工图; 2. 能分析和处理建筑结构工程中的常见问题; 3. 能根据学生的认知能力和认知规律科学地编排整个教学过程,设计教学内容和教学方法; 4. 非常熟悉建筑设计的强制性条文; 5. 能熟练地对实际建筑工程(施工现场)中的梁板结构中的单向板、双向板、多跨连续梁采用近似、简化的方法正确而又安全地进行截面设计和配筋计算; 6. 具有丰富的施工现场处理问题的经验。

本单元安排两次到施工现场参观各种梁板结构的主体结构的施工,熟悉梁板结构施工图、构造措施和基本技能。

学习单元 5　建筑结构抗震设计基本知识　　　　　　　　　　　学时：6(4)

学习目标

1. 了解地震的类型及其成因、地震的活动性及其震害;
2. 熟悉地震震级、地震烈度、基本烈度、设计烈度等有关术语;
3. 明确建筑抗震设防依据、目标及分类标准;
4. 掌握抗震设计的基本内容和要求。

学习内容	教学方法和建议
项目1　概述 主要内容:地震与地震动,地震震级与地震烈度,地震灾害; 项目2　建筑抗震设防 主要内容:抗震设防目标和要求,建筑物重要性分类和设防标准,抗震设计的基本要求,注意场地选择,把握建筑体型,地震作用。	1. 采用案例教学法进行教学; 2. 合理使用多媒体教学手段; 3. 采用问题引导的方法来提高学生对建筑结构抗震设计的学习兴趣; 4. 结合多媒体丰富信息,使学生了解建筑结构抗震设计的基本知识。

工具与媒体	学生已有基础	教师所需执教能力要求
1. 多媒体教学设备; 2. 教学课件,计算软件; 3. 视频教学资料; 4. 网络教学资源; 5. 建筑抗震设计规范。	1. 具备查阅和运用各种建筑结构设计规范知识的能力; 2. 具备完整的建筑结构及其基本构件的构造要求的基本知识; 3. 具备建筑抗震设计的基本知识和构造措施。	1. 能根据学生的认知能力和认知规律科学地编排整个教学过程,设计教学内容和教学方法; 2. 熟悉建筑结构设计规范和抗震设计规范的基本知识; 3. 熟练掌握各种建筑结构的抗震设计和构造要求。

本单元安排在多媒体教室学习。

学习单元6　钢筋混凝土单层工业厂房排架结构　　　　　　　　　学时:10(2)

学习目标

1. 了解单层厂房结构布置的内容,了解变形缝、支撑的种类和作用;
2. 理解排架结构的受力特点;
3. 掌握和运用牛腿的配筋构造、常用节点连接做法、抗震设计的一般规定和抗震构造措施;
4. 快速识读钢筋混凝土单层工业厂房施工图。

学习内容	教学方法和建议
项目1　单层厂房结构的组成 主要内容:概述,排架结构的组成。 项目2　单层厂房的结构布置及其受力特点 主要内容:结构布置,排架结构受力特点。 项目3　单层厂房柱的主要构造要求 主要内容:柱的形式,牛腿,常用节点连接。 项目4　单层厂房的抗震措施 主要内容:受力特点,抗震设计一般规定,抗震构造措施。	1. 根据不同的教学内容采用不同的教学方法,如实际工程案例教学法、任务驱动教学法、对比教学法、讨论式教学法、现场教学法、提问法等; 2. 采用录像、课件、动画等形式使学生对排架结构的基本知识建立感性认识,加深对理论知识和基本技能的理解; 3. 按照学生学号分组,每4~5人为一组,同学们自己选定组长,结合排架结构施工图完成课堂练习页的任务。

工具与媒体	学生已有基础	教师所需执教能力要求
1. 多媒体教学设备; 2. 教学课件、计算软件; 3. 视频教学资料; 4. 网络教学资源; 5. 建筑结构荷载规范; 6. 建筑设计强制性条文; 7. 建筑抗震设计规范; 8. 成套排架结构施工图图纸。	1. 具备绘制和解读排架结构施工图的能力; 2. 具备建筑材料相关的知识、工程测量相关知识、力学相关知识; 3. 具备查阅和运用各种建筑结构设计规范知识的能力,抗震设计知识的能力; 4. 具有对钢筋混凝土排架结构中的柱网尺寸的确定、排架结构的受力特点、排架柱和扭腿、常用节点的连接、钢筋设置、抗震设计构造要求的基本知识及其与建筑施工相关的基本技能。	1. 能快速解读排架结构的施工图; 2. 能分析和处理建筑结构工程中的常见问题; 3. 能根据学生的认知能力和认知规律科学地编排整个教学过程,设计教学内容和教学方法; 4. 非常熟悉建筑设计强制性条文; 5. 能熟练地掌握排架结构中的柱网尺寸的施工放线、排架结构的受力特点、排架柱和牛腿、常用节点连接的基本知识及其与建筑施工相关的基本技能; 6. 熟练掌握排架结构的抗震设计和构造要求; 7. 具有丰富的施工现场处理问题的经验。

本单元安排一次到施工现场参观各种排架结构主体结构的施工,熟悉排架结构施工图、抗震构造措施和施工中的基本技能。

学习单元7　钢筋混凝土框架结构　　　　　　　　　　学时:10(2)

学习目标
1. 了解钢筋混凝土的框架结构体系,了解框架结构的内力及侧移的计算方法; 2. 理解框架结构的受力特点; 3. 掌握和运用框架结构的构造要求及其抗震构造措施; 4. 快速识读框架结构的结构施工图。

学习内容	教学方法和建议
项目1　概述 主要内容:框架结构体系,变形缝,梁、柱截面尺寸的初步确定。 项目2　框架结构的内力及侧移的近似计算方法 主要内容:框架结构受力特点,在竖向荷载作用下框架结构内力分析的近似方法——分层法,在水平荷载作用下框架结构内力分析的近似方法——反弯点法,在水平荷载作用下框架结构的侧移。 项目3　框架结构构件设计及模型制作 主要内容:框架结构的设计及其模型制作,框架结构梁、柱的截面设计 项目4　现浇框架结构的构造要求 主要内容:非抗震设计现浇框架的构造要求,现浇框架结构抗震构造措施,制作一层一跨框架结构的模型。	1. 根据不同的教学内容采用不同的教学方法,如实际工程案例教学法、任务驱动教学法、对比教学法、讨论式教学法、现场教学法、提问法等; 2. 采用录像、课件、动画等形式使学生对框架结构的基本知识建立感性认识,加深对基本理论知识和基本技能的理解; 3. 按照学生学号分组,每4～5人为一组,同学们自己选定组长,结合框架结构施工图完成课堂练习页的任务,完成制作一层一跨框架结构的模型。

工具与媒体	学生已有基础	教师所需执教能力要求
1. 多媒体教学设备; 2. 教学课件、计算软件; 3. 视频教学资料; 4. 网络教学资源; 5. 实训室; 6. 建筑结构荷载规范; 7. 建筑设计强制性条文; 8. 建筑抗震设计规范; 9. 成套框架结构施工图图纸。	1. 具备绘制和解读框架结构施工图的能力; 2. 具备建筑材料相关的知识、工程测量相关知识、力学相关知识; 3. 具备查阅和运用各种建筑结构设计规范知识的能力及抗震设计知识的能力; 4. 具有对框架结构中的截面尺寸的确定、框架结构的受力特点、框架梁和柱的配筋情况、常用节点构造要求、钢筋设置的基本知识及其与建筑施工相关的基本技能; 5. 具有框架结构的抗震设计和构造要求的基本知识。	1. 能快速解读框架结构的施工图; 2. 能分析和处理建筑结构工程中的常见问题; 3. 能根据学生的认知能力和认知规律科学地编排整个教学过程,设计教学内容和教学方法; 4. 非常熟悉建筑设计强制性条文; 5. 能熟练地掌握框架结构中的截面尺寸的确定、框架结构的受力特点、框架梁和柱的配筋情况、常用节点构造要求、钢筋设置的基本知识及其与建筑施工相关的基本技能; 6. 熟练掌握框架结构的抗震设计和构造要求的基本知识; 7. 具有丰富的施工现场处理问题的经验。

本单元安排一次到施工现场参观各种框架结构主体结构的施工,熟悉框架结构施工图、抗震构造措施和施工中的基本技能。

学习单元8　钢筋混凝土剪力墙结构		学时:10(2)
学习目标		

1. 了解钢筋混凝土剪力墙结构体系,了解剪力墙和连梁的截面设计;
2. 理解剪力墙结构的受力特点;
3. 明确区别剪力墙的约束边缘构件和构造边缘构件;
4. 掌握和运用剪力墙结构的构造要求及其抗震构造措施;
5. 快速识读剪力墙结构的结构施工图。

学习内容	教学方法和建议
项目1　概述 主要内容:剪力墙结构体系,剪力墙的分类及其受力特点。 项目2　简述剪力墙结构设计 主要内容:基本假定,剪力墙有效宽度b_f',确定剪力墙厚度,剪力墙在竖向荷载下的内力,剪力墙在水平荷载作用下的计算方法,剪力墙截面设计。 项目3　剪力墙结构的构造要求 主要内容:剪力墙结构的混凝土强度等级,轴压比限值,约束边缘构件和构造边缘构件,剪力墙内水平和竖向分布钢筋的设置,连梁的截面设计和构造要求。	1. 根据不同的教学内容采用不同的教学方法,如实际工程案例教学法、任务驱动教学法、对比教学法、讨论式教学法、现场教学法、提问法等; 2. 采用录像、课件、动画等形式使学生对剪力墙结构的基本知识建立感性认识,加深对基本理论知识和基本技能的理解; 3. 按照学生学号分组,每4~5人为一组,同学们自己选定组长,结合剪力墙结构施工图完成课堂练习页的任务。

工具与媒体	学生已有基础	教师所需执教能力要求
1. 多媒体教学设备; 2. 教学课件、计算软件; 3. 视频教学资料; 4. 网络教学资源; 5. 建筑结构荷载规范; 6. 建筑设计强制性条文; 7. 建筑抗震设计规范; 8. 成套剪力墙结构施工图图纸。	1. 具备绘制和解读剪力墙结构施工图的能力; 2. 具备建筑材料相关的知识、工程测量相关知识、力学相关知识; 3. 具备查阅和运用各种建筑结构设计规范知识的能力及抗震设计知识的能力; 4. 具有对剪力墙结构中的剪力墙厚度的确定、剪力墙结构的受力特点、剪力墙截面设计、剪力墙内水平和竖向分布钢筋的设置,连梁的截面设计和构造要求的基本知识及其与建筑施工相关的基本技能; 5. 具有剪力墙结构的抗震设计和构造要求的基本知识。	1. 能快速解读剪力墙结构的施工图; 2. 能分析和处理建筑结构工程中的常见问题; 3. 能根据学生的认知能力和认知规律科学地编排整个教学过程,设计教学内容和教学方法; 4. 非常熟悉建筑设计强制性条文; 5. 能熟练地掌握剪力墙结构中的剪力墙厚度的确定、剪力墙结构的受力特点、剪力墙截面设计、剪力墙内水平和竖向分布钢筋的设置,连梁的截面设计和构造要求的基本知识及其与建筑施工相关的基本技能; 6. 熟练掌握剪力墙结构的抗震设计和构造要求; 7. 具有丰富的施工现场处理问题的经验。

续表

本单元安排一次到施工现场参观各种剪力墙结构主体结构的施工,熟悉剪力墙结构施工图、抗震构造措施和施工中的基本技能。

学习单元9 钢筋混凝土框架 – 剪力墙结构	学时:10(2)

学习目标	

1. 了解钢筋混凝土框架 – 剪力墙结构体系;
2. 理解框架 – 剪力墙结构的受力特点;
3. 掌握和运用框架 – 剪力墙结构的构造要求及其抗震构造措施;
4. 快速识读框架 – 剪力墙结构的结构施工图。

学习内容	教学方法和建议
项目1　概述 主要内容:框架 – 剪力墙结构体系,框架 – 剪力墙结构中剪力墙的布置。 项目2　框架 – 剪力墙结构协同工作计算 主要内容:框架与剪力墙的协同工作,框架 – 剪力墙结构的基本假定及计算简图。 项目3　框架 – 剪力墙结构构件的截面设计与构造要求及其抗震措施 主要内容:内力组合,截面设计和构造要求及其抗震措施。	1. 根据不同的教学内容采用不同的教学方法,如实际工程案例教学法、任务驱动教学法、对比教学法、讨论式教学法、现场教学法、提问法等; 2. 采用录像、课件、动画等形式使学生对框架 – 剪力墙结构的基本知识建立感性认识,加深对基本理论知识和基本技能的理解; 3. 按照学生学号分组,每4～5人为一组,同学们自己选定组长,结合框架 – 剪力墙结构施工图完成课堂练习页的任务。

工具与媒体	学生已有基础	教师所需执教能力要求
1. 多媒体教学设备; 2. 教学课件、计算软件; 3. 视频教学资料; 4. 网络教学资源; 5. 建筑结构荷载规范; 6. 建筑设计强制性条文; 7. 建筑抗震设计规范; 8. 成套框架 – 剪力墙结构施工图图纸。	1. 具备绘制和解读框架 – 剪力墙结构施工图的能力; 2. 具备建筑材料相关的知识、工程测量相关知识、力学相关知识; 3. 具备查阅和运用各种建筑结构设计规范知识的能力及抗震设计知识的能力; 4. 具有对框架 – 剪力墙结构中的框架与剪力墙的协同工作、框架 – 剪力墙结构构件的截面设计、钢筋设置与构造要求的基本知识及其与建筑施工相关的基本技能; 5. 具有框架 – 剪力墙结构的抗震设计及构造要求的基本知识。	1. 能快速解读框架 – 剪力墙结构的施工图; 2. 能分析和处理建筑结构工程中的常见问题; 3. 能根据学生的认知能力和认知规律科学地编排整个教学过程,设计教学内容和教学方法; 4. 非常熟悉建筑设计强制性条文; 5. 能熟练地掌握框架 – 剪力墙结构中的框架与剪力墙的协同工作、框架 – 剪力墙结构构件的截面设计、钢筋设置与构造要求的基本知识及其与建筑施工相关的基本技能; 6. 熟练掌握框架 – 剪力墙结构的抗震设计和构造要求; 7. 具有丰富的施工现场处理问题的经验。

本单元安排一次到施工现场参观各种框架 – 剪力墙结构主体结构的施工,熟悉框架 – 剪力墙结构施工图、抗震构造措施和施工中的基本技能。

学习单元 10　砌体结构	学时:20(4)
学习目标	

1. 了解砌体结构的材料、承重体系和静力计算方案;
2. 熟悉砌体结构对块材和砂浆的性能要求;
3. 掌握和运用过梁和挑梁的受力特点与主要构造要求;
4. 掌握和运用多层砌体结构房屋在地震作用下的受力特点及其抗震构造措施。

学习内容	教学方法和建议
项目1　砌体材料及其力学性能 主要内容:我国砌体结构发展概况,砌体材料,砌体种类。 项目2　砌体结构构件计算 主要内容:无筋砌体受压构件承载力计算,无筋砌体的局部受压,墙、柱高厚比验算,网状配筋砖砌体构件,过梁和挑梁。 项目3　砌体结构房屋的受力特点与构造要求 主要内容:混合结构房屋的结构布置,混合结构房屋的静力计算方案,砌体结构房屋的受力特点,多层砌体结构的构造措施(非抗震设防要求),多层砌体结构抗震构造措施。	1. 根据不同的教学内容采用不同的教学方法,如实际工程案例教学法、任务驱动教学法、对比教学法、讨论式教学法、现场教学法、提问法等; 2. 采用录像、课件、动画等形式使学生对砌体墙结构的基本知识建立感性认识,加深对基本理论知识和基本技能的理解; 3. 按照学生学号分组,每4~5人为一组,同学们自己选定组长,结合砌体结构施工图完成课堂练习页的任务。

工具与媒体	学生已有基础	教师所需执教能力要求
1. 多媒体教学设备; 2. 教学课件、计算软件; 3. 视频教学资料; 4. 网络教学资源; 5. 建筑结构荷载规范; 6. 建筑设计强制性条文; 7. 建筑抗震设计规范; 8. 成套砌体结构施工图图纸。	1. 具备绘制和解读砌体结构施工图的能力; 2. 具备与建筑材料相关的知识、工程测量相关知识、力学相关知识; 3. 具备查阅和运用各种建筑结构设计规范、强制性条文知识的能力及抗震设计知识的能力; 4. 具有对砌体结构中的结构布置、静力计算方案、受力特点、构造要求的基本知识及其与建筑施工相关的基本技能; 5. 具有砌体结构的抗震设计及构造要求的基本知识。	1. 能快速解读砌体结构的施工图; 2. 能分析和处理建筑结构工程中的常见问题; 3. 能根据学生的认知能力和认知规律科学地编排整个教学过程,设计教学内容和教学方法; 4. 能熟练地掌握砌体结构中的结构布置、静力计算方案、受力特点、构造要求的基本知识及其与建筑施工相关的基本技能; 5. 熟练掌握砌体结构抗震设计和构造要求的知识; 6. 具有丰富的施工现场处理问题的经验。
是否要排列施工现场参观?		

三、教学方法与手段建议

本课程是高职建筑工程技术专业中一门综合性很强的职业基础课程,属于理论知识涉及面广、专业技术含量高、实践性较强的一门融理论、实践于一体的应用型课程。教学过程中应充分利用学院内的建筑技术专业的实训室、识图实训室和施工现场进行教学；提倡根据不同的教学内容采用不同的教学方法，如运用多媒体教学、工程案例教学法、讨论式教学法、问题引导教学法、现场教学法等方法；本课程需积累典型的工程实例，收集典型的工程照片、施工录像等充实课程教学资源库；充分利用自编教材、教学资源库实施教学，发挥学生的主体作用和教师的主导作用，如让学生写学习小结，学会查阅各种参考资料；注重实践性教学，动手设计好一个含有单向板和双向板的梁板结构，并且要求手算其内力和配筋，绘制其结构施工图；教学方法和手段应注重实效，不走形式。

四、教学要求

1. 对教师的要求

对主讲教师的要求如下：具备建筑结构设计的工程实践经历，具备讲师及以上职称，具备"双师"职业素质；能根据学生的认知能力和认知规律科学地编排整个教学过程，设计教学内容和教学方法；具有丰富的施工现场分析问题和处理问题的施工经验；非常熟悉建筑结构的设计、荷载计算、内力计算、配筋计算、构造要求等知识；具有结合实际工程将力学、设计、施工、方面的知识融会贯通的能力。

2. 对前修课程和后续课程的要求

该课程涉及建筑力学、建筑材料、建筑识图、建筑测量等方面的知识，对学生的要求有：具备绘制和解读各种建筑结构及其基本构件的配筋施工图的能力；具备与建筑材料相关的知识、工程测量相关的知识、建筑力学相关的知识；具备工程施工放线的基本知识和基本技能；在后续课程的学习中应进一步加强培养工程思维模式；能独立进行建筑结构的图纸会审、结构工程量的计算、工程备料计划的编写；能独立编制分项工程的施工方案；能独立编制主体结构的施工方案；能组织施工验收；能独立进行施工信息的归档和资料整理。

3. 工学结合要求

本课程与工程实际结合较为紧密，在教学过程中建议教师能以实际工程施工图纸和典型案例为引导；在教学中教师要及时了解学校周边工程的施工情况，便于有针对性地带领学生进行现场教学；在实训教学环节中，教师要充分利用实训室开发学生的想象力和创造力。同时，学生也应利用假期和周末主动到施工现场参观学习，以提高学习兴趣和加深对教学中的知识点的理解和掌握。

五、考核方法与要求建议

为了适合本课程的内容和特点,实行开卷考试和面试答辩相结合的考核方法,开卷考试允许学生带规范、教材等资料参加考试,重点考查学生应用基本理论分析和解决实际问题的能力、计算和设计的能力,不必过多地死记硬背公式及概念,其分值占总分的60%;面试答辩针对集中授课布置的大作业和平时的作业,重点考查学生获取新知识的能力、将建筑力学、结构设计、施工创造等知识融会贯通的能力,其分值占40%。课程结业考核知识点要求如下:

顺序	教学内容	考核知识点	建议权重	备注
1	学习单元1　绪论	1. 建筑结构的分类及其应用; 2. 荷载的作用与作用效应,荷载的分类,荷载的代表值; 3. 结构的功能要求,安全等级及设计使用年限,结构的可靠性; 4. 建筑结构的极限状态,承载能力极限状态实用表达式。	5%	
2	学习单元2　钢筋与混凝土材料的力学性能	1. 钢筋的类型及其主要力学性能,钢筋的选择和应用; 2. 混凝土的强度选择及其应用,混凝土的变形; 3. 钢筋和混凝土共同工作的原因; 4. 钢筋的锚固与连接。	5%	
3	学习单元3　混凝土基本构件	1. 梁和板的一般构造; 2. 受弯构件正截面、斜截面承载力计算; 3. 受压构件的分类,受压构件的构造要求; 4. 受压构件的正截面、斜截面承载力计算; 5. 钢筋混凝土纯扭构件的破坏特征,配筋的构造要求; 6. 矩形截面在弯、剪、扭共同作用下的承载力计算; 7. 钢筋混凝土受弯构件变形、裂缝宽度的验算; 8. 预应力混凝土构件的基本概念及其分类; 9. 预应力混凝土的特点,预加应力的方法; 10. 预应力混凝土构件对材料的要求。	30%	

4	学习单元4 钢筋混凝土梁板结构	1. 钢筋混凝土现浇楼盖单向板、双向板的判断及其应用范围； 2. 整体式单向板肋梁楼盖的结构平面布置及其计算简图； 3. 单向板肋梁楼盖的内力计算——弹性计算法和塑性计算法； 4. 多跨连续单向板、次梁和主梁的配筋计算及构造要求； 5. 整体式双向板肋梁楼盖的结构布置及其计算简图； 6. 双向板内力计算——弹性理论计算； 7. 双向板支承梁的计算特点； 8. 楼梯和雨篷的截面设计、配筋计算、构造要求。	15%	
5	学习单元5 建筑结构抗震设计基本知识	1. 建筑结构抗震设计基本知识，如地震与地震动、地球的构造、地震类型、震源和震中、地震震级和地震烈度； 2. 抗震设防目标和要求； 3. 建筑物重要性分类和设防标准； 4. 抗震设计的基本要求，注意场地选择，把握建筑体型； 5. 地震作用。	5%	
6	学习单元6 钢筋混凝土单层工业厂房排架结构	1. 单层厂房排架结构的组成； 2. 单层厂房排架结构的布置及其受力特点； 3. 单层厂房排架结构的主要构造要求、常用节点连接； 4. 单层厂房排架结构的抗震措施。	5%	
7	学习单元7 钢筋混凝土框架结构	1. 框架结构体系，梁、柱截面尺寸的确定； 2. 框架结构的内力及侧移的近似计算方法； 3. 框架结构梁、柱的截面设计； 4. 非抗震设计现浇框架结构的构造要求； 5. 现浇框架结构抗震构造措施。	10%	
8	学习单元8 钢筋混凝土剪力墙结构	1. 剪力墙结构体系、分类及其受力特点； 2. 剪力墙的基本假定、有效宽度 b_f'、确定剪力墙厚度； 3. 剪力墙在竖向荷载下的内力、在水平荷载作用下的计算方法； 4. 剪力墙截面设计； 5. 剪力墙结构的混凝土强度等级，轴压比限值；	10%	

续表

顺序	教学内容	考核知识点	建议权重	备注
		6. 约束边缘构件、构造边缘构件、连梁的截面设计和构造要求； 7. 剪力墙内水平和竖向分布钢筋的设置； 8. 剪力墙结构的抗震构造措施。		
9	学习单元9 钢筋混凝土框架－剪力墙结构	1. 框架－剪力墙结构体系、剪力墙的布置； 2. 框架与剪力墙的协同工作； 3. 框架－剪力墙结构的基本假定及计算简图； 4. 框架－剪力墙结构构件的截面设计与构造要求及其抗震措施。	5%	
10	学习单元10 砌体结构	1. 砌体材料及其力学性能、砌体种类； 2. 无筋砌体受压构件承载力计算、无筋砌体的局部受压、墙、柱高厚比验算； 3. 网状配筋砖砌体构件，过梁和挑梁； 4. 混合结构房屋的结构布置、静力计算方案、受力特点； 5. 多层砌体结构的构造措施（非抗震设防要求）； 6. 多层砌体结构抗震构造措施。	10%	
	合计		100%	

7.2.4 "建筑工程施工测量"课程标准

"建筑工程施工测量"课程标准

课程代码：40011620

课程类别：职业基础课程

适用专业：建筑工程技术

总学时：80～90学时

一、课程教学目标

"建筑工程施工测量"课程是高职建筑工程技术专业的核心课程。它主要培养建筑工程施工技术人员从事建筑工程项目建设全过程的控制测量、定位放线、施工测量、变形测量和竣工测量等测量工作必备的基本素质和能力。建筑工程技术专业施工员、质检员、测量员、预算员、资料员及监理员等主要岗位，均对测量能力及专业素质有较高的要求。

通过学习"建筑工程施工测量"课程，使学生掌握测量的基本原理和方法，掌握常用测量仪器及工具的操作技能，了解先进测量仪器的基本原理与应用；以建筑工程施工测量规范为标准，进行各种工程规模建筑区域的控制测量、区域场地测量、建筑物定位测量和施工放线测量、民用建筑施工测量、工业建筑施工测量、高耸型建筑施工测量、建筑变形测量和竣工测量等；具备从事建筑工程施工测量较全面的技能，达到高级测量放线工的知识与技能要求。

本课程要达到的能力目标和知识目标如下：

1. 能力目标

（1）具有读懂施工图纸、会利用相关资料的能力，掌握建筑工程测量的基本技能；

（2）具有根据项目合同、相关图纸、业主提供的控制点资料及施工区域现场情况，编制合理的施工测量方案，并依据施测方案组织和指导施工测量的能力；

（3）具有根据工程实际情况，整理施工测量资料的能力；

（4）掌握根据工程定位图、总平面图、立面图、基础施工图纸等有关图纸及技术资料，正确进行建筑物定位、轴线放样、标高放样及轴线传递的能力；

（5）具有熟练使用水准仪、经纬仪、全站仪等常用测绘仪器，以及钢尺、墨斗等施工测量工具进行高程、角度、距离、定位放样等的能力；

（6）具有地形图识读及正确应用的能力；

（7）具有应用 CAD 软件或南方 CASS 软件进行施工区域面积计算、土方量计算的能力；

（8）具有对建筑施工测量各工序质量进行检查、验收的能力；

（9）具有民用建筑、工业厂房与高耸型建筑施工测量的能力；

（10）具有高耸型建筑、重要建筑工程、厂房设备基础变形监测的能力；

（11）具有工程竣工图编绘的能力；

（12）具有较强的实际动手能力、分析和解决问题的能力、自我检查和学习规范的能力；

（13）具有较强的团队的精神、与他人沟通及协作的能力、吃苦耐劳精神、认真的工作作风、负责任的工作态度；

（14）具有良好的职业道德和职业素养。

2. 知识目标

（1）掌握建筑工程测量的基本知识，能够采用一定的测量方法，完成工程项目的施工测量，能识读施工图纸，掌握《工程测量规范》相关条款；

（2）结合工程图纸和施工区域现场实际情况，编制施工测量方案；

（3）熟悉水准仪、经纬仪，以及全站仪、激光垂准仪等检验及校正方法；

（4）熟悉场区土方平衡施工测量及计算；

（5）掌握使用地形图绘制横断面图、按指定坡度设计最短路线的方法；

（6）掌握根据施工区域实际情况进行导线平面控制的方法及其平差计算；

（7）掌握施工区域高程控制四等水准测量方法及其平差计算；

（8）掌握建筑项目施工全过程的施工测量程序和测量质量控制、检查方法；

（9）掌握测量误差来源的方法及其减弱或消除方法；

（10）了解衡量测量精度的指标。

二、典型工作任务描述

工程开工前，踏勘施工现场，根据施工合同、各种工程施工图纸、施工规范、验收规范等文件，认真审查图纸并提出问题，参加图纸会审会议，了解设计意图，解决图纸中存在的错误、遗漏等问题，编制施工测量方案；根据工程定位图、总平面图、立面图、基础施工图、基础详图等施工图纸和施工区域现场的实际情况进行复核，并依据业主提供的控制点资料，进行施工区域平面和高程控制测量，将有关控制点及资料向作业班组进行书面技术交底。

基础开挖前，进行原始地面高程测量，以便在土方开挖完成后进行土石方工程量的计算。

在施工过程中进行建筑物定位测量、轴线和高程放样及传递、基础施工测量、墙体施工测量、竣工测量，同时在各测量工序间及时进行班组验收及监理报验，并对施工中出现的问题提出处理意见，及时进行工程测量资料归档，施工中确保安全、文明、环保施工。

三、教学内容

1. 学习单元划分

顺序	授课主要内容（含课程内实训）	时数	实训安排建议	备注
一	学习单元1　初识测量工作	4		
1	项目1　建筑工程测量的任务			
2	项目2　坐标系统和高程系统	2		
3	项目3　地球曲率对测量数值的影响			
4	项目4　建筑工程测量工作程序			
5	项目5　测量误差	2		
6	项目6　测量精度衡量指标			
二	学习单元2　场区控制测量	43		
1	项目1　控制测量概述			
2	项目2　控制测量技术设计	2		
3	项目3　踏勘选点			
4	项目4　水准测量	6		
5	项目5　闭合路线水准测量	4	✓	室外实训场
6	项目6　场地原始地表标高测量（自动安平水准仪）	2	✓	土建施工室外实训场
7	项目7　水准仪检验与校正	2	✓	室外实训场
8	项目8　角度测量	6		
9	项目9　闭合路线角度测量	4	✓	室外实训场
10	项目10　经纬仪检验与校正	2	✓	室外实训场
11	项目11　距离测量	2		
12	项目12　方向测量			
13	项目13　钢尺量距	2	✓	室外实训场
14	项目14　光电测距仪量距	2	✓	室外实训场
15	项目15　导线测量	3		

顺序	授课主要内容（含课程内实训）	时数	实训安排建议	备注
16	项目16　闭合路线导线测量	4	✓	室外实训场
17	项目17　控制测量计算案例	2	✓	工学结合教室
三	学习单元3　施工场区测量	9		
1	项目1　大比例尺地形图及识读	2		
2	项目2　地形图的使用	2		
3	项目3　建筑场地土方平衡			
4	项目4　土方工程施工测量			
5	项目5　土方工程量计算	3		
6	项目6　场地平整土石方测量及CAD计算案例	2	✓	工学结合教室
四	学习单元4　定位测量	14		
1	项目1　测设建筑的平面位置	2		
2	项目2　使用经纬仪、钢尺进行点位放样	2	✓	土建施工室外实训场
3	项目3　使用全站仪进行点位放样	2	✓	
4	项目4　建筑物轴线放样	2	✓	
5	项目5　测设建筑的高程位置	2		
6	项目6　点位高程及线路坡度放样	2	✓	土建施工室外实训场
7	项目7　房屋建筑定位测量案例	2	✓	多媒体教室
五	学习单元5　施工测量	10		
1	项目1　施工测量概述	3		
2	项目2　多层民用建筑施工测量			
3	项目3　高层建筑施工测量	2		
4	项目4　工业建筑施工测量	3		
5	项目5　高耸建筑施工测量			
6	项目6　装饰装修施工测量			
7	项目7　公用建筑施工测量案例	2	✓	工学结合教室

续表

顺序	授课主要内容(含课程内实训)	时数	实训安排建议	备注
六	学习单元6　变形测量	6		
1	项目1　变形测量概述	2		
2	项目2　沉降观测			
3	项目3　倾斜观测	2		
4	项目4　裂缝观测			
6	项目5　水平位移观测			
7	项目6　工业厂房、高层建筑变形观测案例	2	✓	工学结合教室
七	学习单元7　竣工测量	4		
1	项目1　竣工测量	2		
2	项目2　竣工图编绘			
3	项目3　竣工图编绘案例	2	✓	工学结合教室
	合计学时	90		

2. 学习单元描述

学习单元1　初识测量工作	学时:4

学习目标

1. 明确建筑工程测量的任务及工作程序;
2. 掌握地面点位确定的方法、地球曲率对测量数值的影响程度;
3. 掌握平面直角坐标系统、高程系统的概念;
4. 能够分析建筑施工测量误差产生的原因,并提出消除和减弱误差的措施;
5. 能够根据建筑工程测量验收精度的要求,制定确保工程质量的最大允许误差的能力。

学习内容	教学方法和建议
项目1　建筑工程测量的任务 主要内容:测量的分类、任务和作用;测量工作对国民经济、生活的影响;本课程应掌握的知识及技能。 项目2　坐标系统和高程系统 主要内容:常用的平面及高程系统,我国目前采用的平面及高程系统。 项目3　地球曲率对测量数值的影响 主要内容:地面点平面、高程位置的确定;地球曲率对测角、量距、测高差的影响。	1. 结合生活实例,采用项目教学法进行教学; 2. 结合不同工程情况,说明应掌握的建筑工程测量技能; 3. 结合多媒体演示实验,使学生直观地理解地球曲率对量距、测高差、测角的影响;

内　　容	教学方法和建议
项目4　建筑工程测量工作程序 主要内容:测量工作的基本内容,建筑工程测量工作程序与要求。 项目5　测量误差 主要内容:测量误差的概念、产生的原因及其减弱的方法;测量数据修约规范、工程测量规范、建筑工程测量等相关条款。 项目6　测量精度衡量指标 主要内容:精度的概念,衡量精度的标准(中误差、允许误差、相对中误差)。	4. 结合国家现行工程测量规范、数据修约规范,使学生明确测量工程验收标准及数据修约规定; 5. 根据学生的学习能力、动手能力等情况进行学习及实验小组分组,选能力较强者担任组长,进行课后学习讨论及实验实训的组织工作。

工具与媒体	学生已有基础	教师所需执教能力要求
1. GB 50026—2007 工程测量规范; 2. GB/T 8170—2008 数值修约规则与极限数值的表示和判定; 3. 多媒体教学设备; 4. 教学课件; 5. 视频教学资料; 6. 网络教学资源。	1. 具备代数、几何学知识; 2. 具备高等数学基本知识; 3. 具备识读工程图纸的能力; 4. 具备建筑施工的基本知识; 5. 具备施工组织的相关知识。	1. 能正确理解和执行现行规范的相关条款; 2. 能根据教学法设计教学情境; 3. 能按照设计的教学情境实施教学。

本单元安排学生在测绘电教室观看"测绘技术成果展"视频资料;水准仪、经纬仪使用录像。

学习单元2　场区控制测量　　　　　　　　　　　　　　　　　　　　　学时:43

学习目标
1. 使学生具有能够根据施工合同及现场的具体情况,编制场区工程测量施工方案的能力; 2. 掌握使用水准仪、经纬仪、全站仪、钢尺、墨斗等常规测量仪器及工具的能力; 3. 具有进行一等导线测量、四等水准测量方案设计编制的能力; 4. 具有根据控制测量的等级、类别及现场踏勘情况,现场布设导线点、高程点的能力; 5. 具有进行测回法角度测量、四等水准测量、视距测量、钢尺距离测量、电磁波距离测量、导线测量等观测与记录以及平差计算的能力; 6. 具有水准仪、经纬仪及全站仪检验与校正的能力。

学习内容	教学方法和建议
项目1　控制测量概述 主要内容:国家控制网、城市控制网、建筑施工控制网、变形监测控制网的类别与等级。 项目2　控制测量技术设计 主要内容:技术设计的一般规定、技术设计的依据和基本原则、控制测量测量方案、控制网布设的基本形式。	1. 采用案例教学法进行教学;

续表

内　　容	教学方法和建议
项目3　踏勘选点 主要内容:控制点的图上布置设计、现场选点埋设。 项目4　水准测量 主要内容:水准测量原理、水准仪的构造与使用、水准观测和计算、水准仪检校与误差控制、自动安平水准仪的使用。 项目5　闭合路线水准测量 主要内容:在测量室外实训场进行闭合路线设计、选点及四等水准测量、平差计算。 项目6　场地原始地表标高测量(自动安平水准仪) 主要内容:在建工室外综合实训场,使用自动安平水准仪,按照五等水准测量的要求,进行场地原始地表标高测量、计算,然后按照给定的设计开挖标高计算土石方工程量。 项目7　水准仪检验与校正 主要内容:在测量室外实训场进行圆水准器轴与竖轴平行、十字丝横丝与竖轴垂直、视准轴与水准轴平行的检验与校正。 项目8　角度测量 主要内容:经纬仪的构造与使用、水平角观测和竖直角观测、经纬仪检校与误差控制、电子经纬仪的使用。 项目9　闭合路线角度测量 主要内容:在测量室外实训场进行闭合路线设计、选点及测回法水平角度测量、平差计算。 项目10　经纬仪检验与校正 主要内容:在测量室外实训场进行水准管轴与竖轴垂直、十字丝竖丝与横轴垂直、竖盘指标差的检验与校正。 项目11　距离测量 主要内容:视距测量、钢尺普通量距、全站仪光电测距。 项目12　方向测量 主要内容:直线定向、象限角及方位角的换算、坐标反算(计算坐标方位角)。 项目13　钢尺量距 主要内容:在建工室外综合实训场,进行一段、分段钢尺量距。 项目14　光电测距仪量距 主要内容:在测量室外实训场,进行全站仪的认识、棱镜常数改正、气象改正、距离测量(角度测量)。 项目15　导线测量 主要内容:角度闭合差计算、方位角及其计算、坐标计算、导线计算。 项目16　闭合路线导线测量 主要内容:在测量室外实训场,进行闭合导线路线设计、选点,使用全站仪测量及平差计算。 项目17　控制测量计算案例 以具体工程案例介绍导线 Excel 解算方法。	2.以室外实训场、土建施工室外实训场实际案例为载体,使学生通过"做中学,学中做"的方式,学会高差、角度、距离测量的记录及计算的基本技能,掌握熟练的仪器操作技能,具备场区控制测量的能力; 3.锻炼团队精神、吃苦耐劳品质,锻炼认真细致的工作作风、具备建筑行业从业人员必备的基本素质; 4.具备项目经理、技术负责人所必需的较强的沟通、协调能力和责任心。

续表

工具与媒体	学生已有基础	教师所需执教能力要求
1. 工程测量规范； 2. 建筑工程案例； 3. 测量技术设计实例； 4. 多媒体教学设备； 5. 教学课件、软件； 6. 网络教学资源； 7. 工作任务单。	1. 具有地质勘察报告识读的能力； 2. 具有施工图识读的能力； 3. 具备代数、几何学知识； 4. 有计算器的使用经验； 5. 掌握安全作业知识； 6. 具备内业计算与资料整理的能力。	1. 能读懂地质勘察报告； 2. 能熟练使用和管理测绘仪器； 3. 具有一般测绘仪器校正维护的能力； 4. 根据教学法设计教学情境； 5. 能按照设计的教学情境实施教学； 6. 能够正确、及时地处理因学生误操作所产生的仪器故障。

本单元中安排学生进行大量的实训环境下的实训作业,旨在锻炼学生的动手能力,因数据处理能力,达到在学中做、做中学的目的。

学习单元3 施工场区测量　　学时:9

学习目标

1. 具有地形图的一般知识和识读的能力；
2. 具有根据地形图绘制横断面图的能力；
3. 具有按指定坡度设计最短路线的能力；
4. 具有场地控制网设计及施测、平差的能力；
5. 具有基坑开挖施工线测设、施工过程中高程控制的能力；
6. 具有建筑场地土方平衡计算的能力。

学习内容	教学方法和建议
项目1 大比例尺地形图及识读 主要内容:地形图比例尺、比例尺精度、地形图分幅和编号、地形图图式。 项目2 地形图的使用 主要内容:地形图的图上距离、角度、方位角、高程等的量测;指定两点间的横断面绘制;指定坡度设计最短路线。 项目3 建筑场地土方平衡 主要内容:将场地整理成水平面、倾斜面的土方挖填原则。 项目4 土方工程施工测量 主要内容:控制网的设置、施工标高控制测量。 项目5 土方工程量计算 主要内容:场地整理成水平面的土方量计算、场地整理成倾斜面的土方量计算。 项目6 场地平整土石方测量及CAD计算案例 主要内容:结合工程实际案例,利用CAD南方CASS软件计算土方工程量。	1. 采用项目教学法进行教学; 2. 采用实际工程地形图纸进行土方工程量计算,使学生具有较强的土方平衡工程量计算能力; 3. 采用学习单元中"项目6 场地原始地表标高测量"的实测数据,按给定设计标高进行土方工程量计算,使学生掌握现场实测的土方工程量及计算的能力。

工具与媒体	学生已有基础	教师所需执教能力要求
1. 水准仪、水准尺、皮尺； 2. 经纬仪、测钎、全站仪、计算器； 3. 实际工程地形图图纸； 4. 控制点资料； 5. 测量记录表格； 6. 多媒体教学设备； 7. 教学课件、CASS 软件； 8. 视频教学资料； 9. 网络教学资源； 10. 工作任务单。	1. 具有基本的识读地质勘察报告的能力； 2. 具有一定的识读工程基础图的能力； 3. 具备土方工程施工的基本知识； 4. 具有一定的计算能力。	1. 能读懂地质勘察报告； 2. 能结合实际工程计算土方工程量； 3. 识读工程基础图的能力； 4. 能根据教学法设计教学情境； 5. 能按照设计的教学情境实施教学； 6. 能及时、正确地处理学生在使用仪器过程中出现的仪器故障； 7. 能够熟练使用 CAD、南方 CASS 软件。
本单元与"基础工程施工""单元 2 基坑工程施工方案编制"有所不同，后者注重基坑土方工程；此处主要针对建筑场区地表在"四通一平"之前的土方平衡测量与计算。		

学习单元 4 定位测量		学时：14
学习目标		
1. 熟悉设计图纸，进行现场勘测，制定测设方案，具有设计并施测场区控制网的能力； 2. 具有识读工程定位图、总平面图、基础平面图、立面图、剖面图和基础详图的能力； 3. 具有测设建筑平面轮廓点位置的能力； 4. 具有测设建筑平面轴线位置、高程及坡度的能力； 5. 具有设置施工控制轴线、龙门板、龙门桩的能力。		

学习内容	教学方法和建议
项目 1 测设建筑的平面位置 主要内容：施工测量前的准备工作；建立施工控制网；建筑物定位；建筑物放线。 项目 2 使用经纬仪、钢尺进行点位放样 项目 3 使用全站仪进行点位放样 主要内容：在土建施工室外实训场，使用经纬仪测角、钢尺量距进行点位放样；使用全站仪测角、电磁波测距放样平面点位。 项目 4 建筑物轴线放样 主要内容：在土建施工室外实训场，使用经纬仪和钢尺测设建筑物的细部轴线。 项目 5 测设建筑的高程位置 主要内容：根据高程控制网测设设计高程的点位；使用水准仪、全站仪对建筑物某方向测设设计坡度。 项目 6 点位高程及线路坡度放样 主要内容：在土建施工室外实训场，使用水准仪、全站仪测设建筑物的高程标志及坡度。 项目 7 房屋建筑定位测量案例 主要内容：实际工程定位放样的案例。	1. 采用项目教学法、任务驱动教学法进行教学； 2. 采用实际工程定位图、基础平面图，进行建筑物的定位及轴线放样，使学生具有较强的工程定位、轴线放样的能力； 3. 在教师指导下编制施测方案； 4. 结合实际工程图纸，编制建筑物定位、轴线放样监理报验的测量资料。

工具与媒体	学生已有基础	教师所需执教能力要求
1. 实际工程施工图纸； 2. 水准仪、经纬仪、全站仪、墨斗、钢尺、计算器等； 3. 多媒体教学设备； 4. 教学课件； 5. 视频教学资料； 6. 网络教学资源； 7. 工作任务单。	1. 具有识读工程施工定位图、总平面图、立面图、基础详图的能力； 2. 具有一定的计算能力，内业计算和资料整理的能力，以及安全作业知识。	1. 能读懂实际工程基础详图等相关图纸； 2. 具有基本的基础施工和解决基础施工问题的能力； 3. 具有编制测量验收资料的能力； 4. 能根据教学法设计教学情境； 5. 能按照设计的教学情境实施教学； 6. 能及时、正确地处理仪器突发故障、检校。

本单元在条件允许的情况下安排参观实际工程定位和放样测量现场,在室外实训场熟练掌握工程定位和放样的施工测量方法及工序报验资料及程序；
安排学生结合实际工程图纸进行工程定位标定测量数据的计算,教师做好工作任务单和指导。

学习单元5 施工测量	学时：10

学习目标
1. 具有基础施工测量的能力,能进行一般基础施工测量和桩基础施工测量； 2. 具有墙体施工测量的能力,能进行墙体定位和墙体各部位高程的测量控制； 3. 具有高层建筑施工测量的能力,能进行轴线和标高传递； 4. 具有高耸型建筑轴线投测和筒边坡度的控制能力； 5. 具有工业厂房施工测量的能力,能进行厂房矩形控制网和柱列轴线测设,能控制柱子垂直度,能控制行车梁安装的轴线和高程控制。

学习内容	教学方法和建议
项目1 施工测量概述 主要内容：施工测量的精度要求、现浇结构几何尺寸及轴线、标高验收规范。 项目2 多层民用建筑施工测量 主要内容：一般基础施工和桩基础施工；墙体轴线定位及各部位高程控制。 项目3 高层建筑施工测量 主要内容：高层建筑验收标准、轴线及高程传递。 项目4 工业建筑施工测量 主要内容：工业厂房矩形控制网、柱列轴线放样,杯口基础施工测量、高程控制、柱子垂直度控制、行车梁安装测量。 项目5 高耸建筑施工测量 主要内容：烟囱定位测量、轴线放样及传递、高程控制、筒边坡度控制测量。 项目6 装饰装修施工测量 主要内容：民用建筑、工业建筑、市政等工程装饰装修测量。 项目7 公用建筑施工测量案例 主要内容：公用建筑施工测量方案。	1. 采用案例教学法进行教学。 2. 结合工程测量规范,使学生掌握桩基工程、现浇结构几何尺寸及轴线、钢结构安装等验收规范及其中允许的偏差值； 3. 结合民用建筑设计通则、高层建筑混凝土结构技术规程,使学生了解对高层建筑的定义及划分,掌握高层建筑轴线及标高的较为苛刻的限差要求。

工具与媒体	学生已有基础	教师所需执教能力要求
1. 工程测量规范； 2. 民用建筑设计通则； 3. 高层建筑混凝土结构技术规程； 4. 实际工程基础平面布置图、基础详图； 5. 控制点资料； 6. 测量记录表格； 7. 水准仪、经纬仪、激光墨线仪、激光垂准仪、手持式光电测距仪、钢尺、计算器； 8. 多媒体教学设备； 9. 教学课件； 10. 视频教学资料； 11. 网络教学资源； 12. 工作任务单。	1. 具备基本的识读工程图纸（桩基础）的能力； 2. 具有内业计算的能力； 3. 掌握安全作业的知识。	1. 能读懂施工图； 2. 能读懂实际工程基础平面布置图； 3. 能根据教学法设计教学情境； 4. 能按照设计的教学情境实施教学； 5. 能够及时、正确地处理突发仪器故障。

本单元在条件允许的情况下安排参观实际工程施工,熟悉各种工程测量验收允许偏差值。

学习单元6　变形测量	学时:6

| 学习目标 ||

1. 具有编制变形测量方案的能力；
2. 具有设置变形监测控制网的能力；
3. 掌握沉降观测的方法,观测点的布设、沉降观测、数据分析方法；
4. 掌握建筑物倾斜观测、裂缝观测、水平位移观测的方法,并能进行数据分析。

学习内容	教学方法和建议
项目1　变形测量概述 主要内容:变形测量的目的及其重要作用、变形监测的常用方法、变形控制网的设置。 项目2　沉降观测 主要内容:高程控制网的布设、沉降观测点的设置要求、沉降观测点高程的观测、数据分析。 项目3　倾斜观测 项目4　裂缝观测 项目5　水平位移观测 主要内容:倾斜观测、裂缝观测、水平位移观测的方法及数据分析。 项目6　工业厂房、高层建筑变形观测案例 实际工程工业厂房、高层建筑沉降观测方案及数据分析案例。	1. 采用案例教学法进行教学； 2. 结合建筑变形测量规范,使学生掌握变形测量有关技术要求； 3. 结合实际工程沉降观测方案案例,使学生掌握设计方案的编制方法,有关数据的现场观测及分析处理方法。

工具与媒体	学生已有基础	教师所需执教能力要求
1. 建筑变形测量规范； 2. 精密水准仪、经纬仪、全站仪、钢尺、计算器、安全帽； 3. 多媒体教学设备； 4. 教学课件、软件； 5. 视频教学资料； 6. 网络教学资源。	1. 具有绘制观测曲线图的基本能力； 2. 具有计算器、电脑电子表格软件的应用能力； 3. 具有测量仪器与工具的使用能力； 4. 具有安全作业常识。	1. 具有根据工程等级及类别概况编制变形测量方案的能力； 2. 具有变形观测及数据分析处理的能力； 3. 能根据教学法设计教学情境； 4. 能按照设计的教学情境实施教学。

本单元由于时间跨度太大,难以做到真实环境的实训。可在条件允许的情况下,安排参观实际工程施工。

学习单元7　竣工测量	学时:4

学习目标
1. 具有进行竣工测量的能力； 2. 具有编制竣工图的能力。

学习内容	教学方法和建议
项目1　竣工测量 主要内容:竣工测量的目的及其作用、竣工测量的内容、竣工验收测量。 项目2　竣工图编绘 主要内容:竣工图的编绘方法。 项目3　竣工图编绘案例 实际工程工业厂房竣工图案例。	1. 采用案例教学法进行教学； 2. 结合实例,使学生掌握竣工测量的内容及其要求； 3. 结合实际工程案例,使学生掌握竣工图的编制方法。

工具与媒体	学生已有基础	教师所需执教能力要求
1. 建筑变形测量规范； 2. 水准仪、经纬仪、全站仪、钢尺、计算器、安全帽； 3. 多媒体教学设备； 4. 教学课件、软件； 5. 视频教学资料； 6. 网络教学资源。	1. 具有绘制工程图的基本能力； 2. 具有测量仪器与工具的使用能力； 3. 具有竣工图编绘软件的使用能力； 4. 具有安全作业常识。	1. 具有指导竣工测量的能力； 2. 具有编绘竣工图的能力； 3. 能根据教学法设计教学情境； 4. 能按照设计的教学情境实施教学。

四、教学方法与手段建议

本课程是高职建筑工程技术专业中一门综合性很强的职业岗位平台课程,属于理论知识涉及面广、专业技术针对性及实践性都很强的课程。教学过程中应充分利用学校内的测量实训室、风雨实训室、测绘工学结合电教室和建筑工程技术实训室、工程实际现场进行教学；本课程需积累典型项目的工程定位、放线、工程放样及测量施工方案等技术资料，收集工程照片、作业录像等充实课程教学资源库；充分利用自编教材、工作单和教学资源库实施教学，发挥学生的主体作用和教师的主导作用，以真实的任务及作业现场进行测量施工方案编制及工序质量验收检查，实现"工学结合、校企合作、教学做一体化"的课程教学。

五、教学要求

1. 对教师的要求

要求主讲教师具有建筑工程施工测量的工程实践经历，具备讲师及以上职称，具备"双师"职业素质，熟悉建筑工程测量全过程的测量和质量检查等内容，并与施工企业有一定的合作关系。

2. 对前修课程和后续课程的要求

该课程涉及工程施工全过程的内容。前修课程"建筑力学"和"建筑识图与房屋构造"，使学生具有工程识图的基本知识，主要是使学生在测量时能读懂定位图、总平面图、立面图、基础平面图及施工图等，并了解施测对象的基本构造，具备基础构造、主体构造、装饰装修等相关知识，掌握建筑工程的施工测量规范、模板施工规范，为本课程提供建筑专业方面的支撑。后续课程"建筑施工技术"和"高层建筑施工"是建筑工程技术专业的主干核心课程，学生具备相应的测量技能和能力是学习这两门课程的基本前提，从而使学生形成工程全过程施工测量的整体性概念。

3. 工学结合要求

本课程与工程实际结合极为紧密，在教学过程中建议教师能以实际工程图纸和施工方案为引导，以任务驱动、项目教学、教学做合一等教学方式进行教学；在教学中教师要及时了解学校周边工程的施工情况，以便于有针对性地带领学生进行现场教学；在实训教学环节中，教师要充分利用实训条件开设情境、最大化地开发学生的想象力和创造力。同时，学生也应利用假期和周末主动到现场参观学习，以提高学习兴趣和加深对教学中问题的理解和掌握。

六、考核方法与要求建议

本课程实行日常考核和课程结业考核相结合的考核方法。日常考核主要以平时学生对工作任务单完成的质量和对自己成果的答辩结果作为考核依据，结合学生日常出勤、学习态度和主动性给出日常考核成绩，其分值占总成绩的50%；课程结业考核以期末闭卷考试形式评分，其分值占总成绩的50%。

课程结业考核知识点要求如下：

教学内容	学习单元							合计
	1	2	3	4	5	6	7	
建议权重/%	10	35	15	15	15	5	5	100

7.2.5　"基础工程施工"课程标准

"基础工程施工"课程标准

课程代码：40011200

课程类别：职业岗位课程

适用专业：建筑工程技术

总 学 时：70~80学时

一、课程教学目标

"基础工程施工"课程主要培养学生地基与基础施工技术的能力，课程主要学习工程地质勘察报告的识读、基坑工程施工、基础工程施工、塔吊基础设计或验算、桩基工程施工、地基处理等内容。

学生通过本课程的学习，应能达到的能力和知识目标如下：

1. 能力目标

（1）能读懂地质勘察报告，并能根据地勘报告指导土方工程施工；

（2）能编制基坑工程施工方案，并根据施工方案组织和指导具体施工；

（3）能根据基础施工图纸和有关图集与规范正确地进行独立基础、条形基础、筏形基础、箱型基础的钢筋配料，并能进行图纸交底；

（4）能编写基础各分项工程的施工技术措施，并能组织和指导工程施工；

（5）能对基础施工各分项工程进行检查、验收；

（6）能设计或验算塔吊基础；

（7）会计算土方工程量。

2. 知识目标

（1）掌握土的工程性质指标的物理意义和工程应用，能够通过试验确定土的工程性质指标；

（2）掌握基坑降水的原理和方法；

（3）掌握地基承载力和地基变形的相关知识；

（4）掌握基坑支护的方法；

（5）掌握大体积砼的施工原理和施工技术措施；

（6）掌握桩基的施工原理和施工方法；

（7）了解地基处理的原理。

二、典型工作任务

在施工现场，施工员根据工程地质勘察报告和工程施工图纸，理解设计意图，并对图纸进行审查。根据相关规范、图集的规定进行钢筋配料、土方工程量等工程量计算，编制基坑工程施工方案、基础工程施工方案，进行塔吊基础安全计算，并向作业班组进行技术交底。

在施工过程中对各分项工程进行质量评定，并对质量缺陷和施工中出现的问题提出处理意见，对工程资料进行整理归档，在施工过程中始终注意保持工地安全、文明、环保，自觉遵守 ISO 相关工作要求。

三、教学内容

1. 学习单元划分

序号	学习单元	时数	实训要求
一	学习单元1　工程地质勘察报告的识读	18	土的物理性质实验，土的压缩、剪切、液塑限等试验
1	项目1　建筑场地与地基土	14	
2	项目2　工程地质勘察报告	4	
二	学习单元2　塔吊基础的安全计算	10	
三	学习单元3　基坑工程施工方案编制	12	编制基坑工程施工方案
1	项目1　土方工程量计算	4	
2	项目2　基坑工程施工	8	
四	学习单元4　基础工程施工	24	钢筋配料计划；支设独立基础、条形基础模板；编制基础工程施工方案
1	项目1　独立基础工程施工	6	
2	项目2　条形基础工程施工	4	
3	项目3　筏形基础工程施工	6	
4	项目4　箱型基础工程施工	4	
5	项目5　基础工程施工方案的编制	4	

续表

序号	学习单元	时数	实训要求
五	学习单元5　桩基工程施工	8	
1	项目1　钢筋砼预制桩施工	4	
2	项目2　钢筋砼灌注桩施工	4	
六	学习单元6　地基处理	4	
1	项目1　换土垫层法	1	
2	项目2　强夯法	1	
3	项目3　水泥注浆法	2	

2. 学习单元描述

学习单元1　工程地质勘察报告的识读	学时:18

学习目标

1. 能够判断工程中常见的土的性质和类别;
2. 能够通过试验确定土的工程性质指标;
3. 能够正确识读地质勘察报告;
4. 能够对地基施工中的不良地质及突发事件提出意见和措施;
5. 能够根据地勘报告指导土方施工。

学习内容	教学方法和建议
项目1　建筑场地与地基土 主要内容:建筑场地类别;不良地质现象、地下水;土的物理性质与物理状态;土的力学性质;地基承载力;土的工程性质与工程分类。 项目2　工程地质勘察报告 主要内容:勘察报告的作用;建筑工程勘察;工程勘探方法;地勘报告的内容;工程地质勘察报告的实例;地勘报告的分析与应用。	1. 通过图片、录像、实验,增加学生对土的性质的理解; 2. 对地勘报告的识读采用案例教学法。

主要知识点与技能点

主要知识点:地质年代、不良地质现象、地下水、建筑场地划分;土的物理性质指标、土的物理状态指标、土的力学性质指标;地基承载力、土的基本分类、土的工程分类与工程性质;地勘报告的作用、建筑工程勘察;工程勘探方法;地勘报告的内容;地勘报告的分析与应用。
主要技能点:土的含水量、密度、相对密度、压缩性指标、抗剪强度指标的测定;土的三轴压缩试验。

工具与媒体	学生已有基础	教师所需执教能力要求
1. 工程地质勘察报告; 2. 试验仪器设备; 3. 多媒体教学设备; 4. 教学课件、软件; 5. 视频教学资料; 6. 网络教学资源; 7. 任务工单。	1. 具有基本的绘制和识读工程图纸的能力; 2. 掌握基本的建筑材料知识; 3. 掌握工程测量的相关知识; 4. 掌握建筑力学相关知识。	1. 能读懂地质勘察报告; 2. 能进行地质勘察报告的交底; 3. 能处理一般的工程地质问题; 4. 能根据教学法设计教学情境; 5. 能按照设计的教学情境实施教学; 6. 能够进行土的性质指标的试验测定; 7. 能够解决和处理试验中的一般问题。

学习单元2 塔吊基础的安全计算	学时:10

学习目标

1. 能进行塔吊地基承载力的计算;
2. 能进行塔吊地基变形的验算;
3. 能进行塔吊基础高度、基础配筋的计算。

学习内容	教学方法和建议
主要内容:塔吊基础类型选择,塔吊基础设计的一般规定,地基承载力与变形计算,基础截面与配筋计算。	选择一例典型的塔吊基础作为设计任务,采用四步或六步教学法。

主要知识点与技能点

主要知识点:塔吊基础类型选择,塔吊基础设计一般规定,塔吊荷载组合及选用,塔吊基础设计的基本步骤;地基承载力验算,地基变形计算;基础底面积、截面及配筋计算。
主要技能点:设计一塔吊基础。

工具与媒体	学生已有基础	教师所需执教能力要求
1. 地基设计基础规范; 2. 工程地质勘察报告; 3. 实际工程建筑概括; 4. 多媒体教学设备; 教学课件、软件。	1. 地质勘察报告的识读能力; 2. 建筑材料中钢筋、混凝土的性能知识; 3. 建筑力学中的应力、应变知识。	1. 能读懂地质勘察报告; 2. 具有扩展基础设计的一般知识和能力; 3. 具有一般力学知识和利用力学知识解决工程实际问题的能力。

学习单元3 基坑工程施工方案编制	学时:12

学习目标

1. 能计算规则形状和不规则形状的基槽、基坑和土方工程;
2. 能根据工程地勘报告选择基坑降水方案;
3. 能根据工程地勘报告确定边坡坡度和土的工程类别;

续表

学习目标
4．能根据工程地勘报告和工程图纸选择土方开挖方案； 5．会验槽； 6．能编制基坑工程施工方案，并指导工程施工。

学习内容	教学方法和建议
项目1　土方工程量计算 主要内容：基坑、槽、场地平整、土方工程及土方工程量的计算方法。 项目2　基坑工程施工 主要内容：基坑降水、土方边坡支护、土方开挖、土方回填、验槽等内容。	1．采用项目教学法进行教学； 2．采用实际工程图纸（独立基础、条形基础、筏形基础）结合计价表进行土方量计算，使学生具有较强的土方工程量计算能力； 3．采用录像、课件、动画等形式，使学生对基坑开挖、基坑支护、回填等知识建立感性认识，加深对知识的理解； 4．结合实际工程图纸和地勘报告进行地下降水方案设计，使学生具有设计和指导降水施工的能力； 5．结合实际工程图纸和地勘报告编制土方开挖、基坑支护施工方案，具有进行基坑工程施工的综合能力。

主要知识点与技能点
主要知识点：不加支撑直壁开挖最大深度，临时性挖方边坡系数，土方边坡计价表，土方边坡系数；不规则形状的基坑土方量计算；集水井降水法；井点降水法；涌降水量计算；井点管理设；降水的消极影响及防制措施；深基坑的支护方式与方法；基槽、基坑土方开挖，深基坑土方开挖，土方开挖质量要求，土方回填、回填土压实。 主要技能点：计算基槽、基坑、场地平整及不规则形状的基坑土方量；降水设计；编制基坑工程施工方案。

工具与媒体	学生已有基础	教师所需执教能力要求
1．工程地质勘察报告； 2．实际工程（条形基础、独立基础、筏板基础等）基础工程图纸； 3．多媒体教学设备； 4．教学课件、基坑工程量计算软件； 5．视频教学资料； 6．网络教学资源； 7．任务工单。	1．具有基本的识读地质勘察报告的能力； 2．具有工程测量中关于标高、高程及高程测量等相关知识的能力； 3．具有一定的计算能力； 4．具有一定的识读工程基础图的能力。	1．能读懂地质勘察报告； 2．能结合实际工程计算土方工程量； 3．具有一定的预算知识和进行工程预算的能力； 4．具有基坑边坡支护、土方开挖的施工和处理问题的能力； 5．具有基坑降排水设计与施工能力； 6．具有结合地勘报告确定基坑施工方案的能力； 7．能根据教学法设计教学情境。

学习单元4 基础工程施工	学时：24

学习目标

1. 能对独立基础、条形基础、筏形基础、箱型基础等进行钢筋配料；
2. 能编写独立基础、条形基础、筏形基础、箱型基础等模板支设方案；
3. 能编写独立基础、条形基础、筏形基础、箱型基础钢筋施工技术措施；
4. 能编写独立基础、条形基础、筏形基础、箱型基础砼施工技术措施；
5. 能编写独立基础、条形基础、筏形基础、箱型基础等施工方案；
6. 掌握大体积砼施工的原理、方法与措施；
7. 能对独立基础、条形基础、筏形基础、箱型基础等基础各分项工程进行验收。

学习内容	教学方法和建议
项目1 独立基础工程施工 主要内容：独立基础钢筋配料、钢筋施工、模板施工、砼施工的相关内容。 项目2 条形基础工程施工 主要内容：条形基础的钢筋配料、钢筋施工、模板施工、砼施工的相关内容。 项目3 筏形基础工程施工 主要内容：筏形基础底板钢筋配料、模板支设、大体积砼施工等内容。 项目4 箱型基础工程施工 主要内容：箱形基础钢筋配料、模板支设、砼浇筑等内容。 项目5 基础工程施工方案的编制 主要内容：基础工程施工方案的编制内容、方法与要求。	1. 建议采用项目引领教学法或案例教学法、演示法等方法； 2. 采用实际工程图纸（独立基础、条形基础、筏形基础）结合06G101—6和04G101—4进行基础施工图的施工建构，计算基础钢筋配料计算，使学生具有较强的基础钢筋配料计算和基础施工图交底能力。 3. 结合实际工程图纸进行基础模板分项工程、钢筋分项工程、混凝土分项工程施工方案的编制； 4. 结合多媒体进行基础工程质量检查验收的网上演示； 5. 按照学生的学习能力强弱，动手能力强弱等分组，进行图纸交底和技术交底。

主要知识点与技能点

主要知识点：钢筋连接，钢筋锚固长度，钢筋下料长度；独立基础底板钢筋计算，柱插筋计算，地框梁钢筋计算，独立基础模板支设，独立基础砼施工；条形基础特点，条形基础钢筋配料计算；基础梁的钢筋配料计算；条形基础模板支设；筏形基础钢筋配料，大体积砼施工，砖胎膜，吊模法，止水带，防水对拉螺栓；箱型基础特点，箱型基础钢筋配料，箱型基础模板支设。
主要技能点：钢筋配料，编制施工方案和技术交底书。

工具与媒体	学生已有基础	教师所需执教能力要求
1. 工程地质勘察报告； 2. 实际工程（条形基础、独立基础）基础工程图纸； 3. 06G101—6、04G101—4和08G101—5施工图集；	1. 具有基本的识读地质勘察报告的能力； 2. 具有结合图集识读工程基础图的能力；	1. 能读懂实际工程基础施工图； 2. 具有实际工程计算钢筋下料长度的能力； 3. 具有识读和指导施工图集的能力； 4. 具有一定的预算知识和进行工程预算的能力；

工具与媒体	学生已有基础	教师所需执教能力要求
4. 多媒体教学设备； 5. 教学课件； 6. 视频教学资料； 7. 网络教学资源； 8. 任务工单。	3. 具有在工程测量中关于标高、高程及高程测量等相关知识的能力； 4. 具有一定的计算能力。	5. 具有基础施工和解决基础施工问题的能力； 6. 具有编制基础施工方案的能力； 7. 能根据教学法设计教学情境； 8. 能按照设计的教学情境实施教学。

学习单元5　桩基工程施工	学时：8

学习目标
1. 了解桩基础类型特点和相关构造知识； 2. 能够指导处理桩头； 3. 了解钢筋砼预制桩的施工过程； 4. 了解钢筋砼灌注桩的施工过程； 5. 掌握桩基验收标准与验收方法。

学习内容	教学方法和建议
项目1　钢筋砼预制桩施工 主要内容：桩基的分类，桩基的施工准备，桩的制作，打桩施工，预制桩的质量检查与验收。 项目2　钢筋砼灌注桩施工 主要内容：预制桩的成孔方法，砼灌注。	1. 建议采用案例教学法； 2. 利用多媒体，通过看录像、施工动画、施工照片等方式，使学生了解桩基础施工过程与质量验收的内容与方法。

主要知识点与技能点
主要知识点：桩的分类，承台施工构造，桩的制作，施工准备，打桩顺序，沉桩方法；静力压桩法；预制桩质量检查与验收，成孔顺序，灌注桩的成孔方法。 主要技能点：人工挖孔桩，灌注桩质量检查与验收，桩头处理。

工具与媒体	学生已有基础	教师所需执教能力要求
1. 工程地质勘察报告； 2. 实际工程桩基平面布置图； 3. 多媒体教学设备； 4. 教学课件； 5. 视频教学资料； 6. 网络教学资源； 7. 桩基质量检测仪器和设备。	1. 具有基本的识读工程图纸(桩基础)的能力； 2. 具备基本的建筑材料知识； 3. 具备工程测量相关知识。	1. 能读懂实际工程桩基础平面布置图和进行交底的能力； 2. 能进行一般预制桩和灌注桩施工与质量检查的能力； 3. 能根据教学法设计教学情境； 4. 能按照设计的教学情境实施教学。

学习单元6 地基处理	学时：4
学习目标	

1. 了解地基处理的原理；
2. 了解常用的几种地基处理方法。

学习内容	教学方法和建议
项目1 换土垫层法 主要内容：灰土垫层法，砂石垫层法。 项目2 强夯法 项目3 水泥注浆法	采用讲授与典型工程录像等相结合的方法。

主要知识点与技能点

主要知识点：换土垫层原理、适用范围、施工要点；强夯法原理、适用范围、施工要点；水泥土搅拌法原理、适用范围。

工具与媒体	学生已有基础	教师所需执教能力要求
1. 工程地质勘察报告； 2. 多媒体教学设备； 3. 教学课件、软件； 4. 视频教学资料； 5. 网络教学资源。	1. 具有基本的绘制和识读工程图纸的能力； 2. 具备基本的建筑材料知识； 3. 具备建筑力学相关知识。	1. 具有地基处理和施工的知识与能力； 2. 能根据教学法设计教学情境。

　　本课程是高职建筑工程技术专业中的一门综合性很强的职业岗位课程，理论知识涉及面广、专业技术含量高、实践性很强。教学过程中应充分利用学院内的建筑技术实训中心模型室、识图实训室、工学结合教室和现场工程实际进行教学；本课程需积累典型的工程地质勘察实例及土方工程开挖、基坑支护、独立基础、条形基础、筏型基础、箱型基础等专项施工方案及其技术交底资料，并收集工程照片、施工录像等充实课程教学资源库；充分利用自编教材、工作任务单和教学资源库实施教学，发挥学生的主体作用和教师的主导作用，模拟施工现场进行技术交底和施工方案编制以及质量检查，实现"工学结合、校企合作、教学做一体化"的课程教学。

　　四、教学要求

　　1. 对教师的要求

　　要求主讲教师具备地基基础施工的工程实践经历，具备讲师及以上职称，具备"双师"职业素质，熟悉基础工程设计、土方开挖、基础施工和质量检查等内容，并与施工企业有一定的合作关系。

2. 对前修课程和后续课程的要求

该课程涉及土力学、工程地质学、建筑力学、建筑材料、建筑结构、建筑识图、建筑测量等方面的内容，要求学生具备工程制图和结构识图的基本知识，具备基础构造的相关知识，并能读懂基础施工图；具备建筑材料基本知识、检测和合理选用技能的能力；具备一定的轴心受压应力计算和受弯构件配筋计算的基本技能；具备工程施工放线的基本知识和基本技能。同时要求学生在后续课程的学习中应进一步加强和上部结构之间的联系，在工程预算中进一步完成工程土方套价与工程经济性之间的关系，在施工组织设计课程中进一步加强基础工程施工进度网络图编制及安全文明施工等的联系，使学生形成工程整体性理念。

3. 工学结合要求

本课程与工程实际结合较为紧密，在教学过程中建议教师能以实际工程图纸和施工方案为引导，通过任务驱动、项目教学、教学做合一等教学方式进行教学；在教学中教师要及时了解学校周边工程施工情况，有针对性地带领学生进行现场教学；在实训教学环节中，教师应充分利用实训条件开设情境、最大化地开发学生的想象力和创造力。同时学生也应利用假期和周末主动到现场参观学习，以提高学习兴趣和加深对教学中问题的理解和掌握。

五、考核方法与要求建议

本课程实行日常考核和课程结业考核相结合的考核方法，日常考核主要以平时学生工作单完成的质量和对自己成果的答辩结果作为考核依据，结合学生日常出勤、学习态度和主动性给出日常考核成绩，其分值占总成绩的50%；课程结业考核以期末闭卷考试的形式评分，其分值占总成绩的50%。课程结业考核知识点要求如下：

学习单元1 工程地质勘察 报告的识读	学习单元2 塔吊基础的 安全验算	学习单元3 基坑工程施工 方案编制	学习单元4 基础工程施工	学习单元5 桩基工程施工	学习单元6 地基处理
10%	10%	20%	40%	10%	10%

7.2.6 "混凝土结构工程施工"课程标准

"混凝土结构工程施工"课程标准

课程代码： 40011920

课程类别： 职业岗位课程

适用专业： 建筑工程技术

总 学 时： 110～120 学时

一、课程教学目标

本课程主要培养学生钢筋砼结构房屋主体工程施工技术与管理的能力，课程主要学习钢筋砼框架结构、剪力墙结构、预应力砼结构、填充墙砌筑等施工相关的知识与能力。

学生通过本课程的学习，应能达到如下要求：

1. 能力目标

（1）能编制出钢筋砼框架结构、剪力墙结构、预应力砼工程的施工方案；

（2）能进行框架、剪力墙、预应力施工的技术交底；

（3）能指导框架、剪力墙、预应力结构的工程施工；

（4）能编写脚手架的搭设方案，并进行技术交底；

（5）能解决钢筋砼结构施工过程中的简单施工技术问题；

（6）能进行钢筋配料，并计算模板、砼的工程量。

2. 知识目标

（1）掌握钢筋的锚固、搭接、焊接、机械连接的原理与方法；

（2）掌握钢筋的加工、安装方法与要求；

（3）掌握模板的选用、设计、安装与拆除要求；

（4）掌握砼工程的施工工艺、操作要点；

（5）掌握预应力的原理、预应力的损失原理、预应力的施工方法与要求。

二、典型工作任务

在建筑工程施工现场，工程技术人员收到工程图纸后，首先熟悉图纸，审查图纸，并计算工程量；然后根据本项目的人员、机械状况、合同要求等确定施工方案，并进行技术交底。

在工程施工过程中指导和检查工程施工，检查分项、分部工程质量，并对分部分项工程进行验收，对工程质量的缺陷和在施工中出现的问题提出处理意见。

三、教学内容

1. 学习单元划分

序号	授课主要内容（含课程实训）	时数	实训安排
一	学习单元1　钢筋砼框架结构工程施工		
1	项目1　钢筋砼框架结构钢筋施工 ① 钢筋配料计算 ② 钢筋接长 ③ 钢筋加工 ④ 钢筋安装		
2	项目2　钢筋砼框架结构模板支设 ① 模板选用 ② 模板支设与拆除 ③ 模板工程量计算 ④ 模板工程施工计算 ⑤ 模板工程质量标准与检查方法	50	学生支设一道梁的模板，做一个单位工程的施工方案，并进行技术交底训练。
3	项目3　钢筋砼框架结构砼工程施工 ① 砼施工机械选择 ② 砼工程施工 ③ 砼工程浇筑方案选择		
4	项目4　框架结构施工方案选择 ① 主要工种程序 ② 施工工艺选择		
5	项目5　脚手架的设计与施工 悬挑式脚手、吊脚手、爬升式脚手等		
二	学习单元2　钢筋砼剪力墙结构工程施工		
1	项目1　钢筋施工 ① 配料计算 ② 钢筋接长要求 ③ 钢筋安装 ④ 钢筋质量标准与检查验收	30	做一个单位工程剪力墙大模板施工的施工方案
2	项目2　模板设计与支设		
3	项目3　砼施工		
4	项目4　施工方案编制		

序号	授课主要内容（含课程实训）	时数	实训安排
三	学习单元3　钢筋砼预应力工程施工		
1	项目1　预应力原理及相关知识		
2	项目2　先张法施工	20	做一次施加预应力的实训
3	项目3　后张法施工		
4	项目4　现浇预应力砼结构施工		
四	学习单元4　填充墙砌筑施工		
1	项目1　填充墙用砌块种类与特点	6	
2	项目2　填充墙砌筑		

2. 学习单元描述

学习单元1　钢筋砼框架结构工程施工	学时：50

学习目标
1. 学生能根据工程图纸进行框架结构柱、梁、板、楼梯等钢筋配料； 2. 学生能正确选择钢筋的接头位置与接头方法； 3. 学生能正确编写出框架结构主体工程的施工方案； 4. 学生能正确编写出各分项工程的技术交底书； 5. 学生能正确选用和设计脚手架； 6. 学生能正确计算出各分项工程的工程量。

学习内容	教学方法和建议
项目1　钢筋砼框架结构钢筋施工 钢筋配料；钢筋接长；钢筋加工；钢筋安装。 项目2　钢筋砼框架结构模板支设 模板选用；模板支设；模板拆除；模板工程量计算；模板施工计算；质量检查。 项目3　钢筋砼框架结构砼工程施工 砼施工机械选择；砼工程施工；砼工程浇筑方案选择。 项目4　框架结构施工方案选择 主要工作程序；施工工艺选择。 项目5　脚手架的设计与施工 悬挑式脚手；吊脚手；爬升式脚手等。	1. 应选择一套典型的砼框架结构房屋的施工图作为教学任务； 2. 通过钢筋配料、工程量计算，增强学生的识图与图纸审查能力； 3. 通过编写施工方案融汇知识点和技能点，提高课程的针对性和实用性； 4. 通过编写技术交底书和进行技术交底，增强学生的技术应用、技术细节处理以及表达能力； 5. 在教学过程中根据工程内容的不同，灵活采用实物、图片、现场观摩、录像等教学资料。

主要知识点与技能点
主要知识点：框架梁、框架住、楼面次梁、屋面梁、现浇楼板、楼梯等钢筋配料；钢筋接长方法选择、接头位置要求；钢筋的调整、除锈、弯曲等方法与质量要求；梁、柱、板、楼梯钢筋的安装与质量要求；模板选用；柱、梁、板、楼梯模板支设；质量标准；砼施工机械选择；砼配料、搅拌、运输、浇筑、振捣、养护施工要求；砼浇筑；框架结构主要工序，施工工艺方案；满堂式脚手架构造；悬挑式脚手架构造、吊脚手构造、爬升式脚手构造。 主要技能点：框架梁、柱、板、楼梯钢筋配料计算；模板工程量、砼工程量计算；模板工程施工计算；悬挑式脚手施工计算；模板质量检查。

工具与媒体	学生已有基础	教师所需执教能力要求
1. 施工图； 2. 101图集； 3. 施工规范； 4. 检测工具备； 5. 多媒体教学设备； 6. 教学课件； 7. 视频教学资料； 8. 网络教学资源； 9. 任务工单。	1. 具有识图基础知识； 2. 具有建筑力学知识； 3. 具有建筑结构知识。	1. 能进行读图、审图的示例教学； 2. 能进行工料计算； 3. 能按照教学内容的不同设计教学模式、选择教学方法； 4. 能指导学生完成技能点。

学习单元2　钢筋砼剪力墙结构工程施工　　　　　　　　　　　学时：30

学习目标
1. 学生能根据工程图纸进行剪力墙钢筋配料； 2. 学生能正确选择剪力墙及其暗柱钢筋的接头位置与接头方法； 3. 学生能正确编写出剪力墙工程的施工方案； 4. 学生能正确编写出剪力墙工程各分项工程的技术交底书； 5. 学生能正确计算出模板、砼工程量。

学习内容	教学方法和建议
项目1　钢筋砼剪力墙结构钢筋施工 钢筋配料；钢筋接长；钢筋加工；钢筋安装。 项目2　钢筋砼剪力墙结构模板支设 模板选用；模板支设；模板拆除；模板工程量计算；大模板施工计算。 项目3　钢筋砼剪力墙结构砼工程施工 砼浇筑；砼浇筑方案选择。	1. 选择一套典型的砼剪力墙结构施工图作为教学任务，通过钢筋配料、工程量计算，增强学生的识图能力； 2. 通过编写施工方案，提高课程的实用性和针对性； 3. 在教学过程中，灵活采用实物、图片、录像及网上资料。

主要知识点与技能点
主要知识点：边缘构件；墙身钢筋配料；钢筋接长；大模板构造。 主要技能点：边缘构件、墙身钢筋配料、大模板施工计算。

工具与媒体	学生已有基础	教师所需执教能力要求
1. 施工图; 2. 101 图集; 3. 施工规范; 4. 检测工具备; 5. 多媒体教学设备; 6. 教学课件; 7. 视频教学资料; 8. 网络教学资源; 9. 任务工单。	1. 具有识图基础知识; 2. 具有建筑力学知识; 3. 具有建筑结构知识。	1. 能进行读图、审图的示例教学; 2. 能进行工料计算; 3. 能按照教学内容设计教学模式、选择教学方法; 4. 能指导学生完成技能点。

学习单元3　钢筋砼预应力工程施工	学时:20

学习目标
1. 掌握预应力施工的原理; 2. 掌握后张法施工; 3. 掌握现浇预应力砼结构施工。

学习内容	教学方法和建议
项目1　预应力原理及相关知识 主要内容:预应力原理;预应力损失;预应力筋;预应力筋锚固;预应力张拉设备。 项目2　先张法施工 主要内容:台座;预应力筋铺设;预应力筋张拉。 项目3　后张法施工 主要内容:孔道留设;预应力筋制作;预应力筋穿入孔道;预应力筋张拉与锚固;无黏结预应力施工。 项目4　现浇预应力砼结构施工 主要内容:预应力筋布置与构造;现浇预应力结构施工。	选择2~3个工程案例,采用案例教学法,通过图片、录像增强学生感性认识;通过后张法预应力施工训练增强学生工程体会。

主要知识点与技能点
主要知识点:预应力原理;预应力损失;预应力钢筋;预应力锚固;预应力张拉设备;台座;先张法预应力筋铺设;先张法预应力筋张拉;先张法预应力筋放张;后张法孔道留设;预应力筋制作;预应力筋穿入孔道;预应力筋张拉与锚固;孔道灌浆;无黏结预应力施工;部分预应力砼框架结构体系;无黏结预应力砼楼板结构体系;预应力筋布置与构造;现浇预应力施工。 主要技能点:后张法预应力张拉实训。

学习单元4　填充墙砌筑施工	学时:6

学习目标
1. 学生能正确确定填充墙的砌筑位置和砌筑方式及构造; 2. 学生能针对不同砌块采取相应的技术措施; 3. 学生能掌握烧结砖砌体、砼小型砌块、加气砼砌块等砌筑方法与技术措施。

学习内容	教学方法和建议
项目1 填充墙用砌块种类与特点 主要内容:烧结砖砌块、砼空心砌块、加气砼砌块、粉煤灰砌块。 项目2 填充墙砌筑 主要内容:构造要求;填充墙砌筑要求。	选择一例典型工程施工图作为教学任务,要求学生计算工程量,编写技术交底书。
主要知识点与技能点	
主要知识点:烧结砖砌块特点;砼空心砌块特点;加气砼砌块特点;粉煤灰砌块特点;填充墙构造要求;填充墙砌筑;质量标准。 主要技能点:填充墙砌体质量检查。	

四、考核方式

建议采用过程考核(任务考评)与期末考评相结合的方法,强调过程考评的重要性,其中过程考评占60%,期末考评占40%。

7.2.7 "钢结构工程施工"课程标准

"钢结构工程施工"课程标准

课程代码: 40011810

课程名称: 钢结构工程施工

开设学年: 第二学年

课程学时: 90～100学时,6.0学分

课程类别: 职业岗位课程

一、课程教学目标

"钢结构工程施工"课程着重培养钢结构行业从业人员的钢结构施工和管理技能,课程主要讲授轻钢门式钢架结构、钢框架结构、网架结构和钢管桁架结构所涉及的基本知识、建筑钢结构钢材的选用、钢结构的连接、钢结构的加工制作、钢结构涂装工程施工、钢结构安装常用机具设备、钢结构安装准备、钢结构安装施工等内容。通过本课程的教学,培养学生树立起质量意识,使学生掌握钢结构的加工和安装的工序和质量控制,使学生能够运用所学知识去进行钢结构施工设计和施工实

施；使学生能在国家规范、法律、行业标准的范围内，提交钢结构的施工方案，完成施工设计并在施工一线付诸实施，使之具备从事本专业岗位所需的施工安装技能。本课程要达到的能力目标和知识目标如下：

1. 能力目标

（1）能熟练识读钢结构设计图和深化图；

（2）能够编制杆件和节点的加工工艺措施、钢结构的拼装工艺措施、钢结构的分段和焊接工艺措施、涂装工艺措施、构件验收出厂、成品保护措施和运输计划，能组织钢结构的取样和送检；

（3）能掌握铸钢件材料特性，编制加工工艺、质量保证措施；

（4）能根据工程实际条件进行施工总体部署、管理与资源配置，重点是现场临建计划、施工通道布置、现场拼装场地布置和编制人、材、机进场计划；

（5）能编制钢结构的现场胎架制作和拼装专项方案，并按照方案组织现场拼装胎架的制作、进行管桁架的拼装和质量控制、检查和验收；

（6）能编制钢结构的安装专项方案，并按照方案进行构件的验收和运输、吊装设备选用、埋件的埋设、钢结构的吊装，能够进行吊机和吊具验算、吊装变形验算、支撑胎架验算、滑移轨道验算、支撑胎架的验算等；

（7）能编制钢结构的现场涂装专项方案，并根据方案指导进行涂料的施工和验收、进行防腐和防火涂料漆膜厚度的检测和评定工作；

（8）能编制钢结构施工的质量控制及保证措施，能根据方案建立确定质量保证体系（包括质量管理组织保证体系、质量文件及规范保证体系、质量措施保证体系），明确质量控制目标、控制程序和控制措施；

（9）能编制钢结构的施工安全专项方案，制定安全生产具体措施（包括施工现场安全防护措施、安装过程安全保证措施和大型机械安全保证措施）并组织实施安全交底。

2. 知识目标

（1）掌握建筑钢结构用钢材的物理性质及选用，能够通过试验确定钢材物理性质指标，并进行结果评定；

（2）掌握钢结构连接设计计算的原理与方法；

（3）结合工程现场施工要求选用常用的钢结构构件加工、吊装安装机械；

（4）结合钢结构工程图纸编制钢结构工程加工制作方案并进行交底；

（5）结合钢结构工程图纸编制钢结构工程施工方案并进行交底；

（6）结合钢结构施工验收规范进行检验批的划分、工程自验；

（7）初步了解复杂钢结构工程加工制作和施工安装的要点。

二、典型工作任务描述

施工员熟练识读钢结构设计图和深化图，审查图纸，并通过图纸会审，了解设计意图，解决图纸中存在的错误、遗漏等问题，根据图纸统计工程量，能进行基本的连接设计计算和钢构件连接、加工制作与运输专项方案的编制；进行钢结构的施工准备和施工平面布置，根据图纸和现场要求进行施工总体部署、管理与资源配置；编制轻钢门式钢架结构、钢框架结构、钢网架结构和钢管桁架结构工程施工方案，并按照施工方案进行施工实施。

在施工过程中施工员对工程进行质量评定，并对钢结构施工的质量缺陷和施工中出现的问题提出处理意见，同时对工程资料进行整理归档，施工中始终注意工地的安全、文明、环保等要求。

三、教学内容

1. 学习单元划分

顺序	授课主要内容（含课内实训）	时数	建议教学环境	实训
一	学习单元1 轻钢门式钢架结构工程施工	36		
1	项目1 轻钢门式钢架结构基本知识与图纸识读	10	多媒体教室、识图教室	✓
2	项目2 轻钢门式钢架的加工与制作	6	多媒体教室、工学结合教室	✓
3	项目3 轻钢门式钢架的施工安装	16	多媒体教室、工学结合教室	✓
4	项目4 轻钢门式钢架结构的验收	4	多媒体教室、工学结合教室	✓
二	学习单元2 钢框架结构工程施工	16		
1	项目1 钢框架工程结构基本知识与图纸识读	4	多媒体教室、识图教室	✓
2	项目2 钢框架的加工与制作	6	多媒体教室、工学结合教室	✓
3	项目3 钢框架的施工安装	4	多媒体教室、工学结合教室	✓
4	项目4 钢框架结构的验收	2	多媒体教室、工学结合教室	✓
三	学习单元3 钢管桁架结构工程施工	24		
1	项目1 钢管桁架结构基本知识与图纸识读	6	多媒体教室、识图教室	✓
2	项目2 钢管桁架的加工与制作	6	多媒体教室、工学结合教室	✓
3	项目3 钢管桁架的施工安装	8	多媒体教室、工学结合教室	✓

顺序	授课主要内容(含课内实训)	时数	建议教学环境	实训
4	项目4 钢管桁架结构的验收	4	多媒体教室、工学结合教室	✓
四	学习单元4 网架结构工程施工	20		
1	项目1 网架结构基本知识与图纸识读	6	多媒体教室、识图教室	✓
2	项目2 网架的加工与制作	4	多媒体教室、工学结合教室	✓
3	项目3 网架的施工安装	8	多媒体教室、工学结合教室	✓
4	项目4 网架结构的验收	2	多媒体教室、工学结合教室	✓
	合计学时	96		

2. 学习单元描述

学习单元1　轻钢门式钢架结构工程施工	学时:36(6~8)

学习目标
1. 能够熟练识读轻钢门式钢架结构施工图、统计工程量并组织图纸交底;
2. 能够根据工程特点选择加工设备;
3. 能够根据工程特点选择施工安装设备;
4. 能够根据工程特点选择拼装、吊装施工方法及施工实施;
5. 能够根据规范要求组织工程验收和进行整改。

学习内容	教学方法和建议
项目1　轻钢门式钢架基本知识与图纸识读 主要介绍:轻钢门式钢架结构分类、组成、力学特点、施工图识读、深化图识读和工程量统计。 项目2　轻钢门式钢架的加工与制作 主要内容:轻钢门式钢架结构加工设备性能及选择、轻钢门式钢架结构加工工艺及质量控制、加工流程、涂装工艺及质量控制、成品发运与管理。 项目3　轻钢门式钢架的施工安装 主要内容:轻钢门式钢架结构的拼装、轻钢门式钢架结构吊装设备选择、吊装验算、吊装工序及质量控制;轻钢门式钢架施工方案编制。 项目4　轻钢门式钢架结构的验收 主要介绍:轻钢门式钢架母材检验;轻钢门式钢架检验批的划分;构件试件取样、制作、检验与结果评定;轻钢门式钢架验收要点及规范要求;轻钢门式钢架涂装质量检验。	1. 采用项目教学法进行教学; 2. 采用不同类型轻钢门式钢架结构如一般轻钢门架、带夹层轻钢门架、带吊车轻钢门架施工图及深化图进行识读; 3. 采用不同类型轻钢门式钢架结构施工方案、图片、动画和视频进行施工方法教学和虚拟实训; 4. 使用多媒体以使学生直观理解轻钢门式钢架结构施工工序和安装方法; 5. 按照学生学习能力强弱,动手能力强弱等进行分组,选定一能力较强的同学担任组长,进行图纸识读交底和施工方案评析。

续表

主要知识点与技能点

主要知识点：
1. 轻钢门式钢架结构分类、力学特点；
2. 轻钢门式钢架结构组成（主结构与次结构）；
3. 钢结构图示符号及其含义；
4. 轻钢门式钢架结构施工图识读、深化图识读要点；
5. 轻钢门式钢架结构工程量统计方法。

主要技能点：
1. 轻钢门式钢架结构加工设备性能及选择；
2. 轻钢门式钢架结构加工工艺、质量控制、涂装及成品管理；
3. 轻钢门式钢架结构的拼装；
4. 轻钢门式钢架结构吊装设备选择、吊装验算、吊装工序；
5. 轻钢门式钢架结构检验批的划分与验收要点；
6. 轻钢门式钢架结构加工方案、施工安装方案编制。

工具与媒体	学生已有基础	教师所需执教能力要求
1. 施工图纸和深化图纸； 2. 试验仪器设备； 3. 多媒体教学设备； 4. 教学课件、软件； 5. 视频教学资料； 6. 网络教学资源； 7. 工作任务单。	1. 具备基本的绘制和识读工程图纸的能力； 2. 具备基本的建筑钢材知识； 3. 具有工程测量相关知识； 4. 具有建筑力学相关知识； 5. 具有建筑机械相关知识。	1. 能读懂施工图纸和深化图纸； 2. 能进行钢结构工程量统计； 3. 能进行加工前和施工前的交底； 4. 能进行工程施工条件分析； 5. 能根据教学法设计教学情境； 6. 能按照设计的教学情境实施教学； 7. 能够进行取样、检测及结果评定； 8. 能够解决和处理施工中的技术问题。

本单元安排学生在识图教室识读施工图和深化图，以及进行钢结构工程量统计；安排学生工学结合教室进行相关项目的虚拟实训和施工方案设计；在条件许可的情况下，带领学生到现场进行真实工程情景下的实操训练。

学习单元2　钢框架结构工程施工	学时：16（4~6）
学习目标	

1. 能够熟练识读钢框架结构施工图、统计工程量，并组织图纸交底；
2. 能进行钢构件连接基本设计计算；
3. 能够根据工程特点选择加工设备；
4. 能够根据工程特点选择施工安装设备；
5. 能够根据工程特点选择拼装、吊装施工方法及施工实施；
6. 能够根据规范要求组织工程验收并进行整改。

学习内容	教学方法和建议
项目1 钢框架工程结构基本知识与图纸识读 主要内容:钢框架结构分类、力学特点、施工图识读、深化图识读和工程量统计。 项目2 钢框架的加工与制作 主要内容:钢框架结构加工设备性能及选择、钢框架结构加工工艺及质量控制、加工流程、涂装工艺及质量控制、成品发运与管理。 项目3 钢框架的施工安装 主要内容:钢框架结构的拼装、钢框架结构吊装设备选择、吊装验算、吊装工序及质量控制;钢框架施工方案编制。 项目4 钢框架结构的验收 主要内容:钢框架构件母材检验;钢框架结构检验批的划分;构件试件取样、制作、检验与结果评定;钢框架结构验收要点及规范要求;钢框架涂装质量检验。	1. 采用项目教学法进行教学; 2. 采用不同类型钢框架结构如H型钢截面梁柱、H型钢梁－焊接箱型截面柱、H型钢梁－钢管混凝土截面柱钢框架结构施工图及深化图进行识读; 3. 采用不同类型的钢框架结构施工方案、图片、动画和视频进行施工方法教学和虚拟实训; 4. 使用多媒体以使学生直观地理解钢框架结构施工工序和安装方法; 5. 按照学生的学习能力强弱,动手能力强弱等进行分组,选定一能力较强的同学担任组长,进行图纸识读交底和施工方案评析。

主要知识点与技能点
主要知识点: 1. 钢框架结构分类、力学特点; 2. 钢框架结构组成; 3. 钢框架结构施工图识读、深化图识读要点; 4. 钢框架结构工程量统计方法。 主要技能点: 1. 钢框架结构加工设备性能及选择; 2. 钢框架结构加工工艺、质量控制、涂装及成品管理; 3. 钢框架结构的拼装; 4. 钢框架结构吊装设备选择、吊装验算、吊装工序; 5. 钢框架结构检验批的划分与验收要点; 6. 钢框架结构加工方案、施工安装方案编制。

工具与媒体	学生已有基础	教师所需执教能力要求
1. 施工图纸和深化图纸; 2. 试验仪器设备; 3. 多媒体教学设备; 4. 教学课件、软件; 5. 视频教学资料; 6. 网络教学资源; 7. 工作任务单。	1. 具备基本的绘制和识读工程图纸的能力; 2. 具备基本的建筑钢材知识; 3. 具备工程测量相关知识; 4. 具备建筑力学相关知识; 5. 具备建筑机械相关知识。	1. 能读懂施工图纸和深化图纸; 2. 能进行钢结构工程量统计; 3. 能进行加工前和施工前的交底; 4. 能进行工程施工条件分析; 5. 能根据教学法设计教学情境; 6. 能按照设计的教学情境实施教学; 7. 能够进行取样、检测及结果评定; 8. 能够解决和处理施工中的技术问题。

本单元安排学生在识图教室识读施工图和深化图,以及进行钢结构工程量统计;安排学生在工学结合教室进行相关项目的虚拟实训和施工方案设计;在条件许可的情况下,带领学生到现场进行真实工程情景下的实操训练。

学习单元3　钢管桁架结构工程施工	学时:24(4~6)
学习目标	

1. 能够熟练识读钢管桁架结构施工图、统计工程量并组织图纸交底;
2. 能够根据工程特点选择加工设备;
3. 能够根据工程特点选择施工安装设备;
4. 能够根据工程特点选择拼装、吊装施工方法及施工实施;
5. 能够根据规范要求组织工程验收和进行整改。

学习内容	教学方法和建议
项目1　钢管桁架结构基本知识与图纸识读 主要内容:钢管桁架结构分类、力学特点、施工图识读、深化图识读和工程量统计。 项目2　钢管桁架的加工与制作 主要内容:钢管桁架结构加工设备性能及选择、钢管桁架结构加工工艺及质量控制、加工流程、涂装工艺及质量控制、成品发运与管理。 项目3　钢管桁架的施工安装 主要内容:钢管桁架结构的拼装、轻钢门式钢架结构吊装设备选择、支撑架设计、吊装验算、吊装工序及质量控制;滑移法施工方法及注意事项;钢管桁架结构施工方案编制。 项目4　钢管桁架结构的验收 主要内容:钢管桁架结构母材检验;钢管桁架结构检验批的划分;构件试件取样、制作、检验与结果评定;钢管桁架结构验收要点及规范要求;钢管桁架结构涂装质量检验。	1. 采用项目教学法进行教学; 2. 对不同类型的钢管桁架结构如平面钢管桁架、三角钢管桁架、直线型钢管桁架、曲线型钢管桁架、弦支桁架施工图及深化图进行识读; 3. 使用不同类型的钢管桁架结构施工方案、图片、动画和视频进行施工方法教学和虚拟实训; 4. 使用多媒体以使学生直观地理解钢管桁架结构施工工序和安装方法; 5. 按照学生的学习能力强弱,动手能力强弱等进行分组,选定一能力较强的同学担任组长,进行图纸识读交底和施工方案评析。
主要知识点与技能点	

主要知识点:
1. 钢管桁架结构分类、力学特点;
2. 钢管桁架结构组成;
3. 钢管桁架结构施工图识读、深化图识读要点;
4. 钢管桁架结构工程量统计方法。
主要技能点:
1. 钢管桁架结构加工设备性能及选择;
2. 钢管桁架结构加工工艺、质量控制、涂装及成品管理;
3. 钢管桁架结构的拼装;
4. 钢管桁架结构吊装设备选择、吊装验算、吊装工序;
5. 钢管桁架结构滑移法施工;
6. 钢管桁架结构检验批的划分与验收要点;
7. 钢管桁架结构加工方案、施工安装方案编制。

工具与媒体	学生已有基础	教师所需执教能力要求
1. 施工图纸和深化图纸； 2. 试验仪器设备； 3. 多媒体教学设备； 4. 教学课件、软件； 5. 视频教学资料； 5. 网络教学资源； 6. 工作任务单。	1. 具备基本的绘制和识读工程图纸的能力； 2. 具备基本的建筑钢材知识； 3. 具备工程测量相关知识； 4. 具备建筑力学相关知识； 5. 具备建筑机械相关知识。	1. 能读懂施工图纸和深化图纸； 2. 能进行钢结构工程量统计； 3. 能进行加工前和施工前的交底； 4. 能进行工程施工条件分析； 5. 能根据教学法设计教学情境； 6. 能按照设计的教学情境实施教学； 7. 能够进行取样、检测及结果评定； 8. 能够解决和处理施工中的技术问题。

本单元安排学生在识图教室识读施工图和深化图，以及进行钢结构工程量统计；安排学生在工学结合教室进行相关项目的虚拟实训；安排学生进行支撑架和滑移钢梁设计和施工方案设计；在条件许可的情况下，带领学生到现场进行真实工程情景下的实操训练。

学习单元 4　网架结构工程施工　　　　　　　　学时：20(4~6)

学习目标

1. 能够熟练识读钢网架结构施工图、统计工程量并组织图纸交底；
2. 能够根据工程特点选择加工设备；
3. 能够根据工程特点选择施工安装设备；
4. 能够根据工程特点选择拼装、吊装施工方法及施工实施；
5. 能够根据规范要求组织工程验收和进行整改。

学习内容	教学方法和建议
项目1　网架结构基本知识与图纸识读 主要内容：网架结构分类、力学特点、施工图识读和工程量统计。 项目2　网架的加工与制作 主要内容：网架结构加工设备及选择、网架结构加工工艺及质量控制、加工流程、涂装工艺及质量控制、成品发运与管理。 项目3　网架的施工安装 主要内容：轻钢门式钢架结构的拼装、网架结构吊装设备选择、吊装验算、吊装工序、顶升法、滑移法等及其质量控制；网架结构施工方案编制。 项目4　网架结构的验收 主要内容：网架结构杆件和节点母材检验；网架结构检验批的划分；构件试件取样、制作、检验与结果评定；网架结构验收要点及规范要求；网架结构涂装质量检验。	1. 采用项目教学法进行教学； 2. 对不同类型的网架结构如正交正放四角锥网架、抽空四角锥网架、星型四角锥网架、棋盘形四角锥网架、三角锥网架等施工图进行识读； 3. 使用不同类型的网架结构施工方案、图片、动画和视频进行施工方法教学和虚拟实训； 4. 使用多媒体以使学生直观地理解网架结构施工工序和安装方法； 5. 按照学生的学习能力强弱，动手能力强弱等进行分组，选定一能力较强的同学担任组长，进行图纸识读交底和施工方案评析。

主要知识点与技能点
主要知识点： 1．网架结构分类、力学特点； 2．网架结构组成； 3．网架结构施工图识读要点； 4．网架结构工程量统计方法。 主要技能点： 1．网架结构加工设备性能及选择； 2．网架结构加工工艺、质量控制、涂装及成品管理； 3．网架结构的拼装； 4．网架结构吊装设备选择、吊装验算、吊装工序； 5．网架结构滑移法施工； 6．网架结构检验批的划分与验收要点； 7．网架结构加工方案、施工安装方案编制。

工具与媒体	学生已有基础	教师所需执教能力要求
1．施工图纸； 2．试验仪器设备； 3．多媒体教学设备； 4．教学课件、软件； 5．视频教学资料； 6．网络教学资源； 7．工作任务单。	1．具备基本的绘制和识读工程图纸的能力； 2．具备基本的建筑钢材知识； 3．具备工程测量相关知识； 4．具备建筑力学相关知识； 5．具备建筑机械相关知识。	1．能读懂施工图纸和深化图纸； 2．能进行钢结构工程量统计； 3．能进行加工前和施工前的交底； 4．能进行工程施工条件分析； 5．能根据教学法设计教学情境； 6．能按照设计的教学情境实施教学； 7．能够进行取样、检测及结果评定； 8．能够解决和处理施工中的技术问题。

本单元安排学生在识图教室识读施工图，以及进行钢结构工程量统计；安排学生在工学结合教室进行相关项目的虚拟实训；安排学生进行吊装设备选择和施工方案设计；在条件许可的情况下，带领学生到现场进行真实工程情景下的实操训练。

四、教学方法与手段建议

本课程是高职建筑工程技术专业中的一门综合性很强的职业岗位课程，涉及钢结构材料、加工制作、施工安装和质量验收等内容，理论知识涉及面广、专业技术含量高、实践性很强。教学过程中应充分利用学院内的建筑技术实训中心模型室、识图实训室、工学结合教室和现场工程实际进行教学；本课程需积累典型的轻钢门式钢架结构、钢管桁架结构和钢网架结构的工程图纸和加工制作专项方案、吊装施工方案、滑移施工方案、安全专项方案等施工方案及其技术交底资料，并收集工程照片、施工动画和录像等充实课程教学资源库；充分利用自编教材、工作任务单和教学资源库实施教学，发挥学生的主体作用和教师的主导作用，模拟施工现场进行技术交底和施工方案编制、施工实施及质量检查，实现"工学结合、校企合作、教学做一体化"的课程教学。

五、教学要求

1. 对教师的要求

要求主讲教师具备常见钢结构工程施工的工程实践经历，具备讲师及以上职称，具备"双师"职业素质，熟悉轻钢门式钢架结构、钢管桁架结构和钢网架的结构设计、加工制作、施工安装和质量检查等内容，并与施工企业有紧密的合作关系。

2. 对前修课程和后续课程的要求

该课程涉及建筑力学、建筑钢材、建筑结构、建筑识图、建筑测量等方面的内容，要求学生具备钢结构工程制图、结构识图、深化图识读和工程量统计的基本知识和技能，具备钢结构节点构造及连接的相关知识，能读懂钢结构施工图及深化图；具备建筑钢材基本知识、检测和合理选用技能的能力；具备钢构件受弯计算、支撑架设计和吊装设备选择的基本技能；具备工程施工测量的基本知识和基本技能；在后续课程的学习和实践环节中应进一步加强强实际工程锻炼，在施工组织设计课程中进一步加建立钢结构工程施工进度网络图编制及安全文明施工等的联系，使学生形成工程整体性理念。

3. 工学结合要求

本课程与工程实际结合较为紧密，在教学过程中建议教师能以实际工程图纸和施工方案为引导，以任务驱动、项目教学、教学做合一等教学方式进行教学；在教学中教师要及时了解学校的周边工程施工情况，以便于有针对性地带领学生进行现场教学；在实训教学环节中，教师要充分利用实训条件开设情境、最大化地开发学生的想象力和创造力。同时，学生也应利用假期和周末主动到现场参观学习，以提高学习兴趣和加深对教学中问题的理解和掌握。

六、考核方法与要求建议

本课程实行日常考核和课程结业考核相结合的考核方法，日常考核主要以平时学生工作单完成的质量和对自己成果的答辩结果作为考核依据，结合学生日常出勤、学习态度和主动性给出日常考核成绩，其分值占总成绩的50%；课程结业考核以期末闭卷考试的形式评分，其分值占总成绩的50%。课程结业考核知识点要求如下：

顺序	教学内容	考核知识点	建议权重	备注
1	学习单元1 轻钢门式钢架结构工程施工	1. 轻钢门式钢架结构分类、力学特性、节点构造及要求； 2. 轻钢门式钢架结构的现场拼装内容、顺序和质量要求； 3. 轻钢门式钢架结构吊装方法和施工工序的确定； 4. 轻钢门式钢架结构安装专项方案的内容要点； 5. 轻钢门式钢架结构工程安装过程中安全保证措施的内容； 6. 轻钢门式钢架结构的规范要求及验收要点。	30%	
2	学习单元2 钢框架结构工程施工	1. 钢框架结构分类、构造形式、节点构造及要求； 2. 钢框架结构加工要点； 3. 钢框架结构现场拼装内容、顺序和质量要求； 4. 钢框架吊装安装和滑移法安装要点； 5. 钢框架的安装专项方案的内容要点； 6. 钢框架结构工程安装过程中安全保证措施的内容； 7. 钢框架结构的规范要求及验收要点。	20%	
3	学习单元3 钢管桁架结构工程施工	1. 钢管桁架结构分类、构造形式、节点构造及要求； 2. 钢管桁架结构加工要点； 3. 钢管桁架结构现场拼装内容、顺序和质量要求； 4. 钢管桁架吊装安装和滑移法安装要点； 5. 钢管桁架的安装专项方案的内容要点； 6. 钢管桁架结构工程安装过程中安全保证措施的内容； 7. 钢管桁架结构的规范要求及验收要点。	30%	
4	学习单元4 网架结构工程施工	1. 网架结构分类、构造形式、节点构造及要求； 2. 网架结构加工要点； 3. 网架结构的现场拼装内容、顺序和质量要求； 4. 网架条状单元吊装次序的确定； 5. 网架结构的安装专项方案的内容要点； 6. 网架结构工程安装过程中安全保证措施的内容； 7. 网架结构的规范要求及验收要点。	20%	
总计			100%	

7.2.8 "建筑装饰装修工程施工"课程标准

"建筑装饰装修工程施工"课程标准

课程代码：40011710
课程类别：职业岗位课程
适用专业：建筑工程技术
课程学时：50～60 学时

一、课程教学目标

"建筑装饰装修工程施工"课程主要培养学生从事建筑装饰装修施工应具有的知识和技能，主要学习墙体、顶棚、地面等不同部位装饰装修施工的工艺过程、操作方法、质量检查、成品保护和安全环保措施等内容。

通过本课程的学习，学生应能达到的能力和知识目标如下：

1. 能力目标

（1）能熟练识读建筑装饰装修施工图；

（2）能根据施工图纸合理选用装饰材料并进行进场验收；

（3）能合理选用施工机具；

（4）能编制装饰装修施工方案和技术交底书，并能进行技术交底；

（5）能根据施工方案组织和指导装饰装修工程施工；

（6）能编制装饰装修质量控制与保证措施，并能按质量验收标准进行质量检查与验收；

（7）能编写施工安全技术交底书；

（8）能编制装饰装修工程施工环境保护和成品保护措施。

2. 知识目标

（1）掌握抹灰工程的材料要求、基层处理、施工工艺、质量标准；

（2）掌握门窗、隔墙的构造知识、固定方法。

二、典型工作任务

在施工现场，工程技术人员根据设计图纸的要求，领会设计意图，编制装饰装修工程施工方案，进行材料准备、机具准备，并编制技术措施，进行技术交底。在施工过程中，组织指导工程施工，进行质量检查与验收。

三、教学内容

1. 学习单元划分

序号	学习单元	时数	实训要求
一	学习单元1　墙体装饰装修工程施工	26	抹灰实训 内墙面砖实训
1	项目1　墙体抹灰工程施工		
2	项目2　墙体饰面工程施工		
3	项目3　轻质隔墙工程施工		
4	项目4　门窗幕墙工程施工		
二	学习单元2　顶棚装饰装修工程施工	10	悬吊式吊顶实训
1	项目1　轻钢龙骨吊顶施工		
2	项目2　木龙骨吊顶施工		
3	项目3　铝合金龙骨吊顶施工		
4	项目4　开敞式吊顶施工		
三	学习单元3　楼地面装饰装修工程施工	24	楼地面质量检查实训
1	项目1　建筑地面工程概论		
2	项目2　基层施工		
3	项目3　面层施工		

2. 学习单元描述

学习单元1　墙体装饰装修工程施工	学时:26
学习目标	

1. 能熟练识读墙面装饰工程施工图纸,并能正确应用标准图集;
2. 能根据实际工程选用墙面装饰装修施工材料,进行材料准备;
3. 能合理选择施工机具,编制机具需求计划;
4. 能通过施工图、相关标准图集等资料制定施工方案;
5. 能够在施工现场,进行安全、技术、质量管理控制,防治常见的质量通病;
6. 能正确使用检测工具对墙面装饰装修工程进行质量检查和验收;
7. 能进行安全、文明施工。

内　容	教学方法和建议
项目1　墙体抹灰工程施工 主要内容:一般抹灰的组成、材料要求、基层处理工艺过程、操作要点、质量标准。 项目2　墙体贴面工程施工 主要内容:墙体贴面的粉结材料、面砖施工准备、面砖施工工艺过程、工艺操作要点、质量标准。 项目3　轻质隔墙工程施工 主要内容:隔墙的构造;隔墙安装的施工准备、工艺过程、操作要点、质量标准。 项目4　门窗幕墙工程施工 主要内容:门窗、幕墙构造、工艺过程、操作要点、质量标准。	1. 将墙面装饰装修工程施工划分为墙体抹灰施工、墙体贴面工程施工、轻质隔墙工程施工、门窗幕墙施工等工作任务,每个工作任务按照"资讯—决策—计划—实施—检查—评估"六步法来组织教学。 2. 资讯、决策、计划建议在多媒体教室通过施工图片、录像等进行,在教师的指导下采用讨论法、讲授法和头脑风暴法,分组讨论制定方案。 3. 实施、检查通过模拟实训和操作实训实施方案,采用四步法和案例教学,教师现场讲解和指导,学生动手操作,教学做合一。 4. 评估以过程考核为主,根据学生各阶段的表现、小组合作贡献度和书面材料综合评价。 5. 教师应提前准备好各种媒体学习资料、任务单、教学课件,并准备好教学场地和设备。

主要知识点与技能点

主要知识点:
1. 墙体抹灰、墙体贴面、隔墙、门窗安装和幕墙构造;
2. 墙体抹灰施工工艺流程、操作工艺;
3. 木门窗、铝合金门窗、塑料门窗安装方法、安装工艺、安装要点;
4. 板式墙隔墙、骨架式隔墙安装方法、安装工艺、安装要点;
5. 抹灰、贴面、隔墙、门窗与幕墙施工验收标准、安全环保措施、安全技术交底。
主要技能点:
1. 编制墙体装饰装修工程施工技术交底书;
2. 抹灰操作施工;
3. 墙面镶贴施工;
4. 墙体装修施工质量检查与验收。

工具与媒体	学生已有基础	教师所需执教能力要求
1. 多媒体教学设备; 2. 教学课件、施工图片和软件、视频教学资料; 3. 网络教学资源; 4. 任务单、规范、标准图集; 5. 质量检测设备和施工机具。	1. 具备建筑材料基础知识; 2. 具备建筑构造基础知识; 3. 具备建筑结构基础知识; 4. 具备建筑识图基础知识; 5. 具备安全操作知识; 6. 具备规范、标准查用相关知识。	1. 能根据教学法进行教学情境设计; 2. 能按照设计的教学情境实施教学; 3. 能进行墙面装饰工程施工的演示; 4. 能正确、及时地处理因学生误操作而产生的相关问题,并能引导学生分析产生的原因和可能导致的后果。

学习单元2　顶棚装饰装修工程施工	学时：10

学习目标

1. 能熟练识读顶棚装饰施工图纸,并能正确应用标准图集;
2. 能根据实际工程选用顶棚装饰材料,进行材料准备;
3. 能合理选择施工机具,编制机具需求计划;
4. 能通过施工图、相关标准图集等资料制定施工方案;
5. 能够在施工现场,进行安全、技术、质量管理控制;
6. 能正确使用检测工具对顶棚装饰施工质量进行检查和验收;
7. 能对顶棚装饰施工常见质量通病进行预防与治理;
8. 能进行安全、文明施工。

学习内容	教学方法和建议
项目1　轻钢龙骨吊顶施工 主要内容:轻钢龙骨吊顶构造、施工准备、施工工艺流程、操作工艺、质量标准、成品保护、安全环保措施、质量通病防治、安全技术交底。 项目2　木龙骨吊顶施工 主要内容:木龙骨吊顶构造、施工准备、施工工艺流程、操作工艺、质量标准、成品保护、安全环保措施、质量通病防治、安全技术交底。 项目3　铝合金龙骨吊顶施工 主要内容:铝合金龙骨吊顶构造、施工准备、施工工艺流程、操作工艺、质量标准、成品保护、安全环保措施、质量通病防治、安全技术交底。 项目4　开敞式吊顶施工 主要内容:开敞式吊顶构造、施工准备、施工工艺流程、操作工艺、质量标准、成品保护、安全环保措施、质量通病防治、安全技术交底。	1. 将顶棚装饰装修工程施工划分为轻钢龙骨吊顶施工、木龙骨吊顶施工、铝合金龙骨吊顶施工、开敞式吊顶施工等工作任务,每个工作任务按照"资讯—决策—计划—实施—检查—评估"六步法来组织教学。 2. 资讯、决策、计划在多媒体教室通过施工图片、录像等方式,在教师的指导下采用讨论法、讲授法和头脑风暴法,分组讨论制定方案。 3. 实施、检查通过模拟实训和操作实训实施方案,采用四步法和案例教学,教师现场讲解和指导,学生动手操作教学做合一。 4. 评估以过程考核为主,根据学生各阶段的表现、小组合作贡献度和书面材料综合评价。 5. 教师应提前准备好各种媒体学习资料,任务单、教学课件,并准备好教学场地和设备。

主要知识点与技能点

主要知识点:
1. 顶棚抹灰施工;
2. 顶棚刮腻子施工;
3. 顶棚基层处理;
4. 工具或脚手架;
5. 吊筋的固定;
6. 龙骨的安装;
7. 面板的安装、施工工艺、操作要点、质量标准、成品保护、安全环保措施。
主要技能点:
1. 悬吊式顶棚施工;
2. 编写技术交底书;
3. 顶棚质量检查与验收。

工具与媒体	学生已有基础	教师所需执教能力要求
1. 多媒体教学设备； 2. 教学课件、施工图片和软件； 3. 视频教学资料； 4. 网络教学资源； 5. 任务单、规范、标准图集； 6. 质量检测设备和施工机具。	1. 具备建筑材料基础知识； 2. 具备建筑构造基础知识； 3. 具备建筑结构基础知识； 4. 具备建筑识图基础知识； 5. 具备安全操作知识； 6. 具备规范、标准查用。	1. 能根据教学法进行教学情境设计； 2. 能按照设计的教学情境实施教学； 3. 能进行墙面装饰工程施工的演示； 4. 能正确、及时地处理学生因误操作而产生的相关问题，并能引导学生分析产生的原因和可能导致的后果。

学习单元3　楼地面装饰装修工程施工	学时：24

学习目标

1. 能熟练识读楼地面装饰工程施工图纸，并能正确应用标准图集；
2. 能根据实际工程选用楼地面装饰工程材料，并进行材料准备；
3. 能合理选择加工机具，编制加工机具需求计划；
4. 能通过施工图、相关标准图集等资料制定施工方案；
5. 能够在施工现场，进行安全、技术、质量管理控制；
6. 能正确使用检测工具并对楼地面装饰装修工程施工质量进行检查和验收；
7. 能对地面装饰工程施工中常见的质量通病进行预防与治理；
8. 能进行安全、文明施工。

学习内容	教学方法和建议
项目1　建筑地面工程概论 主要内容：建筑地面构造、设计要求、分类、工程质量检验的基本规定。 项目2　基层施工 主要内容：基层构造、施工准备、施工工艺流程、操作工艺、质量标准、成品保护、安全环保措施、质量通病防治、安全技术交底。 项目3　面层施工 主要内容：整体类和块材类楼地面构造、施工准备、施工工艺流程、操作工艺、质量标准、成品保护、安全环保措施、质量通病防治、安全技术交底。	1. 将楼地面装饰装修工程施工划分为建筑地面工程概论、基层施工、面层施工等工作任务，每个工作任务按照"资讯—决策—计划—实施—检查—评估"六步法来组织教学。 2. 资讯、决策、计划建议在多媒体教室通过施工图片、录像等方式，在教师的指导下采用讨论法、讲授法和头脑风暴法，分组讨论制定方案。 3. 实施、检查通过模拟实训和操作实训实施方案，采用四步法和案例教学，教师现场讲解和指导，学生动手操作教学做合一。 4. 评估以过程考核为主，根据学生各阶段的表现、小组合作贡献度和书面材料综合评价。 5. 教师应提前准备好各种媒体学习资料、任务单、教学课件，并准备好教学场地和设备。

续表

主要知识点与技能点
主要知识点： 1. 水泥砂浆面层、水泥砼面层、水磨石面层、水泥钢(铁)屑面层的构造做法、工艺过程、操作要点、质量标准； 2. 砖面层、大理石面层、花岗岩面层； 3. 地毯面层、塑料地板面层的构造做法、工艺过程、操作要点、质量标准； 4. 成品保护措施、安全环保措施。 主要技能点：编制楼地面装饰装修工程施工交底书并组织实施交底、楼地面装饰装修工程施工质量检查和验收、常见质量通病防治。

工具与媒体	学生已有基础	教师所需执教能力要求
1. 多媒体教学设备； 2. 教学课件、施工图片和软件、视频教学资料； 3. 网络教学资源； 4. 任务单、规范、标准图集； 5. 质量检测设备和施工机具。	1. 具备建筑材料基础知识； 2. 具备建筑构造基础知识； 3. 具备建筑结构基础知识； 4. 具备建筑识图基础知识； 5. 具备安全操作知识； 6. 具备规范、标准查用。	1. 能根据教学法进行教学情境设计； 2. 能按照设计的教学情境实施教学； 3. 能进行墙面装饰工程施工的演示； 4. 能正确、及时地处理因学生误操作而产生的相关问题,并能引导学生分析产生的原因和可能导致的后果。

四、考核方法与要求建议

建议采用过程考核与课程结业考试相结合的方法,其中过程考核的分值占比60%,主要依据学生平时的表现,包括上课考勤、提问、小组讨论表现、实训完成情况进行评分等；课程结业考试的分值占比40%,以考核知识点为主,各单元的权重建议如下：

顺序	教学内容	考核知识点	建议权重	备注
1	学习单元1 墙体装饰装修工程施工	1. 墙体抹灰工程施工准备、施工工艺、质量标准、成品保护、安全环保措施、质量文件； 2. 墙体贴面工程施工准备、施工工艺、质量标准、成品保护、安全环保措施、质量文件； 3. 轻质隔墙工程施工准备、施工工艺、质量标准、成品保护、安全环保措施、质量文件； 4. 门窗、幕墙施工准备、施工工艺、质量标准、成品保护、安全环保措施、质量文件。	40%	

顺序	教学内容	考核知识点	建议权重	备注
2	学习单元2 顶棚装饰装修工程施工	1. 轻钢龙骨吊顶施工准备、施工工艺、质量标准、成品保护、安全环保措施、质量文件； 2. 木龙骨吊顶施工准备、施工工艺、质量标准、成品保护、安全环保措施、质量文件； 3. 铝合金龙骨吊顶施工准备、施工工艺、质量标准、成品保护、安全环保措施、质量文件； 4. 开敞式吊顶施工准备、施工工艺、质量标准、成品保护、安全环保措施、质量文件。	20%	
3	学习单元3 楼地面装饰装修工程施工	1. 基层施工准备、施工工艺、质量标准、成品保护、安全环保措施、质量文件； 2. 面层施工准备、施工工艺、质量标准、成品保护、安全环保措施、质量文件。	40%	
总计			100%	

7.2.9 "屋面与防水工程施工"课程标准

"屋面与防水工程施工"课程标准

课程代码：40011830
课程类别：职业岗位课程
适用专业：建筑工程技术
总 学 时：24～30学时

一、课程教学目标

"屋面与防水工程施工"课程主要培养学生从事屋面与地下防水施工应具备的能力，课程主要学习地下防水混凝土施工、地下卷材与涂料附加防水层施工、屋面找平层和保温层施工、屋面柔性防水材料施工，屋面刚性防水施工，坡屋面防水施工及楼地层防水施工等内容。

学生通过本课程的学习，学生应能达到的能力和知识目标如下：

1. 能力目标

（1）能正确理解与识读地下与屋面施工图纸防水的相关内容；

（2）能编制地下与屋面防水施工方案，并根据施工方案组织和指导具体施工；

（3）能根据施工图纸和有关图集与规范正确地进行地下防水、屋面防水及厕浴间防水，并进行图纸交底；

（4）能根据施工方案、工程环境及防水材料对屋面及地下防水节点采取正确的防水措施，组织和指导工程施工；

（5）能对地下及屋面、厕浴间防水施工各分项工程进行检查、质量控制和验收；

（6）会计算防水工程各构造层的工程量。

2. 知识目标

（1）了解各种防水材料的性能特点，并能根据工程实际选择合适的材料；

（2）掌握地下普通防水混凝土施工工艺及节点防水处理的内容；

（3）掌握地下柔性材料附加防水的施工工艺、节点防水、质量控制等内容；

（4）掌握平屋面找平层、保温层施工工艺及质量控制措施；

（5）掌握平屋面卷材、涂料、刚性防水层施工及质量控制措施；

（6）掌握坡屋面卧瓦施工工艺及质量控制措施；

（7）掌握楼地层防水施工的工艺及质量控制；

（8）掌握防水材料进场验收的内容；

（9）了解外墙防水施工控制措施。

二、典型工作任务

在施工现场，施工员根据工程环境和工程施工图纸，理解防水设计意图，并对图纸进行会审；根据相关规范、图集的规定进行防水材料选择、防水构造层工程量计算，编制地下防水方案、基屋面防水施工方案，进行技术与安全交底。

在施工过程中，对防水施工质量进行控制，并对防水施工中出现的问题提出处理意见，对工程资料进行整理归档，在施工过程中始终注意保持工地安全、文明、环保，自觉遵守 ISO 相关工作要求。

三、教学内容

1. 学习单元划分

序号	学习单元	时数	实训要求
一	学习单元1　防水材料	4	防水卷材的生产过程
1	项目1　柔性防水材料	2	
2	项目2　刚性防水材料	2	

序号	学习单元	时数	实训要求
二	学习单元2 地下防水工程施工	10	编制地下防水施工方案
1	项目1 普通混凝土防水施工	4	
2	项目2 地下防水卷材防水施工	4	
3	项目3 地下防水砂浆防水施工	2	
三	学习单元3 屋面防水工程施工	12	防水卷材的性能试验 防水涂料的性能试验 编制屋面防水施工方案
1	项目1 平屋面保温层施工	2	
2	项目2 平屋面找平层施工	2	
3	项目3 屋面卷材防水层施工	4	
4	项目4 刚性防水层施工	2	
5	项目5 坡屋面卧瓦与挂瓦施工	2	
四	学习单元4 楼地面防水施工	2	编制厕浴间防水施工方案

2. 学习单元描述

学习单元1 防水材料	学时:4
学习目标	

1. 了解工程中防水卷材的类型、性能特点及其配套材料;
2. 了解刚性防水材料的类型、性能特点;
3. 了解各种防水材料适合的工程环境;
4. 了解不同工程条件下防水材料的选择;
5. 了解现行防水规范、工程验收规范、图集。

学习内容	教学方法和建议
项目1 柔性防水材料 主要内容:防水卷材种类、性能、技术要求和质量评定;防水涂料种类、性能、技术要求和质量评定柔性防水材料的生产; 项目2 刚性防水材料 主要内容:刚性防水材料的性能、技术要求和质量评定;防水材料的选用原则,防水工程现行规范、图集。	在实验实训教室内通过图片、录像、实验增加学生对防水材料的理解;同时采用案例介绍防水卷材生产过程,通过图片介绍防水工程现行规范。

主要知识点与技能点
主要知识点:防水卷材的种类、性能,技术要求,防水涂料的种类、性能技术要求,防水卷材的生产,刚性防水材料的性能、技术要求,防水材料的选用,工程防水规范、标准、图集。 主要技能点:查阅防水规范图集。

工具与媒体	学生已有基础	教师所需执教能力要求
1. 防水卷材、防水涂料、密封材料,刚性防水材料; 2. 试验仪器设备; 3. 多媒体教学设备; 4. 教学课件、软件; 5. 视频教学资料; 6. 网络教学资源; 7. 任务工单。	1. 具备基本的绘制和识读工程图纸的能力; 2. 具备基本的建筑材料知识; 3. 具备工程测量的相关知识; 4. 具备有关施工知识。	1. 了解工程防水材料的种类、性能发展; 2. 能根据教学法设计教学情境; 3. 能按照设计的教学情境实施教学; 4. 熟悉防水卷材的生产工艺; 5. 能够解决和处理试验中的一般问题。

学习单元2　地下防水工程施工	学时:10

学习目标
1. 根据地下工程的功能、使用要求和防水等级,编制地下工程防水方案;根据地下构造层次的组成,完成防水材料的选择。 2. 根据地下混凝土防水方案,确定防水混凝土的类型;根据防水混凝土的类型,完成地下防水工程施工;最后做质量检测并记录。 3. 根据地下砂浆防水的要求,确定防水基层的处理方案,完成地下防水砂浆的施工,最后做质量检测并记录。 4. 根据地下卷材防水的要求,确定防水基层的处理方案;根据卷材层次和细部构造的做法,完成卷材防水施工;最后做质量检测并记录。 5. 根据地下防水涂料的要求,确定防水基层的处理方案;根据涂料层次和细部构造的做法,完成涂料防水施工;最后做质量检测并记录。

学习内容	教学方法和建议
1. 根据地下工程的功能、使用要求和防水等级,编制地下工程防水方案;根据地下构造层次的组成,完成防水材料的选择。 2. 根据地下混凝土防水方案,确定防水混凝土的类型;根据防水混凝土的类型,完成地下防水工程施工;最后做质量检测并记录。 3. 根据地下砂浆防水的要求,确定防水基层的处理方案,完成地下防水砂浆的施工,最后做质量检测并记录。 4. 根据地下卷材防水的要求,确定防水基层的处理方案;根据卷材层次和细部构造的做法,完成卷材防水施工;最后做质量检测并记录。 5. 各级地下防水涂料的要求,确定防水基层的处理方案;根据涂料层次和细部构造的做法,完成涂料防水施工;最后做质量检测并记录。	选择一例实际防水工程作为案例设计任务,采用六步教学法。

主要知识点与技能点

主要知识点：
1. 地下各种防水方案对材料的要求、防水基层材料的选择、地下工程构造层次组成；
2. 地下混凝土防水方案、防水混凝土施工、施工缝处的防水处理措施、预埋件的防水处理措施、穿墙管处的防水处理措施、防水混凝土施工工作全部过程和施工质量控制；
3. 地下防水砂浆基层处理、地下防水砂浆施工、阴阳角的防水处理措施、施工缝处的防水处理措施，地下防水砂浆施工全过程和施工质量控制；
3. 卷材防水材料基层处理、地下卷材防水施工、管道埋设件的防水处理措施、变形缝处的防水处理措施、地下卷材防水施工全过程和施工质量控制；
4. 涂料防水材料基层处理、地下涂料防水施工、管道埋设件的防水处理措施、变形缝处的防水处理措施、地下涂料防水施工全过程和施工质量控制；
5. 地下工程细部构造防水基层处理、地下工程细部构造防水施工、地下工程细部构造防水施工全过程和施工质量控制。
主要技能点：能编制地下防水方案，具有材料进场验收的能力。

工具与媒体	学生已有基础	教师所需执教能力要求
1. 地下防水工程技术规范； 2. 实际建筑工程防水案例； 3. 多媒体教学设备； 4. 教学课件、软件。	1. 具备建筑材料中钢筋、混凝土的有关性能知识； 2. 具备施工、测量相关知识。	1. 掌握地下防水施工工艺，具有一定的工程经验； 2. 能根据工程案例组织教学。

学习单元3　屋面防水工程施工　　　　　　　　　　　　学时：12

学习目标

1. 根据屋面的用途性质、构造和防水等级，确定屋面层次的处理方案、防水基层的做法、卷材铺贴方式和细部构造做法，完成卷材防水屋面的施工，最后做质量检测并记录；
2. 根据屋面的性质和涂膜防水屋面的要求，确定防水基层的处理方案、涂膜层次和细部构造做法，完成涂膜防水屋面的施工，最后做质量检测并记录；
3. 根据屋面的性质，确定刚性防水基层的处理方案、分格缝的位置和细部构造做法，完成刚性防水屋面的施工，最后做质量检测并记录；
4. 根据各种类型的瓦屋面防水要求，对瓦屋面才进行质量检测，完成瓦屋面的找平层、防水层、保温层、隔气层施工和瓦材安装，最后做控制和资料归档。

学习内容	教学方法和建议
1. 卷材防水屋面的防水材料、卷材防水屋面的构造，基层、保温层、找平层等的处理措施；烟囱、女儿墙等突出屋面的防水处理措施，变形缝的防水处理措施，防水卷材的铺贴，搭接和粘接处理措施，不同性质的屋面保护层的处理措施，卷材防水屋面的质量标准与检验；	1. 采用案例教学法进行教学； 2. 使用实际工程图纸进行教学； 3. 使用录像、课件、动画等形式，使学生对屋面保温层、防水层施工等知识建立感性认识，加深对知识的理解；

续表

学习内容	教学方法和建议
2. 常用的防水涂料、涂膜防水屋面在施工前的准备工作,基层的处理措施,烟囱、女儿墙等突出屋面的防水处理措施,分格缝的处理措施,涂膜防水层的施工,涂膜防水层的厚度,层次和加固措施,涂膜防水屋面工作全过程的质量控制和资料归档; 3. 刚性防水屋面的施工前准备;刚性防水屋面的基层处理措施,分格缝的处理措施,隔离层的处理措施,刚性防水屋面的全过程检查及评价; 4. 瓦屋面的类型,砂浆卧瓦块瓦屋面、钢挂瓦条块瓦屋面、木挂瓦条块瓦屋面,砂浆卧瓦块瓦屋面、钢挂瓦条块瓦屋面、木挂瓦条块瓦屋面施工全过程的质量控制和资料归档。	5. 结合实际工程图纸和施工案例组织教学,使学生掌握屋面构造层施工工艺和质量控制。

主要知识点与技能点
主要知识点:屋面构造层设计、屋面保温层施工、找平层施工、防水层施工、排气屋面施工、坡屋面施工。 主要技能点:材料进场验收,防水节点处理,编制屋面防水施工方案。

工具与媒体	学生已有基础	教师所需执教能力要求
1. 实际工程(案例); 2. 多媒体教学设备; 3. 教学课件、基坑工程量; 4. 计算软件; 5. 视频教学资料; 6. 网络教学资源; 7. 任务工单。	1. 具有一定的材料和施工知识; 2. 具有工程测量等相关知识的能力; 3. 具有一定的计算能力; 4. 具有一定的识读工程基础图的能力。	1. 能读懂屋面施工图; 2. 能结合实际工程计算屋面构造层工程量; 3. 具有一定的屋面防水施工经验; 4. 能根据教学法设计教学情境。

学习单元4　楼地面防水施工	学时:2

学习目标
1. 能编写厕浴间防水施工方案; 2. 能根据厕浴间的工程情况采取合适的防水材料,并对防水材料进场验收; 3. 能组织厕浴间的防水施工、质量控制和资料归档。

学习内容	教学方法和建议
1. 楼地面防水常用的材料、楼地面防水施工常用的机具、楼地面防水基本构造; 2. 卷材防水材料基层处理,楼地面卷材防水施工,楼板、穿楼板管根防水处理措施,墙身处防水处理措施,楼地面卷材防水施工全过程的检查和评价;	1. 采用案例教学法、演示法等方法; 2. 使用实际工程图纸对厕浴间防水细部节点进行识图教学,模拟防水施工;

学习内容	教学方法和建议
3. 涂膜防水材料的验收,涂膜防水施工前的准备工作,涂膜防水材料基层处理,楼地面涂膜防水施工,涂膜防水的厚度、层次和加固措施,楼地面涂膜防水施工全过程的检查和评价。	3. 按照学生的学习能力强弱、动手能力强弱等分组,进行图纸交底和技术交底。
主要知识点与技能点	
主要知识点:厕浴间防水材料、厕浴间涂膜防水施工工艺、质量控制和验收项目。 主要技能点:编写厕浴间防水施工方案,明确施工要点。	

工具与媒体	学生已有基础	教师所需执教能力要求
1. 实际工程厕浴间工程图纸; 2. 多媒体教学设备; 3. 教学课件; 4. 视频教学资料; 5. 网络教学资源; 6. 任务工单。	1. 具备基本的识读能力; 2. 具备工程测量中关于标高、高程及高程测量等相关知识的能力。	1. 能读懂实际工程厕浴间施工图; 2. 具有编制基础施工方案的能力; 3. 能根据教学法设计教学情境; 4. 能按照设计的教学情境实施教学。

本课程是高职建筑工程技术专业中的一门综合性很强的职业岗位课程,理论与实践结合性较强。教学过程中应充分利用学院内的建筑技术实训中心模型室、防水材料实训室、工学结合教室和现场工程实际进行教学;本课程需积累典型的工程屋面与地下防水工程实例、专项施工方案及其技术交底资料,并收集工程照片、施工录像等充实课程教学资源库;充分利用自编教材、工作任务单和教学资源库实施教学,发挥学生的主体作用和教师的主导作用,模拟施工现场进行技术交底和施工方案编制及质量检查,实现"工学结合、校企合作、教学做一体化"的课程教学。

四、教学要求

1. 对教师的要求

要求主讲教师具备屋面与地下防水工程的工程实践经历,具备讲师及以上职称,具备"双师"职业素质,熟悉地下普通防水混凝土、卷材附加层、涂膜防水的施工,熟悉屋面保温层、找平层、防水层的施工和质量检查等内容,并与施工企业有一定的联系。

2. 对前修课程和后续课程的要求

该课程涉及建筑材料、建筑结构、建筑识图、建筑测量等方面的内容,要求学生具备工程制图和结构识图的基本知识，具备基础构造的相关知识，能读懂基础施工图；具备建筑材料基本知识、检测和合理选用技能的能力；具备工程施工放线的基本知识和基本技能；在后续课程的学习中应进一步加强和上部结构之间的联系，使学生形成工程整体性理念。

3. 工学结合要求

本课程与工程实际结合较为紧密，在教学过程中建议教师能以实际工程图纸和施工方案为引导，以任务驱动、项目教学、教学做合一等教学方式进行教学；在教学中教师要及时了解学校周边的工程施工情况，以便于有针对性地带领学生进行现场教学；在实训教学环节中，教师要充分利用实训条件开设情境、最大化地开发学生的想象力和创造力。同时，学生也应利用假期和周末主动到现场参观学习，以提高学习兴趣和加深对教学中问题的理解和掌握。

五、考核方法与要求建议

本课程实行日常考核和课程结业考核相结合的考核方法，日常考核主要以平时学生工作单完成的质量和对自己成果的答辩结果作为考核依据，结合学生日常出勤、学习态度和主动性给出日常考核成绩，其分值占总成绩的50%；课程结业考核以期末闭卷考试的形式评分，其分值占总成绩的50%。课程结业考核知识点要求如下：

学习单元1 防水材料	学习单元2 地下防水工程施工	学习单元3 屋面防水工程施工	学习单元4 楼地面防水施工
10%	40%	40%	10%

7.2.10 "建筑工程施工项目承揽与合同管理"课程标准

"建筑工程施工项目承揽与合同管理"课程标准

课程代码：40011820
课程类别：职业岗位课程
适用专业：建筑工程技术
总学时：150学时

一、课程教学目标

本课程主要培养学生从事施工现场预算、建筑工程造价、招投标代理、合同管理等工作应具备的知识和能力。课程主要学习建筑工程计量与计价、招投标与合同管理相关的知识。

学生通过本课程的学习，应能达到如下要求：

1. 能力目标

（1）能进行定额和清单两种模式下的建筑工程的计量与计价；

（2）会使用预算软件进行建筑工程计量与计价；

（3）能根据变更、签证和索赔等工程资料进行工程价款的支付计量与计价；

（4）能分析招标文件，并能够根据工程量清单编制施工投标文件；

（5）能做出正确的投标决策，并能根据实际情况选择合适的报价技巧；

（6）能进行施工合同的谈判；

（7）能进行合同管理、风险管理。

2. 知识目标

（1）了解基本建设的内容、程序及组成；

（2）了解建筑工程计价模式；

（3）了解建筑工程定额的概念、用途、组成内容；

（4）了解人、材、机单价的确定；

（5）掌握定额和清单工程量计算规则的异同；

（6）掌握定额和清单计价的原理、费用计算；

（7）掌握招标概念、招标程序、招标文件的编制原则、招标文件的内容；

（8）掌握投标程序、各阶段工作要点，投标文件的编制，投标方案及报价策略的选择；

（9）掌握合同谈判的技巧；

（10）掌握合同的内容和计价方式；

（11）掌握合同履行过程中的分析、控制措施；

（12）理解施工合同风险管理、争议管理的技巧和处理方式。

二、典型工作任务

根据施工现场预算、建筑工程造价、招投标代理、合同管理等实际工作中的工作流程和岗位工作，结合学生的认知规律，确定建筑工程计量与计价、工程价款支付计量与计价、建筑工程招投标、合同履行四类典型的工作任务。

三、教学内容

1. 学习单元划分

序号	授课主要内容（含课内实训）	时数	实训
一	学习单元1　建筑工程计量与计价基础	8	
1	项目1　建筑工程费用		
2	项目2　建筑工程定额		
3	项目3　施工资源单价确定		
二	学习单元2　建筑工程计量	52	
1	项目1　框架结构		
2	项目2　框剪结构		
三	学习单元3　建筑工程计价	10	
1	项目1　框架结构		
2	项目2　框剪结构		
四	学习单元4　工程价款支付计量与计价	20	
1	项目1　工程变更计量与计价		
2	项目2　工程索赔计量与计价		
3	项目3　工程结算计量与计价		
4	项目4　竣工结算计量与计价		
五	学习单元5　建筑工程招标	8	
六	学习单元6　建筑工程投标	12	
1	项目1　投标程序		
2	项目2　投标文件的内容		
3	项目3　投标文件编制		
4	项目4　投标决策和报价技巧		
七	学习单元7　合同内容	12	
1	项目1　合同内容		
2	项目2　合同计价方式		

序号	授课主要内容（含课内实训）	时数	实训
八	学习单元8　合同谈判和签订	8	
1	项目1　合同准备		
2	项目2　合同谈判		
3	项目3　合同审查		
4	项目4　合同签订		
5	项目5　国际合同管理		
九	学习单元9　合同履行	20	
1	项目1　施工合同的履行		
2	项目2　施工合同的风险管理		
3	项目3　施工合同的争议管理		

2. 学习单元描述

学习单元1　建筑工程计量与计价基础		学时：8
学习目标		

学习目标

1. 了解基本建设的内容、程序及组成；
2. 了解建筑工程计价模式；
3. 了解建筑工程定额的概念、用途、组成内容；
4. 了解人、材、机单价的确定。

学习内容	教学方法和建议
1. 基本建设的内容、程序及组成； 2. 建筑工程计价模式； 3. 建筑工程定额的概念、用途、组成内容； 人、材、机单价的确定。	在教学过程中根据工程内容、特点的不同，灵活采用多种教学工具和资料。

主要知识点与技能点

主要知识点：
1. 基本建设的内容、程序及组成；
2. 建筑工程计价模式；
3. 建筑工程定额的概念、用途、组成内容；
4. 人、材、机单价的确定。
主要技能点：会使用定额。

工具与媒体	学生已有基础	教师所需执教能力要求
1.《江苏省建筑与装饰工程计价表》； 2.《建筑工程工程量清单计价规范》； 3. 江苏省现行费用定额； 4. 多媒体教学设备； 5. 教学课件； 6. 视频教学资料； 7. 网络教学资源； 8. 任务工单。	1. 具备施工图识读知识； 2. 具备框架结构施工知识； 3. 具备框剪结构施工知识； 4. 具备施工组织管理知识。	1. 能按照教学内容设计教学情境、选择教学方法； 2. 能按照设计的教学情境进行教学； 3. 能指导学生使用定额，并能对学生出现的错误进行正确及时的指导。

学习单元2：建筑工程计量	学时：52

学习目标
1. 能根据计价表计算定额工程量； 2. 能根据计价规范计算清单工程量； 3. 能理解定额工程量和清单工程量计算规则的异同。

学习内容	教学方法和建议
项目1　框架结构 主要内容：定额工程量计算；清单工程量计算。 项目2　框剪结构 主要内容：定额工程量计算；清单工程量计算。	1. 选择一个典型的框架（框剪）结构的建筑工程作为教学载体，按照六部教学法即"资讯—决策—计划—实施—检查—评估"，使学生在教师的指导下，完成真实工程项目的计量与计价的全过程（工作任务）； 2. 在教学过程中根据工程内容、特点的不同，灵活采用多种教学工具和资料。

主要知识点与技能点
主要知识点： 1. 建筑面积的计算； 2. 土方工程量计算； 3. 砌体工程量计算； 4. 混凝土工程量计算； 5. 钢筋工程量计算； 6. 屋面工程量计算； 7. 楼地面工程量计算； 8. 墙柱面工程量计算； 9. 天棚工程量计算； 10. 油漆、裱糊工程量计算； 11. 脚手架工程量计算； 12. 模板工程量计算； 13. 基坑排水、降水、深基坑支护工程量计算。

主要知识点与技能点

主要技能点：
1. 定额工程量计算；
2. 清单工程量计算；
3. 理解定额工程量和清单工程量计算规则的异同。

工具与媒体	学生已有基础	教师所需执教能力要求
1. 单位工程施工图； 2. 现行建筑标准图集； 3.《江苏省建筑与装饰工程计价表》； 4.《建筑工程工程量清单计价规范》； 5. 相关部门颁布的造价文件； 6. 多媒体教学设备； 7. 教学课件； 8. 视频教学资料； 9. 网络教学资源； 10. 任务工单。	1. 具备施工图识读知识； 2. 具备框架结构施工知识； 3. 具备框剪结构施工知识； 4. 具备施工组织管理知识。	1. 能进行框架结构（框剪结构）工程的计量与计价； 2. 能按照教学内容设计教学情境、选择教学方法； 3. 能按照设计的教学情境进行教学； 4. 能指导学生完成建筑工程的计量与计价，并对学生出现的错误进行正确及时地指导。

学习单元3 建筑工程计价	学时：10

学习目标

1. 能深刻理解定额计价和工程量清单计算的异同；
2. 能掌握定额和工程量清单两种模式下单位工程施工图的计价编制的步骤、方法。

学习内容	教学方法和建议
项目1 框架结构 主要内容：定额计价；工程量清单计价。 项目2 框剪结构 主要内容：定额计价；工程量清单计价。	1. 选择一个典型的框架（框剪）结构的建筑工程作为教学载体，按照六部教学法即"资讯—决策—计划—实施—检查—评估"，使学生在教师的指导下，完成真实工程项目的计量与计价的全过程（工作任务）。 2. 在教学过程中根据工程内容、特点的不同，灵活采用多种教学工具和资料。

主要知识点与技能点

主要知识点：
1. 分部分项目费、措施项目费及其他项目费的计算方法；
2. 工程量清单计价的特性和格式；
3. 综合单价计算方法；
4. 工程量清单计价计算程序；
5. 定额计价和工程量清单计价的原理。

主要技能点：
1. 能根据计价表进行报价；
2. 能根据工程量清单报价；
3. 能深刻理解定额计价和工程量清单计算的异同。

工具与媒体	学生已有基础	教师所需执教能力要求
1. 单位工程施工图； 2. 现行建筑标准图集； 3. 《江苏省建筑与装饰工程计价表》； 4. 《建筑工程工程量清单计价规范》； 5. 江苏省现行费用定额； 6. 相关部门颁布的造价文件； 7. 多媒体教学设备； 8. 教学课件； 9. 视频教学资料； 10. 网络教学资源； 11. 任务工单。	1. 具备施工图识读知识； 2. 具备框架结构施工知识； 3. 具备框剪结构施工知识； 4. 具备施工组织管理知识。	1. 能进行框架结构（框剪结构）工程的计量与计价； 2. 能按照教学内容设计教学情境、选择教学方法； 3. 能按照设计的教学情境进行教学； 4. 能指导学生完成建筑工程的计量与计价，并对学生出现的错误进行正确及时的指导。

学习单元4　工程价款支付计量与计价	学时：20

学习目标
1. 能确定工程变更时的合同价款； 2. 能确定费用索赔值和工期索赔值； 3. 能确定工程结算时的合同价款； 4. 能确定工程竣工结算时的合同价款。

学习内容	教学方法和建议
1. 工程变更时的合同价款计算； 2. 费用索赔值和工期索赔值计算； 3. 工程结算时的合同价款计算； 4. 工程竣工结算时的合同价款计算。	1. 教学中，针对实际工程项目案例，进行讲解分析； 2. 组织学生讨论：当项目合同发生纠纷时，双方如何进行变更、索赔、结算中的计量与计价。

主要知识点与技能点
主要知识点： 1. 工程变更计量与计价； 2. 工程索赔计量与计价； 3. 工程结算计量与计价； 4. 竣工结算计量与计价。

主要技能点：
1. 工程变更计量与计价；
2. 工程索赔计量与计价；
3. 工程结算计量与计价；
4. 竣工结算计量与计价。

工具与媒体	学生已有基础	教师所需执教能力要求
1. 建筑工程施工合同文本； 2. 工程项目合同管理案例； 3.《建筑工程工程量清单计价规范》； 4. 相关部门颁布的造价文件； 5. 多媒体教学设备； 6. 教学课件； 7. 视频教学资料； 8. 网络教学资源； 9. 任务工单。	1. 具备施工图识读知识； 2. 具备框架结构施工知识； 3. 具备框剪结构施工知识； 4. 具备施工组织管理知识。	1. 能进行框架结构（框剪结构）工程的计量与计价； 2. 能按照教学内容的不同设计教学情境、选择教学方法； 3. 能按照设计的教学情境进行教学； 4. 能指导学生完成建筑工程的计量与计价，并对学生出现的错误进行正确及时的指导。

学习单元5　建筑工程招标	学时：8

学习目标

1. 了解招标的过程、方式；
2. 掌握招标的基本概念、招标程序、招标文件的编制原则、招标文件的内容。

学习内容	教学方法和建议
1. 招标的基本概念； 2. 招标程序； 3. 招标文件的编制原则； 4. 招标文件的内容。	1. 参观徐州建设工程交易中心（或观看录像），使学生了解工程交易中心的性质、作用、办公流程； 2. 模拟实际招投标程序（或观看录像），使学生了解招标程序，并能根据项目特点，把握招标文件的侧重点。

主要知识点与技能点

主要知识点：
1. 招标范围、分类、形式、程序、各阶段工作要点；
2. 招标文件的编制。
主要技能点：分析招标文件。

工具与媒体	学生已有基础	教师所需执教能力要求
1. 招标文件； 2. 多媒体教学设备； 3. 教学课件； 4. 视频教学资料； 5. 网络教学资源； 6. 任务工单。	1. 熟悉建设工程法规； 2. 熟悉投标报价的编制方法。	1. 能进行招标程序演示教学；； 2. 能按照教学内容设计教学情境、选择教学方法； 3. 能对学生出现的错误进行正确及时的指导。

学习单元6　建筑工程投标	学时：12

学习目标

1. 能够根据工程量清单编制施工投标文件；
2. 能够做出正确的投标决策，并根据实际情况选择合适的报价技巧。

学习内容	教学方法和建议
1. 投标程序、内容、各阶段工作要点； 2. 根据招标文件、计价表和其他资料编制投标文件； 3. 投标方案选择、报价策略选择； 4. 各种投标报价的技巧。	1. 模拟实际的招投标程序； 2. 将学生分为招标人和投标人，分小组进行招投标场景模拟练习，熟悉招投标流程、内容及策略； 3. 各个投标人能够做出正确的投标决策，依据实际情况选择合适的报价技巧获取中标； 4. 教师点评如何根据招标文件编制投标文件，怎样实质响应招标文件。

主要知识点与技能点

主要知识点：
1. 投标程序、内容、各阶段工作要点；
2. 根据招标文件、计价表和其他资料编制投标文件；
3. 投标方案选择、报价策略选择；
4. 各种投标报价的技巧。
主要技能点：
1. 根据工程量清单编制施工投标文件；
2. 做出正确的投标决策，并根据实际情况选择合适的报价技巧。

工具与媒体	学生已有基础	教师所需执教能力要求
1. 招标文件； 2. 投标文件； 3. 多媒体教学设备； 4. 教学课件； 5. 视频教学资料； 6. 网络教学资源； 7. 任务工单。	1. 熟悉建设工程法规； 2. 熟悉投标报价的编制方法； 3. 熟悉招标程序； 4. 具备分析招标文件的能力。	1. 能进行投标程序演示教学； 2. 能按照教学内容设计教学情境、选择教学方法； 3. 能对学生出现的错误进行正确及时的指导。

学习单元7　合同内容	学时：12

学习目标	

1. 能掌握施工承包合同（示范文本）内容；
2. 能掌握总承包合同的内容；
3. 能掌握总价合同、单价合同、成本补偿合同的应用范围。

学习内容	教学方法和建议
1. 施工承包合同（示范文本）内容； 2. 总承包合同的内容； 3. 其他合同的内容； 4. 合同计价方式。	1. 教学中，针对实际工程项目案例中的合同内容和计价方式进行讲解分析； 2. 让学生参与讨论。

主要知识点与技能点	

主要知识点：
1. 施工承包合同文件及解释顺序、双方一般权利和义务、施工合同的进度、质量、投资控制条款；
2. 总承包合同内容；
3. 合同计价方式。
主要技能点：
1. 施工承包合同（示范文本）内容；
2. 总承包合同的内容；
3. 根据工程情况选择合同的计价方式。

工具与媒体	学生已有基础	教师所需执教能力要求
1. 建筑工程施工合同文本； 2. 多媒体教学设备； 3. 教学课件； 4. 视频教学资料； 5. 网络教学资源； 6. 任务工单。	1. 熟悉建设工程法规； 2. 熟悉招投标的程序、内容。	1. 熟悉合同内容和计价方式，有相关的合同管理经验； 2. 能按照教学内容设计教学模式、选择教学方法； 3. 能指导学生进行合同解读。

学习单元8　合同谈判和签订	学时：8

学习目标	

1. 了解合同签订前的准备工作；
2. 能参与合同的谈判；
3. 能参与合同的签订。

续表

学习内容	教学方法和建议
1. 合同准备； 2. 合同谈判； 3. 合同审查； 4. 合同签订； 5. 国际工程合同管理。	1. 教学过程中，将学生分为招标人和投标人。 2. 模拟合同双方进行合同的谈判练习，了解合同谈判过程。 3. 模拟合同签订双方，学会制定合同。每组根据项目特点和具体要求，在教师的指导下完成和完善合同文件编制。 4. 在教师的指导下拟订有利于自身的合同条款。

主要知识点与技能点
主要知识点： 1. 合同准备； 2. 合同谈判； 3. 合同审查； 4. 合同签订； 5. 国际工程合同管理。 主要技能点：参与合同的谈判和签订。

工具与媒体	学生已有基础	教师所需执教能力要求
1. 招标文件； 2. 合同范本； 3. 多媒体教学设备； 4. 教学课件； 5. 视频教学资料； 6. 网络教学资源； 7. 任务工单。	1. 熟悉招标程序； 2. 能够分析招标文件； 3. 熟悉投标报价的编制。	1. 能进行合同谈判、合同签订的演示教学； 2. 能按照教学内容设计教学情境、选择教学方法； 3. 能指导学生进行合同文件的编制。

学习单元9　合同履行　　　　　　　　　　　　　学时：20

学习目标
1. 能对施工合同进行分析与控制； 2. 能对施工合同进行风险管理； 3. 能对施工合同进行争议管理。

学习内容	教学方法和建议
1. 合同实施控制； 2. 合同的变更管理； 3. 合同的风险管理； 4. 工程合同争议管理。	1. 教学中，针对实际工程项目案例中的合同管理进行讲解分析； 2. 组织学生讨论：当项目合同发生纠纷时，双方如何谈判及如何变更、解决争议。

主要知识点与技能点
主要知识点： 1. 合同实施控制； 2. 合同的变更管理； 3. 合同的风险管理； 4. 工程担保； 5. 工程合同的保险； 6. 工程合同的常见争议； 7. 工程合同争议的解决方式； 8. 工程合同争议的解决方式。 主要技能点： 1. 能进行合同实施控制； 2. 合同的变更管理； 3. 合同的风险管理； 4. 合同争议的解决方式； 5. 工程合同争议的解决方式。

工具与媒体	学生已有基础	教师所需执教能力要求
1. 建筑工程施工合同文本； 2. 工程项目合同管理案例； 3. 多媒体教学设备； 4. 教学课件； 5. 视频教学资料； 6. 网络教学资源； 7. 任务工单。	1. 熟悉建设工程法律法规； 2. 熟悉招投标的一般程序； 3. 熟悉合同谈判和签订技巧。	1. 熟悉合同管理的内容，有相关工程合同管理的经历； 2. 能按照教学内容设计教学模式、选择教学方法； 3. 能对学生出现的错误进行正确及时的指导。

七、考核方式

建议采用过程考核（任务考评）与期末考评相结合的方法，强调过程考评的重要性，其中，过程考评的成绩占总成绩的60%，期末考评占40%。

7.2.11　"建筑工程施工准备"课程标准

"建筑工程施工准备"课程标准

课程代码：40011840

课程类别：职业岗位课程

适用专业：建筑工程技术

总 学 时：140 学时

一、课程教学目标

"建筑工程施工准备"是建筑工程技术专业中一门主要的职业岗位课程，着重培养建筑工程行业从业人员应具备的计划、组织、实施与控制等方面的职业能力，主要研究如何根据具体的工程条件，以最优的方式解决建筑施工准备工作的问题，即如何从拟建工程的性质和规模、施工季节和环境、工期的长短、工人的素质和数量、机械的装备程度、材料供应情况等各种技术经济条件和技术统一的全局出发，在许多可行的方案中选定最优方案，编制可行的施工组织设计，并在施工组织设计的过程中，做好施工技术管理，进行成本、进度和质量控制。

学生通过本课程的学习，应能达到如下要求：

1．能力目标

（1）能根据工程项目的性质及规模组建工程项目经理部；

（2）能根据相关规定组织施工图纸的自审和会审；

（3）会编制施工进度计划；

（4）能根据施工现场进行水、电、路、临时设施的布置；

（5）具有正确配置施工资源的能力；

（6）具有独立编制施工组织设计的能力；

（7）在工程实施的过程中，能进行技术管理及成本、进度和质量控制。

2．知识目标

（1）项目经理部岗位职责的制定；

（2）施工图自审和会审的要求及程序；

（3）施工方案的选定；

（4）进度计划的编制及资源需要量计划的编制；

（5）劳动力、材料、施工机具的准备；

（6）施工现场的布置；

（7）技术管理的各种制度；

（8）进度控制的检查和调整；

（9）质量控制和施工检验；

（10）施工成本的管理。

二、典型的工作任务

施工单位和建设单位签订了施工承包合同，相关的工程技术人员拿到工程图纸后，应该根据工程的性质和规模首先组建项目经理部，并制定项目经理部各成员的相关职责，组织有关的技术人员进行图纸的自审，然后由建设单位组织相关单位进行图纸的会审。依据会审后的施工图纸，编制标后的切实可行的施工组织设计（包括施工方案的选定、进度计划的编制、施工平面图的绘制等），并据此准备施工资源及施工现场的准备。当临时设施搭设好、水电线路铺设完毕、材料和施工机具均已进场，项目经理即可监理单位提出开工报告，经审批后工程正式开工。

在工程施工的过程中，相关的技术人员应指导和检查工程施工，并做好工程的成本控制、质量控制和进度控制和工地的安全管理。

六、教学内容

1. 学习单元划分

序号	课程项目名称	项目单元名称	学时	
1	项目经理部的组建	1.1 建筑工程项目经理部	3	6
		1.2 建筑工程项目经理	2	
		1.3 组建施工队伍	1	
2	施工图的审查	2.1 施工图的自审	2	4
		2.2 施工图的会审	2	
3	施工进度计划的编制	3.1 流水施工组织方式	8	26
		3.2 网络计划技术	18	
4	标后施工组织设计的编制	4.1 调查研究和收集资料	3	20
		4.2 工程概况和施工特点分析	1	
		4.3 施工部署与施工方案的选定	12	
		4.4 单位工程施工进度计划的编制	2	
		4.5 施工平面图设计	2	
5	施工现场准备	5.1 三通一平	4	14
		5.2 临时设施搭设	3	
		5.3 施工物资进场	3	
		5.4 施工现场管理	4	

续表

序号	课程项目名称	项目单元名称	学时	
6	施工组织设计的贯彻实施	6.1 施工组织设计的审批	1	4
		6.2 开工报告及相关手续的办理	1	
		6.3 施工组织设计的实施	2	
7	施工技术管理	7.1 技术管理制度	4	4
8	施工进度管理	8.1 施工项目进度计划的实施	2	6
		8.2 施工项目进度计划的检查与调整	4	
9	施工质量管理	9.1 施工项目质量管理概述	2	6
		9.2 项目施工过程的质量控制	2	
		9.3 质量控制点的设置	2	
		9.4 施工质量检查	2	
10	施工成本管理	10.1 成本管理	4	12
		10.2 资金管理	2	
		10.3 索赔管理	4	
		10.4 风险防范管理	2	
				102
	两周技能实训			48
	合计			150

2. 学习单元描述

学习单元 1　项目经理部的组建	学时:6
学习目标	

1. 能根据工程项目的特点组建项目经理部;
2. 掌握项目经理部的运行,且能制定项目经理部的各项规章制度;
3. 能组建施工队伍。

学习内容	教学方法建议
项目 1　建筑工程项目经理部 主要内容:项目经理部介绍;项目经理部的组织形式;项目经理部的运行;项目经理的概念及项目经理责任制。	1. 选择具体的工程项目,介绍工程概况,让学生根据具体工程的规模大小,确定项目部的形式→确定部门和岗位→确定人员、职责和权限→制度规章制度;

学习内容	教学方法建议
项目2 建筑工程项目经理 主要内容:项目经理及各成员的岗位职责。 项目3 组建施工队伍 主要内容:劳动力资源的落实;劳动力的配置方法;优化劳动组合与技术培训。	2. 按施工组织的要求确定建立施工队伍的形式及数量; 3. 教师应提前准备好教学案例、教学课件,提出学习问题,准备好教学场地。

知识点与技能点
主要知识点: 1. 项目经理部的主要形式; 2. 项目部各成员的职责; 3. 施工队伍的形式。 主要技能点:项目经理部形式的选择。

工具与媒体	学生已有知识	教师所需执教能力要求
1. 教学案例; 2. 教学课件; 3. 网络教学资源; 4. 视频教学资料。	1. 具备建筑工程基础知识; 2. 具备施工项目管理基本知识; 3. 具备建筑工程法规知识。	1. 能进行组建施工项目经理部的演示; 2. 能根据教学内容设计教学情境; 3. 能根据施工的教学情境实施教学; 4. 能够正确及时地处理学生的错误及提出的问题。

学习单元2 施工图的审查	学时:4

学习目标
1. 掌握熟悉图纸和自审图纸的要求; 2. 能编写图纸自审纪要; 3. 掌握图纸会审的程序。

学习内容	教学方法建议
项目1 施工图的自审 主要内容:熟悉图纸的内容和要求;自审图纸的内容和要求。 项目2 施工图的会审 主要内容:会审图纸的程序;设计变更程序;编写图纸的自审与会审纪要。	1. 将几套完整的施工图纸作为一个真实项目,将学生分组,分别扮演建设方、设计方、施工方及监理方的角色进行施工图的会审; 2. 通过真实过程的施工图纸的会审,学生体验图纸会审的工作过程:发现问题—提出问题—解决问题; 3. 教师应提前准备好教学案例、教学课件,提出学习问题,准备好教学场地。

续表

知识点与技能点

主要知识点:
1. 图纸自审的内容;
2. 图纸会审的程序。
主要技能点:会审纪要的填写。

工具与媒体	学生已有知识	教师所需执教能力要求
1. 施工图纸; 2. 任务工单; 3. 施工规范和标准; 4. 施工工具书; 5. 验收标准; 6. 教学课件; 7. 网络教学资源、视频教学资料。	1. 具备建筑识图基本知识; 2. 具备建筑材料基本知识; 3. 具备建筑力学基本知识; 4. 具备建筑结构基本知识; 5. 具备建筑施工技术基本知识。	1. 能进行图纸自审和会审过程的演示; 2. 能正确处理学生在自审和会审过程中的错误; 3. 能根据教学内容设计教学情境; 4. 能根据施工的教学情境实施教学。

学习单元3　施工进度计划的编制	学时:26

学习目标

1. 能根据工程条件组织流水施工;
2. 掌握横道图的绘制方法;
3. 能进行双代号网络图时间参数的计算;
4. 掌握时标网络图的绘制方法。

学习内容	教学方法建议
项目1　流水施工的组织方式 主要学习:流水施工的基本概念;流水施工的主要参数;有节奏的流水施工;无节奏的流水施工。 项目2　网络计划技术 主要学习:网络图的绘制网络计划时间参数的计算;双代号时标网络计划。	1. 通过多媒体课件、图片和动画讲授本项目的内容,学生直观地掌握依次施工、平行施工及流水施工的组织方法及进度计划的编制; 2. 通过学习案例,学生掌握横道图和时标网络图的编制方法; 3. 教师应提前准备好教学案例、教学课件,提出学习问题,准备好教学场地。

主要知识点与技能点

主要知识点:
1. 流水施工的组织形式;
2. 网络图的绘制、时间参数的计算。
主要技能点:横道图的编制、网络图的绘制。

工具与媒体	学生已有知识	教师所需执教能力要求
1. 施工图纸； 2. 任务工单； 3. 管理软件（project、pkpm 等软件）； 4. 教学课件； 5. 网络教学资源； 6. 视频教学资料。	1. 具备工程图纸的识读知识； 2. 具备建筑工程量计算知识； 3. 具备施工方法、施工工艺的基本知识。	1. 能根据教学内容设计教学情境； 2. 能根据施工的教学情境实施教学； 3. 能正确处理学生在进度计划编制过程中出现的错误。

学习单元4　标后施工组织设计的编制	学时：20

学习目标
1. 熟悉相关资料的收集和工程概况的编制； 2. 掌握施工部署的制定和施工方案的选择； 3. 掌握单位工程施工进度计划的编制； 4. 能进行施工现场平面图的设计； 5. 掌握单位工程施工组织设计编制的基本方法。

学习内容	教学方法建议
项目1　调查研究与收集资料 项目2　工程概况和施工特点分析 项目3　施工部署与施工方案的选定 项目4　单位工程施工进度计划的编制 项目5　施工平面图设计	1. 针对某一单位工程，学生按照调查研究、收集资料→熟悉工程概况→选择施工方案→编制进度计划→施工施工平面图→编制主要技术组织措施的步骤，在教师的指导下完成施工组织设计的编制； 2. 教师应提前准备好教学案例、教学课件，提出学习问题，准备好教学场地。

主要知识点与技能点
主要知识点：工程概况、施工方案、进度计划、施工平面图。 主要技能点：进度计划的编制、施工平面图的布置。

工具与媒体	学生已有知识	教师所需执教能力要求
1. 施工图纸； 2. 任务工单； 3. 管理软件（project、pkpm等软件）； 4. 教学课件； 5. 网络教学资源、视频教学资料。	1. 具备建筑识图基础知识； 2. 具备建筑工程量计算知识； 3. 具备地基基础施工知识； 4. 具备砌体工程施工知识； 5. 具备混凝土工程施工知识； 6. 具备屋面工程施工知识； 7. 具备装饰装修施工知识； 8. 具备建筑工程法规知识。	1. 能进行施工组织设计案例的演示； 2. 能根据教学内容设计教学情境； 3. 能根据施工的教学情境实施教学； 4. 能正确处理学生在施工组织设计过程中出现的错误。

学习单元5 施工现场准备	学时:14

学习目标
1. 能进行施工现场最基本的"三通一平"工作; 2. 能按照施工平面图的要求进行施工现场临时设施的搭设; 3. 能根据工程的施工进度计划选择建筑材料及施工机具; 4. 掌握安全文明施工的基本要求。

学习内容	教学方法建议
项目1 三通一平 项目2 临时设施搭设 项目3 施工物资进场 项目4 施工现场管理	1. 针对一个工程程项目,在教师的指导下按照施工平面图等技术文件进行现场的"三通一平"及临时设施搭设等场地准备工作; 2. 根据资源需要量计划材料,做好施工机具的准备及进场工作; 3. 教师应提前准备好教学案例、教学课件,提出学习问题,准备好教学场地。

主要知识点与技能点
主要知识点:水通、电通、路通、场地平整、临时设施、施工物资进场。 主要技能点:用水量计算;用电量计算。

工具与媒体	学生已有知识	教师所需执教能力要求
1. 施工图纸; 2. 任务工单; 3. 教学课件; 4. 施工工具书; 5. 网络教学资源; 6. 视频教学资料。	1. 具备建筑施工基本知识; 2. 具备建筑工程法规知识; 3. 具备建筑材料基本知识; 4. 具备规范规程的基本知识; 5. 具备施工安全管理的基本知识。	1. 能进行施工场地准备工作案例的演示; 2. 能根据教学内容设计教学情境; 3. 能根据施工的教学情境实施教学; 4. 能正确处理学生在施工场地准备工作过程中出现的问题。

学习单元6 施工组织设计的贯彻实施	学时:4

学习目标
1. 熟悉施工组织设计的审批程序; 2. 掌握工程开工应具备的条件; 3. 正确编写开工报告、开工报审表及报批工作; 4. 能落实施工组织设计。

学习内容	教学方法建议
项目1 施工组织设计的审批 项目2 开工报告及相关手续的办理 项目3 施工组织设计的实施	1. 针对一个工程项目,让学生进行开工报告、开工报审表的编写并模拟报批,体验实际工程报批及其他相关手续办理的工作过程; 2. 教师应提前准备好教学案例、教学课件,提出学习问题,准备好教学场地。

续表

主要知识点与技能点		

主要知识点:开工条件的规定。
主要技能点:过程开工的报批程序。

工具与媒体	学生已有知识	教师所需执教能力要求
1. 施工组织设计文件; 2. 教学课件; 3. 施工工具书; 4. 网络教学资源、视频教学资料。	1. 具备建筑工程基础知识; 2. 具备建筑法规基本知识。	1. 能进行实际工程开工报告、开工报审表及其他相关手续报批案例的演示; 2. 能根据教学内容设计教学情境; 3. 能根据施工的教学情境实施教学; 4. 能正确处理学生在编写工程开工报告过程中出现的问题。

学习单元7　施工技术管理	学时:4

学习目标

1. 熟悉施工技术管理制度;
2. 掌握技术交底、技术复核制度;
3. 能填写施工日志及进行材料、构配件的检验;
4. 了解工程的验收制度和技术档案的整理工作。

学习内容	教学方法建议
1. 技术责任制度; 2. 图纸会审制度; 3. 技术交底制度; 4. 技术复核制度; 5. 材料、构配件检验制度; 6. 现场平面管理制度; 7. 施工日记制度; 8. 工程验收制度; 9. 技术档案制度。	1. 针对一个在建工程项目,让学生模拟技术交底、技术复核、材料和构配件检验、施工日志的填写,技术资料归档等工作过程; 2. 教师应提前准备好教学案例、教学课件,提出学习问题,准备好教学场地。

主要知识点与技能点		

主要知识点:技术交底;材料构配件检验。
主要技能点:施工日志填写。

工具与媒体	学生已有知识	教师所需执教能力要求
1. 施工组织设计文件; 2. 教学课件; 3. 施工工具书; 4. 网络教学资源、视频教学资料。	1. 具备建筑工程基础知识; 2. 具备建筑材料基本知识; 3. 具备资料管理基本知识; 4. 具备建筑法规基本知识。	1. 能进行实际工程施工技术制度的演示; 2. 能根据教学内容设计教学情境; 3. 能根据施工的教学情境实施教学; 4. 能正确处理学生在编写工程开工报告过程中出现的问题。

学习单元8　施工进度管理		学时:6
学习目标		
1. 会编写月、旬、周的工作计划; 2. 掌握施工进度计划的检查方法; 3. 会进行施工进度计划的调整。		
学习内容	教学方法建议	
项目1　施工项目进度计划的实施 项目2　施工项目进度计划的检查与调整	1. 针对一个在建的工程项目,让学生进行计划进度和实际进度的比较,找出影响工程进度的原因,并进行调整; 2. 教师应提前准备好教学案例、教学课件,提出学习问题,准备好教学场地。	
主要知识点与技能点		
主要知识点:进度计划的实施;进度计划的检查。 主要技能点:横道图比较法;前锋线比较法。		
工具与媒体	学生已有知识	教师所需执教能力要求
1. 进度计划; 2. 教学课件; 3. 施工工具书; 4. 网络教学资源、视频教学资料。	1. 具备施工组织的知识; 2. 具备进度计划的相关知识。	1. 能根据教学内容设计教学情境; 2. 能根据施工的教学情境实施教学; 3. 能正确处理学生在进度计划调整中出现的问题。

学习单元9　施工质量管理		学时:6
学习目标		
1. 掌握质量控制点的设置; 2. 了解施工过程的事前控制、事中控制和事后控制; 3. 会进行施工质量检查。		
学习内容	教学方法建议	
项目1　施工项目质量管理概述 项目2　项目施工过程的质量控制 项目3　质量控制点的设置 项目4　施工质量检查	1. 针对一个真实的工程项目,让学生进行某个施工工程质量点的设置,为了更好地控制质量,事前、事中和事后各应做哪些工作; 2. 到施工现场进行施工质量检查的现场演示; 3. 教师应提前准备好教学案例、教学课件,提出学习问题,准备好教学场地。	
主要知识点与技能点		
主要知识点:质量控制的全过程。 主要技能点:质量控制点;检验方法。		

工具与媒体	学生已有知识	教师所需执教能力要求
1. 施工组织设计； 2. 教学课件； 3. 施工工具书； 4. 网络教学资源； 5. 视频教学资料。	1. 具备施工方法、施工工艺的相关知识； 2. 具备建筑工程的基础知识。	1. 能进行施工工程质量控制点设置和施工质量检验的演示； 2. 能根据教学内容设计教学情境； 3. 能根据施工的教学情境实施教学； 4. 能正确处理质量控制点设置及施工检验过程中出现的问题。

学习单元 10　施工成本管理	学时：12

学习目标

1. 了解施工合同管理和成本责任制度；
2. 了解资金管理；
3. 掌握索赔证据的收集和损失计算的方法。

学习内容	教学方法建议
项目 1　成本管理 项目 2　资金管理 项目 3　索赔管理 项目 4　风险防范管理	1. 针对一个在建的工程项目，让学生制定降低工程成本的措施； 2. 找出索赔事件及反索赔的理由，并收集相关证据，计算损失； 3. 教师应提前准备好教学案例、教学课件，提出学习问题，准备好教学场地。

主要知识点与技能点

主要知识点：成本责任管理；资金管理；索赔管理、风险防范。
主要技能点：索赔机会、证据收集及损失计算。

工具与媒体	学生已有知识	教师所需执教能力要求
1. 施工组织设计； 2. 教学课件； 3. 施工工具书； 4. 网络教学资源、视频教学资料。	1. 具备施工合同管理相关知识； 2. 具备建筑工程的基础知识； 3. 具备建筑法规的基本知识； 4. 具备工程量计算的相关知识。	1. 能进行工程索赔的演示； 2. 能根据教学内容设计教学情境； 3. 能根据施工的教学情境实施教学； 4. 能正确处理学生在工程索赔过程中出现的问题。

七、考核方式及比例

考核类别		考核方法	权重
过程考核	课堂提问	点名、提问	10%
	平时作业	工作任务单 小组讨论	10%

考核类别		考核方法	权重
技能考核	实训表现评价	小组、教师评定	20%
	收集资料、利用评价	小组、教师评定	
	问题分析能力评价	教师评定	
	团队合作能力评价	小组评定	
结果考核	期末考试	试卷笔试 教师评定	60%
合计			100%

7.3 "钢结构工程施工"课程建设案例

7.3.1 项目化课程整体教学设计

项目化课程整体教学设计

一、课程基本信息

课程名称:钢结构工程施工		
课程代码:40011810	学分:4.0	学时:65(24)
授课时间:第4学期	授课对象:高中生、中职生	
课程类型: "钢结构工程施工"课程是建筑工程技术专业职业能力的必修课,是建筑工程技术专业的施工类专业主干课,同时还是2009年度国家精品课程和2012年度国家精品资源共享课程。		
先修课程:建筑识图与绘图、建筑力学、建筑工程施工测量、建筑结构、建筑材料与检测、基本技能实训、基础工程施工、混凝土结构工程施工、建筑工程经济、识岗实习	后续课程:建筑工程施工准备、施工项目承揽与合同管理、跟岗实习、顶岗实习与毕业项目、建筑工程安全技术与管理、核心筒施工、建筑节能技术	

二、课程定位

1. 岗位分析

本专业毕业生初次就业的核心岗位定位为建筑工程施工员,以安全员、质量员、材料员和造价员为初次就业岗位群;本专业毕业生二次晋升岗位为建筑工程项目工程师、未来发展岗位为项目经理。

本课程面向的主要岗位为建筑工程施工员，其典型工作流程图分为 3 种：

（1）施工准备阶段

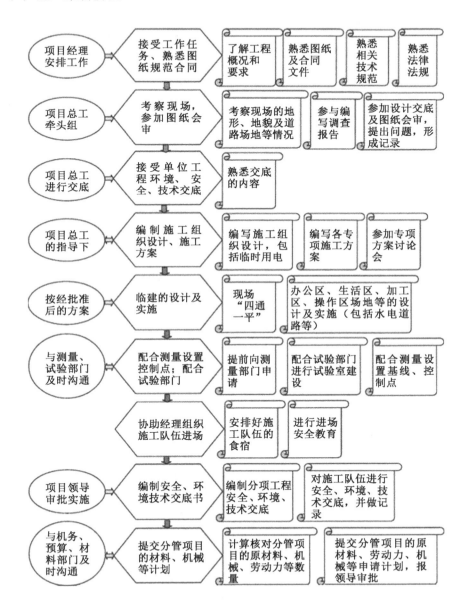

（2）施工阶段

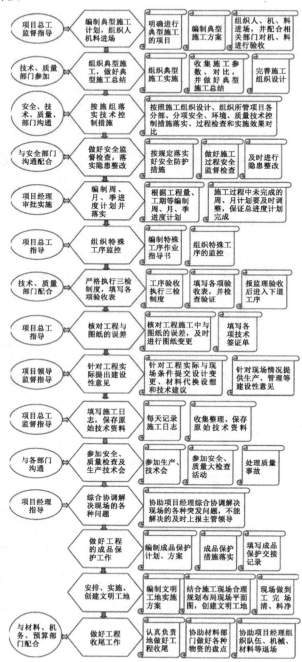

（3）竣工验收阶段

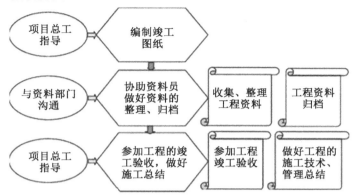

建筑工程（钢结构）施工员岗位的主要能力需求、知识需求和素质需求如下：

序号	培养要求	具体内容	备注
1	主要能力需求	文化基础知识;建筑基础知识;识图绘图知识;材料运用知识;计量计价知识;施工技术知识;安全管理知识	
2	知识需求	识图绘图能力构件验算能力;测量放线能力;技术应用能力;成本控制能力;质量检测能力;组织管理能力软件;应用能力技术管理能力;信息获取能力;沟通协调能力	
3	素质需求	遵守国家、行业规范意识;团队协作精神;沟通协调能力;工程质量意识;严谨的工作作风;吃苦耐劳的作风;强烈的责任意识;诚信品质;健康的体魄;遵守纪律。	

2. 课程分析

前导课程	并行课程	后续课程
专业导论	钢结构工程施工	建筑工程施工准备
建筑识图与绘图	施工项目承揽与合同管理	建筑工程安全技术与管理
建筑力学	工程竣工验收与资料管理	核心筒施工
建筑工程施工测量	建筑装饰与防水工程施工	建筑节能技术
建筑结构	BIM 技术的施工应用	
建筑材料与检测		
基础工程施工		
建筑工程经济		

续表

前导课程	并行课程	后续课程
混凝土结构工程施工		
前导实践环节		后续实践环节
基本技能实训		跟岗实习
识岗实习		顶岗实习与毕业项目

普通高校一般开设"钢结构"课程，主要讲解钢构件的计算和设计，一般不开设以施工为主导内容的"钢结构工程施工"。中职学校一般只培养单项技能，也不开设本门课程。而培训班一般只是对钢结构施工过程中的某个单项任务进行讲解和训练。本专业开设的"钢结构工程施工"课程从钢结构基础知识、钢结构图纸识读、材料选购与加工制作、钢结构拼装与现场安装到钢结构工程验收，系统地通过典型工作任务实施项目化教学，全面培养学生从事钢结构工程施工的技能。

3．课程理论、技能支撑

（1）荷载统计分析、构件内力计算及内力图；

（2）焊接连接计算原理、高强螺栓连接计算原理、轴心受力构件计算原理、压弯构件计算原理；

（3）钢材的物理力学性能指标；

（4）施工图识读、绘制的基本知识；

（5）AutoCAD 绘图技能；

（6）满堂式脚手架支撑架设计计算方法。

二、课程目标设计

1．总体目标

"钢结构工程施工"课程着重培养建筑行业从业人员的钢结构施工和管理技能，课程主要讲授轻钢门式钢架结构、钢框架结构和网架结构所涉及的基本知识、钢材的选用、钢结构连接、钢结构加工制作与涂装、钢结构安装常用机具设备选择与安装准备、钢结构施工安装技术等内容。通过本课程的教学，培养学生树立起质量意识，使学生掌握钢结构的加工和安装的工序及质量控制，使学生能够运用所学知识进行钢结构工程施工方案编制和施工实施；使学生能在国家规范、法律、行业标准的范围内，提交钢结构的施工方案，完成施工设计并在施工一线付诸实施，具备从事本专业施工员岗位需求的钢结构工程施工安装技能。

2．能力目标

（1）能熟练识读钢结构图纸并根据图纸统计工程量；

（2）能根据《钢结构工程施工规范》（GB 50755—2012）、《钢结构工程施工质量验收规范》（GB 50205—2001）编制钢结构加工制作专项施工方案；

（3）能根据《碳素结构钢》（GB/T 700—2006）、《低合金高强度结构钢》（GBB/T 1591—2008）、《钢材力学性能及工艺性能试验取样规定》（GB/T 2975—1998）组织钢结构的取样和送检；

（4）能根据工程施工图纸编制钢结构的现场胎架制作和拼装专项方案并实施；

（5）能根据《钢结构工程施工规范》（GB 50755—2012）、《钢结构工程施工质量验收规范》（GB 50205—2001）编制钢结构的安装专项方案并实施；

（6）能根据力学原理进行吊点的合理选择，根据现场施工条件和吊机参数表按照安全性、经济性原则选择吊机；

（7）能根据《钢结构设计规范》（GB 50017—2003）和《建筑施工扣件式钢管脚手架安全技术规范》（JGJ 130—2011）进行吊装验算和支撑架验算等简单的施工设计计算；

（8）能根据《钢结构工程施工规范》（GB 50755—2012）、《钢结构工程施工质量验收规范》（GB 50205—2001）编制钢结构施工的质量控制及保证措施；

（9）能根据《建筑施工安全检查标准》（JGJ 59—2011）和《建筑施工高处作业安全技术规范》（JGJ 80—91）编制钢结构工程安全、文明施工专项方案并组织实施。

3．知识目标

（1）了解行业概况、岗位工作内容及要求；

（2）掌握建筑钢材的物理力学性质及其指标，并进行结果评定；

（3）了解钢结构取样和送检的基本要求；

（4）掌握《钢结构设计规范》（GB 50017—2003）中钢结构连接设计计算的原理与方法；

（5）掌握荷载统计方法和钢结构支撑架（格构式构件）的设计验算方法；

（6）掌握钢结构吊装验算方法。

4．素质目标

（1）遵守国家、行业规范——《钢结构工程施工质量验收规范》（GB 50205—2001）、《钢结构工程施工规范》（GB 50755—2012）、《钢结构设计规范》（GB 50017—2003）、《门式钢架轻型房屋钢结构技术规程》（CECS 102—2002）、《空间网格结构技术规程》（JGJ 7—2010）、《建筑施工扣件式钢管脚手架安全技术规范》

（JGJ 130—2011）等。

（2）团队协作能力——项目中与项目经理、项目总工、测量员、质量员、材料员、安全员、资料员的协同工作能力，通过在团队共同完成项目的过程中勇于承担项目工作任务、严格按照指导教师和团队小组组长要求完成团队任务等方式培养。

（3）沟通协调能力——工作中与甲方、监理、总包、分包的沟通协调能力，通过在团队共同完成项目的过程中与指导教师、团队小组组长和其他组员的沟通协调进行培养。

（4）工程质量意识——施工中严格控制焊接（不打磨不进入下一步工序）、螺栓连接（自检必须合格）、拼装精度（避免误差累积）和结构挠度（关乎安全）等工程质量。

（5）严谨的工作作风——在编制专项施工方案的过程中，严格按照规范规程的要求实施，不放过任何一个错误；吊装验算、支撑架设计等施工设计计算严格控制应力比（设计过程充分考虑安全系数，软件验算结果无"红字"和"不通过"字样）。

（6）吃苦耐劳的作风——服从工作时间和工作岗位的安排（特别是加班），勇于承担工作任务，通过在团队共同完成项目的过程中勇于承担项目工作任务等方式培养。

（7）强烈的责任意识——勇于讨论和发现问题，注重项目任务成果的安全性、经济性、合理性、先进性。

（8）遵守纪律——在团队共同完成项目的过程中遵守纪律，不提过分要求。

三、课程内容设计

按照学生的认知规律及整个施工过程的流程，在工作过程分析的基础上，突出施工（专项）方案编制与实施能力培养，选取典型工程项目任务为载体，突出学生的主体地位，在项目的实施过程中，由教师引导学生按照识图→加工与制作→拼装→施工安装→验收的工作过程完成项目任务。

1. 课内项目

由于学生在学习本课程之前，未能接触到钢结构相关的基础内容，钢结构相关的基本知识较为欠缺，因此在本课程开始时安排 5 学时用于钢结构基本知识的具体讲解，之后再设置课内项目的教学。

在课内项目的实施过程中，由教师在课堂上扮演项目经理，分配各项目中包含的任务，然后由教师扮演施工员角色进行示范，而后学生主要作为助理施工员的角色，在创设的各种情境下分组或全员完成任务。

2. 课外项目

作为课后学生的演练项目，每位学生根据学号设置不同的工程参数（檐口高度、柱距、跨度、构件截面规格和不同的现场条件），按照课内项目提供的专项施工方案模板，独立完成，过程中允许讨论和交流，教师根据课程进度定期检查学生的项目成果，每个任务完成后上交装订好的施工方案或电子文档。

序号	模块名称	子项目编号、名称	学时
0	钢结构基本知识	0－1 钢结构发展与现状	1
		0－2 钢结构材料基本性能	1
		0－3 钢结构体系及其节点连接	3
		0－4 钢结构识图基本知识	5
1	江苏建院机电工业中心轻钢门架施工方案编制	1－1 江苏建院机电工业中心轻钢门架识图与工程量统计	5
		1－2 H 型钢加工与运输专项方案编制	2
		1－3 柱脚锚栓埋设专项方案编制	3
		1－4 钢结构连接方案编制	7
		1－5 吊机选型与吊装验算	3
		1－6 江苏建院机电工业中心吊装专项方案编制	5
		汇报考核	2
2	益海嘉里内河码头网架施工方案编制	2－1 益海嘉里内河码头网架识图与工程量统计	3
		2－2 益海嘉里内河码头网架拼装专项方案编制	5
		2－3 益海嘉里内河码头网架吊装验算	5
		2－4 益海嘉里内河码头网架吊装专项方案编制	5
		2－5 益海嘉里内河码头网架滑移专项方案编制	5
		汇报考核	5
		合计	65

序号	课外并行内容	学时
1	项目 1 并行内容:江苏建院教育超市轻钢门架施工方案编制	(15)
2	项目 2 并行内容:泰州内河码头网架工程施工方案编制	(15)
	合计	(30)
	总计	65(30)

四、能力训练项目设计

编号	能力训练项目名称	子项目编号、名称	能力目标	知识目标	训练方式、手段及步骤	可展示的结果
1	江苏建院机电工业中心轻钢门架施工方案编制	1-1 江苏建院机电工业中心轻钢门架识图与工程量统计	能依据轻钢门架设计图和详图统计工程量	理解构件、板件、配件分类统计原则和统计方法	分组按照给定的EXCEL格式统计图纸不同两榀钢架及其之间的构件工程量	工程量清单表
		1-2 H型钢加工与运输专项方案编制	能选择H型钢加工设备、加工工艺、工序和编制质量控制措施	掌握H型钢加工工序及规范要求	分组按照给定的H型钢加工专项方案模板进行方案的编制与完善	H型钢加工专项方案
		1-3 柱脚锚栓埋设专项方案编制	能正确根据图纸确定锚栓的布置位置、选择模板及定位措施	掌握柱脚锚栓锚固长度确定、埋设定位和柱脚灌浆方法	分组按照柱脚锚栓埋设专项方案模板进行方案的编制与完善	锚栓埋设专项方案
		1-4 钢结构连接方案编制	能根据高强螺栓种类、规格计算施拧扭矩,选择连接器具并实施连接	掌握根据高强螺栓预拉力确定扭矩的方法,掌握初拧、终拧方法和验收方法	分组在高强螺栓连接实训场实施	梁柱节点及高强螺栓专项施工方案
		1-5 吊机选型与吊装验算	能根据给定的施工条件和吊机参数表选择吊机,能合理选择吊点进行吊装验算,并出具计算书	掌握吊点选择原则、吊机参数表使用方法及吊装验算方法	按照统计工程量分组实施	吊装验算计算书
		1-6 江苏建院机电工业中心吊装专项方案编制	能根据图纸和门架类型选择合理的吊装安装方法,并编制吊装专项方案	掌握门架吊装安装的不同方法和适用条件,掌握规范要求	分组按照厂房吊装专项方案模板进行方案的编制与完善	厂房吊装专项方案
		汇报考核				
2	益海嘉里内河码头网架施工方案编制	2-1 益海嘉里内河码头网架识图与工程量统计	能依据网架施工图统计杆件、节点、高强螺栓、封板、锥头、支托、天沟、檩条、屋面板等工程量	理解杆件、支座、预埋件等分类统计原则和统计方法	分组按照给定的EXCEL格式统计图纸不同轴线间构件的工程量	工程量清单表
		2-2 益海嘉里内河码头网架拼装专项方案编制	能根据网架施工图选择适当的拼装方法,并编制拼装专项方案	掌握网架的拼装方法和规范拼装要求	教师示范、分组按照拼装专项方案模板进行方案的编制与完善	网架拼装专项方案
		2-3 益海嘉里内河码头网架吊装验算	能根据网架施工图和现场条件选择吊点进行吊装验算,并出具计算书	掌握网架吊装方法分类、特点及吊装验算方法	教师示范、全员按照不同的方法和不同的轴线间网架实施	网架吊装验算计算书

续表

编号	能力训练项目名称	子项目编号、名称	能力目标	知识目标	训练方式、手段及步骤	可展示的结果
2	益海嘉里内河码头网架施工方案编制	2－4 益海嘉里内河码头网架吊装专项方案编制	能根据图纸和网架的类型选择合理的吊装安装方法，并编制吊装专项方案	掌握网架的重心确定方法、吊装方式及高空拼装方法	教师示范、分组按照吊装专项方案模板实施	网架吊装专项方案
		2－5 益海嘉里内河码头网架滑移专项方案编制	能根据图纸和给定的滑移钢梁规格编制滑移技术措施和专项方案	掌握滑移方法的分类及其适用条件，掌握滑移同步控制方法及要求	教师示范、分组按照滑移专项方案模板实施	网架滑移专项方案
		汇报考核				

五、项目情境设计

江苏建院机电工业中心轻钢门架施工方案编制

第3周	第4周		第5周	第6周	第7周
识图与工程量统计	H型钢加工与运输专项方案编制	柱脚锚栓埋设专项方案编制	钢结构连接方案编制	吊机选型与吊装验算	吊装专项方案编制
项目1 整体创设 情境1:以实际工程发生的倒塌的事故图片为切入项目,引导学生思考如何避免的施工事故的发生。(采用合理的施工方案,要求课前学生观看工程安装视频)(引入项目1) 情境2:如果你是项目经理或材料员,应该怎样去采购钢结构桁架原材料?不同规格模管桁架构置原材物应该如何配备人、材、机等资源,除和工期有关外,还与什么因素有关?(引入项目1)	情境3:如果你是加工厂技术员,如何组织构件的加工制作?引导学生思考的发选择加工工艺和运输方式。(需要编制加工制作方案,选择加工方法,加工设备、加工方式,检测验收,成品保管与保护、运输方式)	情境4:提出问题:钢结构荷载传递路径是怎样的?柱应该怎样连接?该与基础施工怎样连接?基础施工是由什么部门完成的?如果你是施工员,应该与土建分包如何协调?又该怎样保证锚栓的埋设质量?	情境5:观看普通螺栓连接视频,并提出问题:高强螺栓与普通螺栓有何区别?高强螺栓该如何连接?需要哪些准备工作?连接质量如何保证?	情境6:以工地由于选型不当,履带吊倾覆的案例图片为切入项目任务,提出引入项目问题:应该从哪几个方面保证吊装的机械安全和构件安全?(正确进行吊装验算,吊机选型)	情境7:以实际工程发生倒塌的事故图片为例,强调结构安装方案的重要性,强化学生质量意识,引导学生思考怎样确定正确,合理的结构安装方案。(需要编制正确的安装方案,选择正确结构安装方要求,做好吊装安全工作)

第8周分组考核汇报

课外项目1:江苏建院机电工业中心轻钢门架施工方案编制

续表

益海嘉里内河码头网架施工方案编制

第8周	第9周	第10周	第11周	第12周
识图与工程量统计	拼装专项方案编制	吊装验算	吊装专项方案编制	滑移专项方案编制
项目2 整体创设 情境1：以网架实际工程发生倒塌事故的图片为例,引入项目,引导学生思考事故的发生,怎样避免工程事故的发生。(采用合理的正确的施工方案,要求课前学生观看安装视频1)(引入项目1) 情境2：如果你是项目经理,应该怎样考虑购置原材料? 不同规模的网架结构建筑物应该如何配备人,材,机等资源,除和工期有关外,还与什么因素有关? (引入工程量统计)	情境3：如果你是项目经理或施工员,加工厂运输成网架杆件,节点球将散件组后,怎样有效地将散件组成网架? 如何保证网架拼装精度? 要拼装胎架应该如何制作? 现场拼装顺序如何确定?	情境4：以工地由于选型不当导致履带吊倾覆的案例图片为例,提出问题：应该从哪几个方面保证吊装的安全和构件安全? (正确进行吊装验算,吊机选型)	情境5：以实际工程发生倒塌事故的图片为例,强调结构安装方案编制的重要性,强化学生质量意识,引导学生思考怎样确定正确的结构安装方案。(需要编制正确的结构安装方案,合理编制的安装工序,选择正确的安装工作)	情境6：结合实际工程提出问题：受施工现场和拼装场地的条件限制时,如何进行空间网格结构的施工? 引导学生采用结构安装方法,同时结合工程实际预估学生思考的安全性,引导学生思考合理的滑移方案。

第13周分组考核汇报

课外项目2：泰州内河码头网架工程施工方案编制

245

六、课程进程表

第×次（周次）	学时	单元标题	项目编号	能/知目标	师生活动	其他（含考核内容、方法）
1	5	钢结构基本知识	0-1 钢结构发展与现状	1. 了解钢结构的发展与现状，了解钢结构的优点、缺点及适用范围。	活动1：教师用多媒体讲解。 活动2：思考校内哪些建筑采用了钢结构。 活动3：思考钢结构的发展趋势。	1. 提问。（教师） 2. 分组讨论后回答问题。（教师）
			0-2 钢结构材料基本性能	1. 掌握钢材化学成分、塑性、韧性、可焊性的基本性能及成材过程。 2. 掌握钢材分类、牌号及国标钢材性能规定、检测方法。 3. 掌握选择钢材时应考虑的因素。 4. 掌握钢材的规格及标注方法。 5. 掌握Z向性能板材的性能。 6. 掌握高强螺栓分类和级别及适用范围。 7. 掌握钢结构材料取样送检的要求。	活动1：教师用多媒体讲解。 活动2：思考与其他建筑材料的物理力学性能的差别。 活动3：思考Q235A钢材的适用条件。 活动4：思考Z向性能板与普通钢板的区别。 活动5：思考钢结构材料为什么要进行取样送检。	1. 提问。（教师） 2. 分组讨论后回答问题。（教师）
			0-3 钢结构体系及其节点连接	1. 掌握钢结构体系分类、特点及适用范围。 2. 掌握钢结构的连接种类及规范要求。 3. 掌握焊材的分类及适用范围。 4. 掌握焊接种类、焊缝残余应力和残余变形及其减轻方法。	活动1：教师用多媒体讲解。 活动2：思考钢结构体系的特点及为什么有这些特点。 活动3：思考钢结构的各种连接方式的优缺点。 活动4：思考如何有效减少焊接残余应力和残余变形。	1. 提问。（教师） 2. 分组讨论后回答问题。（教师）
2	5	钢结构基本知识	0-4 钢结构识图基本知识	1. 掌握钢结构图纸的分类、用途及构成。 2. 掌握钢结构图纸的基本表达内容。 3. 掌握高强螺栓的图示分类及其表示方法。 4. 掌握焊缝符号及其标注方法。 5. 掌握钢结构节点的图示方法。	活动1：教师用多媒体讲解。 活动2：思考钢结构图纸为什么要进行深化详图设计。 活动3：思考复杂节点图纸与土建结构有何区别，为什么？	1. 提问。（教师） 2. 分组讨论后回答问题。（教师）

续表

第×次	周次	学时	单元标题	项目编号	能/知目标		师生活动	其他(含考核内容、方法)
3	3	5	江苏建院机电工业中心轻钢门架施工方案编制	1-1 江苏建院机电工业中心轻钢门架识图与工程量统计	知	1. 掌握轻钢门架的结构分类、形式、内力特点及其适用范围。 2. 掌握轻钢门架主结构、次结构和辅助结构的组成、布置要求及组件作用。 3. 掌握轻钢门架的节点形式。 4. 掌握轻钢门架的吊车梁和牛腿构造。 5. 掌握轻钢门架的屋面、墙面构造。 6. 了解轻钢门架的楼梯、栏杆、女儿墙构造。 7. 掌握支撑布置的要求及其作用。 8. 掌握轻钢门架的工程量统计方法。	活动1：教师用多媒体讲解轻钢门架基本知识。 活动2：教师引导学生理解课前下发的项目任务单并完成要求。 活动3：学生分组在组长的引导下讨论任务单内容。 活动4：学生分组在教师的指导下完成所规定的轴线间的所有构件工程量统计。(按照给定的EXCEL材料表格式完成电子文档)	1. 课堂纪律、出勤情况。(教师) 2. 课堂讨论参与度。(每位学生将学生证置于座位右上角，便于组长考核和填写"课堂讨论参与度记录表")(组长) 3. 各组工程量统计EXCEL表格。(教师) 4. 抽取一组进行展示、讲评。(教师评价)
					能	1. 能读懂轻钢门架设计图图示。 2. 能读懂轻钢门架详图图示。 3. 能依据轻钢门架设计图和详图统计工程量。		

续表

第×次	周次	学时	单元标题	项目编号	能/知目标		师生活动	其他(含考核内容、方法)
4	4	2	江苏建院机电工业中心轻钢门架施工方案编制	1-2 H型钢加工与运输专项方案编制	知	1. 了解H型钢加工的设备名称、用途及其技术参数。 2. 掌握H型钢构件的下料、切割、组立、焊接、校正、抛丸、喷涂、标记、包装、发运等流程及其要求。 3. 掌握构件表面的处理方法和除锈等级划分及其质量要求。 4. 掌握防腐、防火涂装的方法及工艺。 5. 掌握H型钢梁柱构件加工质量要求。 6. 掌握H型钢构件的标记、堆放、打包和运输要求。 7. 掌握预拼装的概念、作用和方法。 8. 掌握H型钢构件的成品检验方法、内容及要求。	活动1：教师用多媒体、图片、加工动画和视频讲解H型钢加工基本知识。 活动2：教师引导学生理解课前下发的项目任务单及完成要求。 活动3：学生根据课前下发图纸分组讨论具体选用何种加工设备、加工工艺、工序、防腐、防火涂装表面处理方法、成品检验方法、堆放方法等项目任务单内容。 活动4：学生分组按照给定的"H型钢加工与运输专项方案"模板完善施工方案。 活动5：抽取一组进行展示和讲评。	1. 课堂纪律、出勤情况。(教师) 2. 课堂讨论参与度。(组长) 3. H型钢加工与运输专项方案。(将电子表格按组发送至指定课程专用邮箱) 4. 抽取一组进行展示、汇报和讲评。(教师评价)
					能	1. 能正确合理地选择H型钢加工设备。 2. 能正确选择加工工艺、工序。 3. 能根据图纸和构件的要求正确选择构件表面处理方法。 4. 能正确选择防腐、防火涂装方法及工艺。 5. 能编制H型钢梁柱加工质量控制措施。 6. 能正确选择H型钢构件的成品检验、运输、堆放方法。 7. 能按照给定的模板编制H型钢加工与运输专项方案。		

续表

第×次	周次	学时	单元标题	项目编号	能/知目标	师生活动	其他（含考核内容、方法）
4	4	3	江苏建院机电工业中心轻钢门架施工方案编制	1—3 柱脚锚栓埋设专项方案编制	知 1. 掌握轻钢门架施工准备内容。 2. 掌握柱脚锚栓锚固长度要求。 3. 掌握抗剪键类型及其作用。 4. 掌握柱脚锚栓埋设定位和柱脚灌浆方法。 5. 掌握地脚锚栓纠偏方法。 6. 掌握地脚锚栓螺纹保护与修补方法。 7. 掌握垫铁类型及其优缺点。 8. 掌握轻钢门架柱脚锚栓验收要点及验收方法。 能 1. 能根据图纸确定、复核柱脚锚栓（埋设深度、丝扣长度、根部悬空距离等各部分）的长度尺寸。 2. 能根据图纸绘制2块预制定位模板或制作支架详图。 3. 能根据图纸正确确定定位模板、选择垫板及定位措施方法。 4. 能正确选择垫铁类型及其垫放方法。 5. 能选择柱脚灌浆的方法。 6. 能按照给定模板编制柱脚锚栓埋设专项方案。	活动1：教师用多媒体、图片、动画和视频讲解柱脚锚栓埋设的基本知识。 活动2：教师引导学生理解课前下发的项目任务单及完成要求。 活动3：学生根据课前下发图纸分组讨论具体怎样计算柱脚锚栓、选择定位模板、定位措施、垫铁类型及其垫放方法、柱脚灌浆方法等单项任务内容。 活动4：学生分组按照定位CAD绘制图。（与活动5同时） 活动5：学生根据给定的"柱脚锚栓埋设专项"模板完善专项施工方案。（与活动4同时） 活动6：抽取一组进行展示和讲评。	1. 课堂纪律、出勤情况。（教师） 2. 课堂讨论参与度。（组长） 3. 定位模板支架CAD详图。 4. 柱脚锚栓埋设专项方案。（将电子表格按课程发送至指定课程专用邮箱） 5. 抽取一组进行展示和讲评。（教师评价）

续表

第×次	周次	学时	单元标题	项目编号	能/知目标	师生活动	其他（含考核内容、方法）
5	5	7	江苏建院机电工业中心轻钢门架施工方案编制	1—4 钢结构连接方案编制	知：1.掌握高强螺栓连接副的概念、分类和组成。2.掌握高强螺栓连接的保管方法、保管时间要求及超时保管处理方法。3.掌握高强螺栓取样、检测内容及要求。4.掌握高强螺栓长度的确定方法。5.掌握高强摩擦面及连接板间隙的处理方法。6.掌握根据高强螺栓预拉力确定初拧、复拧、终拧扭矩的方法。7.掌握高强螺栓施拧设备的选择方法。8.掌握初拧、复拧、终拧方法和验收方法。 能：1.能根据图纸确定高强度螺栓长度。2.能根据高强螺栓预拉力确定初拧、复拧、终拧扭矩。3.能正确选择高强螺栓施拧设备。4.能根据高强螺栓种类、规格计算初拧、复拧、终拧扭矩。5.能使用扭矩法、转角法实施高强度螺栓安装。6.能组织高强度螺栓施工检查。7.能组织按给定模板编制高强螺栓连接验收。8.能按照给定模板编制高强螺栓连接专项施工方案。	活动0—1：学生在课前分组，并根据课前下发的图纸计算高强螺栓扭矩，终拧扳手，复拧、终拧扭矩，如何选择高强度螺栓长度，如何确定螺栓数量及怎样进行检查或普通螺栓数量，完成专项施工方案，与验收等项目任务单内容。 活动0—2：学生在课前分组，并按照给定的"高强螺栓连接专项施工方案"模板完成高强螺栓连接基本方案。 活动1：教师用多媒体、图片、动画和视频讲解高强螺栓连接基本知识。 活动2：教师引导学生理解课前下发的项目任务单及完成要求。 活动3：教师示范高强螺栓连接、检查和验收过程。 活动4：学生分组熟悉普通扳手、电动扳手使用说明书，同时领取材料。 活动5：学生分组进行高强螺栓的连接、检查和验收。 活动6：抽取一组进行展示和讲评。	1.课堂纪律、出勤情况。（教师）2.课堂讨论参与度。（组长）3.高强螺栓连接节点。4.完成的高强度专项施工方案。5.抽取一组进行展示和讲评。（教师评价）

250

续表

第×次	周次	学时	单元标题	项目编号	能/知目标		师生活动	其他（含考核内容、方法）
6	6	3	江苏建院机电工业中心轻钢门架施工方案编制	1-5 吊机选型与吊装验算	知	1.掌握吊装机械的分类、特点及其适用范围。2.掌握吊装机械的三大参数、吊机参数性能表阅览及使用方法。3.掌握吊装机械选择的基本原则及安全系数的确定方法。4.掌握吊点选择原则和选择方法。5.掌握吊装验算方法。	活动1：教师讲解吊机基本知识。活动2：教师引导学生理解课前下发的项目任务单及完成要求。活动3：学生根据课表分组讨论具体的吊机选型、吊点选择、吊装验算等项目任务内容。活动4：学生全员进行吊装验算并出具计算书。活动5：抽取一组进行展示和讲评。	1.课堂纪律、出勤情况。（教师）2.课堂讨论参与度。（组长）3.吊装验算计算书。（将电子文档按组发送指定课程专用邮箱）4.抽取一组进行展示和讲评。（教师评价）
					能	1.能根据给定的施工条件和吊机数合理选择吊机。2.能根据施工条件确定吊机的开行路线。3.能合理确定吊点位置。4.能进行吊装验算并出具计算书。		
7	7	5		1-6 江苏建院教育超市吊装专项方案编制	知	1.掌握分件安装法、节间安装法及其综合安装法的优缺点及其适用范围。2.掌握轻钢门架的正确安装顺序。3.掌握钢柱、吊车梁的安装及其轴线、标高校正方法及规范对其偏差要求。4.掌握吊装专项方案编制要点。	活动1：教师讲解吊装专项方案编制的主要内容。活动2：教师引导学生理解课前下发的项目任务单及完成要求。活动3：学生根据课表分组讨论具体向种安装方法、安装顺序、轴线、标高校正方法等专项任务内容。活动4：学生分组按照给定的"吊装专项方案"模板完善吊装专项方案。活动5：抽取一组进行展示和讲评。	1.课堂纪律、出勤情况。（教师）2.课堂讨论参与度。（组长）3.江苏建院教育超市吊装专项方案。（教师评价）4.抽取一组进行展示和讲评。（教师评价）
					能	1.能根据工程特点选择安装方法和安装顺序。2.能按照给定的模板编制吊装专项方案。		

续表

第×次	周次	学时	单元标题	项目编号	能/知目标	师生活动	其他(含考核内容、方法)
8	8	2	江苏建院机电工业中心轻钢门架施工方案编制	汇报考核		活动1:分组通过PPT汇报项目1的完成情况。活动2:通过试卷考核钢结构基本知识内容。	1. 分组PPT汇报后答辩。(教师) 2. 钢结构基本知识试卷。(教师)
8	8	3	益海嘉里内河码头网架施工网架编制	2-1 益海嘉里内河码头网架识图与工程量统计	知 1. 掌握网架结构的分类、形式、内力特点、优缺点及其适用范围。 2. 掌握网架结构构造及布置要求、经济尺寸、节点及其他组件作用。 3. 掌握网架结构的节点形式、构造要求及支座形式。 4. 掌握杆件的连接及焊缝要求。 5. 掌握管桁架的结构分类、形式、内力特点、优缺点及其适用范围。 6. 掌握管桁架结构的组成、经济尺寸、节点类型及组件作用。 7. 掌握空间网格结构支座分类及其作用。 8. 了解铸钢件类型、形式及加工工艺。 9. 掌握钢空间网格结构工程量的统计方法。 能 1. 能读懂网架施工图图示。 2. 能读懂管桁架设计图图示。 3. 能读懂管桁架施工详图图示。 4. 能依据网架施工图统计工程量。 5. 能依据管桁架设计图和详图统计工程量。 6. 能使用用Magic Table软件导出修改工程量。	活动1:教师用多媒体、图片、动画和视频讲解空间网格结构的基本知识。 活动2:教师引导学生理解课前下发的项目任务单及完成要求。 活动3:学生分组在组长的引导下讨论任务单内容。 活动4:学生分组在教师指导下完成所规定的轴线间所有构件的工程量统计。(按照给定的EXCEL材料表格式完成电子文档) 活动5:抽取一组进行展示和讲评。	1. 课堂纪律、出勤情况。(教师) 2. 课堂讨论参与度。(每位学生将学生证置于座位右上角,便于组长考核并填写"课堂讨论参与度"表)(组长) 3. 各组工程量统计EXCEL表格。(教师) 4. 抽取一组进行展示和讲评。(教师评价)

续表

第x次	周次	学时	单元标题	项目编号		能/知目标	师生活动	其他(含考核内容、方法)
9	9	5	盖海嘉里内河码头网架施工方案编制	2-2 盖海嘉里内河码头网架拼装专项方案编制	知	1.掌握网架的现场拼装方法、优缺点及其适用范围。2.掌握网架的现场拼装顺序及要求。3.掌握网架拼装胎架的CAD放样方法。4.掌握网架结构胎架的制作技术要求。	活动1:教师用多媒体、图片、动画和视频讲解网架拼装的基本知识。活动2:教师引导学生理解课前下发的项目任务单及完成要求。活动3:学生根据课前下发的详图分组讨论具体现场胎架条件、拼装顺序,CAD如何放样和胎架制作等项目任务单内容。活动4:学生分组CAD绘制拼装胎架放样图。(与活动5同时)活动5:学生分组按照给定的"网架拼装专项方案"模板完善专项施工方案。(与活动4同时)活动6:抽取一组进行展示和讲评。	1.课堂纪律、出勤情况。(教师)2.课堂讨论参与度。(组长)3.拼装胎架放样CAD图。4.网架拼装专项方案(将电子表格按组发送至指定课程专用邮箱)5.抽取一组进行展示和讲评。(教师评价)
					能	1.能根据图纸选择网架现场拼装方法。2.能根据图纸选择网架现场拼装顺序。3.能根据深化详图进行拼装胎架的CAD放样。4.能按照给定模板编制网架拼装专项方案。		
10	10	5		2-3 盖海嘉里内河码头网架吊装验算	知	1.掌握网架吊装机械选择的基本原则、安全系数确定方法及配合原则。2.掌握网架吊装吊点的选择原则和选择方法。3.掌握网架吊装验算方法。	活动1:教师讲解网架吊装验算知识。活动2:教师引导学生理解课前下发的项目任务单及完成要求。活动3:学生根据课前下发的图纸和吊装机参进行讨论具体吊机选型、吊点选择,吊装验算方法等项目任务单内容。活动4:学生全员进行吊装验算,并得出计算书。活动5:抽取一组进行展示和讲评。	1.课堂纪律、出勤情况。(教师)2.课堂讨论参与度。(组长)3.网架吊装验算计算书。(将电子文档按组发送至指定课程专用邮箱)5.抽取一组进行展示和讲评。(教师评价)
					能	1.能根据给定的施工条件和吊机参数表合理选择吊机。2.能确定网架吊装验算的吊点位置。3.能合理确定网架吊点路线。4.能进行吊装验算并出具计算书。		

253

续表

第×次	周次	学时	单元标题	项目编号	知/能	能/知目标	师生活动	其他（含考核内容、方法）
11	11	5	益海嘉里内河码头网架施工方案编制	2-4 益海嘉里内河码头网架吊装专项方案编制	知	1. 掌握网架的常用安装方法、优缺点及其适用范围。 2. 掌握网架的常用安装顺序。 3. 掌握网架杆件、节点球、支座等的安装、校正方法及规范偏差要求。 4. 掌握常用支撑架的种类、特点及其适用范围。 5. 掌握网架吊装专项方案的编制要点。	活动1：教师讲解吊装专项方案编制的主要内容。 活动2：教师引导学生理解课前下发的项目任务单及完成要求。 活动3：学生根据项目任务单下发的图纸，讨论具体安装顺序、轴线，标高校正方法等内容。 活动4：学生分组按照给定的"吊装专项方案"模板完成网架吊装专项方案。 活动5：抽取一组进行展示和讲评。	1. 课堂纪律、出勤情况。（教师） 2. 课堂讨论参与度。（组长） 3. 益海嘉里内河码头网架吊装专项方案。 4. 抽取一组进行展示和讲评。（教师评价）
					能	1. 能根据工程特点选择网架吊装的安装方法和安装顺序。 2. 能按照给定的模板编制网架吊装专项方案。		
12	12	5		2-5 益海嘉里内河码头网架滑移专项方案编制	知	1. 掌握滑移的方法分类及其适用范围。 2. 掌握常用滑移设备的适用范围。 3. 掌握网架滑移的安装流程。 4. 了解滑移轨道梁的设置方式。 5. 掌握滑移的同步控制方法及要求。	活动1：教师讲解滑移基础知识和滑移施工方案编制的主要内容。 活动2：教师引导学生理解课前下发的项目任务单及完成要求。 活动3：学生根据具体课前下发的图纸，讨论具体选择何种滑移方法、滑移同步控制等专项。 活动4：学生分组按照给定"滑移专项方案"模板完善滑移施工方案。 活动5：抽取一组进行行展示和讲评。	1. 课堂纪律、出勤情况。（教师） 2. 课堂讨论参与度。（组长） 3. 益海嘉里内河码头网架滑移施工专项方案。 4. 抽取一组进行展示和讲评。（教师评价）
					能	1. 能进行滑移的牵引力验算。 2. 能进行滑移用具的计算。 3. 能根据图纸、给定的滑移钢梁规格和给定的模板编制滑移专项方案。		
13	13	5		汇报考核				
合计		65						

注：1. "第 x 次"指的是该次课在整个课程中的排序，也就是在"单元设计"中的标号，不是在本周内的次序。

2. "师生活动"指的是师生"做什么（项目、任务中的）事情，学什么内容"。该项内容在此处只是标题，具体化为"单元设计"后，就要详细展开为"怎样做？怎样学？"

七、第一次课设计（面向全课，力争体验）

活动1：教师用多媒体讲解。
活动2：思考校内哪些建筑采用了钢结构。
活动3：思考钢结构的发展趋势。
环节一：教师讲解
教师用多媒体讲解钢结构的发展与现状，包括钢结构项目的施工动画，调动大家的积极性和专业情感。
环节二：畅所欲言
学生自由发言，介绍选择本专业的理由、对本门课程的认识、希望从本课程的学习中获得什么等。
环节三：佳作欣赏
展示上届学生上交的优秀作品，毕业生毕业设计的优秀作品，校友施工项目的精品作品，使学生对本课程要达到的目标形成感性认识。
环节四：认真聆听
教师介绍本课程的特点、学习方式、学习目标，公布课程考核标准。
环节五：自愿组合分组
教师指定分组（建议按照宿舍为单位，以使小组跨越课堂时间），公开征求意见微调，将学生分成6~8人/小组，并请各小组为本组选组长，为本组按照命名规则命名、制定团队口号。
环节六：师生总结
师生共同总结本节课的收获。

八、最后一次课设计（面向全课，高水平总结）

环节一：谈谈收获
各小组推选代表按照课前完成的PPT总结课程中两个课内项目和两个课外项目的完成情况，介绍学习本课程的收获，然后教师提炼补充，进行课程总结。
环节二：晒晒作品
各小组展示"项目成果""项目实施过程照片""项目成果照片"。
环节三：评评成果
各小组之间开展互评打分，教师参与评价并进行评分。
环节四：检验验证
实施闭卷考试。

九、考核方案（考核方案先由指定教师写出，然后由课程组成员集体研讨商定）

学生成绩的构成：平时项目（课内项目）完成情况累积分（占总成绩的60%）＋自选项目（课外项目）成绩（占总成绩的20%）＋理论考试成绩（占总成绩的20%）。其中，课外项目的内容由学生自己根据给定工程图纸，在自选项目（课外项目）的数个分区区间中选择一个区间完成工程量计算、加工制作和运输方案、吊装专项方案及滑移专项方案等项目任务，最后合并提供一个完整的项目施工方案。

学生成绩的记分方法：总成绩实行百分制，平时成绩（课内项目）与自选项目（课外项目）的考核评分方法见附件。其中，每个项目的完成情况获得的分数为44/11，记为4分，总分为44分；自选项目（课外项目）成绩为20分；理论考试的成绩为20分；日常出勤、纪律和课堂讨论参与度成绩为16分。

具体的考核内容：平时项目（课内项目）主要以每个课程项目完成的情况作为考核能力目标、知识目标、拓展目标的主要内容，具体包括完成项目的态度、项目成果质量、资料查阅情况、答辩问题的解答、团队合作、应变能力、表述能力、辩解能力、外语能力等。

自选项目（课外项目）主要考核项目确立的难度与适用性、项目成果质量、汇报质量和答辩问题的回答等内容。

理论考试主要考核钢结构基本知识、钢结构结构体系及其组成和作用、结构构造、施工方法、施工工序的程序与内容，形式采取闭卷考试的方式。

1. 课内项目考核：44分

每小组根据项目资料提供项目1成果（包括：江苏建院机电工业中心轻钢门架工程量统计表、江苏建院机电工业中心H型钢加工专项方案、江苏建院机电工业中心锚栓埋设专项方案、钢结构连接专项方案、轻钢门架吊装验算计算书、江苏建院机电工业中心吊装专项方案）、项目2成果（包括：益海嘉里内河码头网架工程量统计表、益海嘉里内河码头网架拼装专项方案、益海嘉里内河码头网架吊装计算书、益海嘉里内河码头网架吊装专项方案、益海嘉里内河码头网架滑移专项方案）及课程学习总结与体会。

2. 课外项目考核：20分

每小组根据项目资料提供课外项目1成果（江苏建院教育超市轻钢门架施工方案）和课外项目2成果（泰州内河码头网架工程施工方案）。

3. 职业素养考核：16分

主要由各小组进行组内评价，评价指标包括出勤、组织纪律、工作态度、工作礼仪、沟通技巧、职业道德、团队合作、执行力等。其中，小组组长评分占4分

（组长主要根据每个项目的任务完成过程评分），各小组间互评占 6 分（各组组长主要根据最后一次课的汇报评分），教师评分占 6 分（教师主要根据最后一次课的汇报评分）。

4. 理论知识考核：20 分

期末进行闭卷考试。

"钢结构工程施工"项目教学课程子项目（任务）完成情况考核评分表

班级：　　　　姓名：　　　　项目号：　　　　任务号：

序号	考核项目	权重	优秀（100分）标准	良好（80分）标准	中等（70分）标准	及格（60分）标准	不及格（50分）标准
1	完成项目（或任务）的态度	10%	态度非常认真；准备非常认真。	态度认真；准备认真。	态度较认真；准备较认真。	态度不太认真；准备不太认真。	态度不认真。
2	项目（或任务）成果的质量	40%	内容齐全、细致，条理清晰、明了，填写认真，真实，体会较深刻，真实。	内容较齐全、细致，条理较清晰、明了，填写较认真，真实，体会较深刻，真实。	内容基本齐全，条理基本清晰，明了，填写基本认真，真实，体会基本深刻，真实。	内容不太齐全，条理不太清晰，明了，填写不太认真，真实，体会不太深刻，真实。	内容不齐全；条理不清晰、明了；填写不认真，无误；体会不深刻，真实。
3	分析能力	5%	分析能力强；有创新见解。	分析能力较强；有自己见解。	能进行基本分析；有一定的见解。	分析能力弱；见解较少。	无分析；无见解。
4	判断能力	5%	判断能力强。	判断能力较强。	基本能判断多数问题。	只能判断少部分问题。	不能判断。
5	文字能力	5%	文字、结构编辑，图表处理能力非常强。	文字、结构编辑，图表处理等能力强。	基本能进行文字、结构编辑，图表处理。	文字、结构编辑，图表处理等能力弱。	不能进行文字、结构编辑，图表处理等。
6	资料查阅、汇总、分析能力	5%	查、汇、分能力强；齐全、新；表述规范。	查、汇、分能力较强；较齐全、新；表述较规范。	能查、汇、分基本资料；基本齐全、陈旧；表述基本规范。	能查、汇，但不会分析；不太全；表述不太规范。	不能查、汇、分；表述不规范。
7	知识运用能力	5%	运用知识解决实际问题的能力强。	能较好地运用知识解决实际问题。	基本能运用知识解决实际问题。	能运用知识解决部分实际问题。	不能运用知识解决实际问题。
8	计算能力	5%	基础数据处理，计算公式选取，计算结果整理，分析能力非常强。	基础数据处理，计算公式选取，计算结果整理，分析能力强。	基础数据处理，计算公式选取，计算结果整理，分析能力较强。	基础数据处理，计算公式选取，计算结果整理，分析能力弱。	基础数据处理，计算公式选取，计算结果整理能力无，图能力无。
9	回答问题的质量	2%	质量非常高、准确。	质量高、准确。	质量较高、准确。	质量低。	不能回答。

续表

序号	考核项目	权重	优秀（100分）标准	良好（80分）标准	中等（70分）标准	及格（60分）标准	不及格（50分）标准
10	应变能力	2%	反应非常快；应变能力非常强。	反应快；应变能力强。	反应较快；应变能力较强。	反应较慢；有一定变能力。	无反应；无应变能力。
11	语言表达能力	2%	语言表达能力非常强；条理性非常强。	语言表达能力强；条理性较强。	语言表达能力较强；条理性较强。	有一定表达能力；有一定条理性。	不会表达；无条理性。
12	辩解技巧与能力	2%	辩解技巧非常高明；辩解能力非常强。	辩解技巧高明；辩解能力强。	辩解技巧较高明；辩解能力较强。	有一定辩解技巧；有一定辩解能力。	无辩解技巧；不会辩解。
13	外语能力	2%	外语能力非常强；熟知常用专业外语。	外语能力强；知道多数专业外语。	外语能力较强，被动；基本知道专业外语。	有一定外语能力；知道少部分专业外语。	外语能力差；不知道专业外语。
14	自学能力	2%	自学能力非常强。	自学能力强。	有一定自学能力。	自学能力弱。	无自学能力。
15	与人合作	2%	合作意识非常强，能主动合作；合作能力非常强。	合作意识强，能主动合作；合作能力强。	合作意识较强，被动合作；合作能力较强。	有一定合作意识；有一定合作能力。	无合作意识；无合作能力。
16	经济意识	2%	经济意识非常强；成本考虑精细。	经济意识强；成本考虑较精细。	经济意识一般；有一定成本考虑。	经济意识弱；成本考虑不大全。	无经济意识；无成本考虑。
17	环保意识	2%	环保意识非常强。	环保意识强。	环保意识较强。	有一定环保意识。	无环保意识。
18	遵守纪律	2%	对自己要求非常严格；无迟到、旷课、早退；严格按要求办事。	对自己要求严格；无迟到、旷课、早退；能严格按要求办事。	对自己要求较严格；无迟到、旷课、早退；基本能按要求办事。	对自己要求一般；无迟到、旷课、早退；基本能按要求办事。	对自己要求不严格；有迟到、旷课、早退；要求办事做不到。

注：

① 表中与人合作、遵守纪律的得分由子项目执行经理（小组组长）评定，其他由指导教师评定得分。

② 指导教师在打分时要依据项目日平时的检查记录、工作日记、PPT汇报、问题回答的考核情况进行每项最终分数的确定。

③ 对考核的全部内容，指导教师有权对每个项目及成员连续出现同类错误的考核内容追加严肃扣分向学生公布。

④ 每个项目或成员考核完成后，指导教师必须对成绩及时评定成绩，并在下一个项目开始前向学生公布。

⑤ 如果某个学生对某个项目成绩提出疑问，可以在课后向指导教师询问，在依据充分的情况下，可以适当修改。

⑥ 指导教师对每个项目或能力形成情况汇总分析总分后要向学生反馈，以便学生掌握自己的实际考核情况。

⑦ 每个子项目或任务的成绩满分为3分。

十、教学材料（指教材或讲义、参考资料、所需仪器、设备、教学软件等）

（1）教材：

《钢结构工程施工》，中国建筑工业出版社，2010 年版，学生用；或《钢结构工程施工》，人民交通出版社，2015 年版，学生用。

《项目工作任务单》，自编，校内印刷，学生用。

（2）图纸：

《江苏建院机电工业中心图纸》（轻钢门架 – 有吊车、有夹层），自编，校内印刷，学生用。

《江苏建院教育超市图纸》（轻钢门架 – 无吊车、无夹层），自编，校内印刷，学生用。

《益海嘉里内河码头网架工程图纸》（网架结构），自编，电子版，学生用。

《泰州内河码头网架工程图纸》（网架结构），自编，电子版，学生用。

（3）吊车参数表：

《常用履带吊、汽车吊、轮胎吊、塔吊吊机参数表》，自编，电子版，校内印刷，学生用。

（4）自编表格：

《钢结构工程量统计》EXCEL 表格，自编，电子版，学生用。

《课堂讨论参与度记录表》，自编，校内印刷，组长用。

《H 型钢加工与运输专项方案》模板，自编，电子文档，学生用。

《高强螺栓连接专项施工方案》模板，自编，电子文档，学生用。

《吊装专项方案》模板，自编，电子文档，学生用。

《网架拼装专项方案》模板，自编，电子文档，学生用。

《网架滑移施工专项方案》模板，自编，电子文档，学生用。

《课堂纪律、出勤情况》考核评价表，自编，电子文档，教师用。

（5）参考资料：

《门式钢架轻型房屋钢结构技术规程》CECS10 2：2002（2012 年版）。

《空间网格结构技术规程》JGJ 7—2010。

《钢结构工程施工规范》GB 50755—2012。

《钢结构工程施工质量验收规范》GB 50205—2001。

《钢结构设计规范》GB 50017—2003。

《建筑施工安全检查标准》JGJ 59—2011。

《建筑施工高处作业安全技术规范》JGJ 80—1991。

《建筑施工扣件式钢管脚手架安全技术规范》JGJ 130—2011。

《碳素结构钢》GB/T 700—2006。

《低合金高强度结构钢》GBB/T 1591—2008。

《钢材力学性能及工艺性能试验取样规定》GB/T 2975—1998。

（6）教学软件：3D3S9.0 版本。

（7）国家级精品资源共享课程"钢结构工程施工"网站：

http：//www.icourses.cn/coursestatic/course_3090.html

单击主界面右上角"注册"按钮，具体注册过程如下：

① 首页顶部单击"注册"。

② 在空白处填写相应内容。

③ 单击"立即注册"后，到登录邮箱内找到系统发送的激活邮件。

已读	发件人	主题	日期		
	register4@icourses.cn	用户激活_学习社区	2014-03-19 16:10:14	查看	删除

④ 单击邮件内的激活链接。

⑤ 链接会跳转到完善信息页面，完善昵称信息后，单击"激活"按钮激活。

激活账号

本网站采用全员实名制，本处昵称必须采用"班级+姓名"格式。

*登录邮箱：test20141203@126.com

*昵称：
昵称一旦确定，将不可修改

*验证码：　看不清？

激活　《爱课程网站使用协议》

⑥ 激活成功后即完成注册。

激活账号

激活成功，请登录

（8）课程邮箱：

项目成果上交邮箱：gjggcsg2015@163.com；

课程公用邮箱：gjggcsg2015gyyx@163.com，密码：abc000。

（9）上交电子文档的命名格式：班级组别学号姓名.rar。

（10）工具：高强螺栓实训场梁柱节点，扭剪型高强螺栓，大六角头高强螺栓，普通螺栓，普通扳手，电动扭矩扳手，扭矩指针扳手。

十一、需要说明的其他问题

由于本门课程在开设前，学生尚未接触到钢结构的相关知识，为了项目任务的具体实施具有可操作性，因此在所有项目任务开始前设置编号为0的单元"钢结构基本知识"，利用多媒体、图片、动画、视频等资源采用传统方式进行讲解。

十二、本课程常用术语中英文对照

acceptable quality 合格质量

acceptance lot 验收批量

aciera 钢材

against slip coefficient between friction surface of high-strength bolted connection 高强度螺栓摩擦面抗滑移系数

allowable slenderness ratio of steel member 钢构件容许长细比

allowable value of deflection of structural member 构件挠度容许值

allowable value of deformation of steel member 钢构件变形容许值

allowable value of deformation of structural member 构件变形容许值

approval analysis during construction stage 施工阶段验算

arch 拱

aseismic design 建筑抗震设计

automatic welding 自动焊接

backfilling plate 垫板

beam 次梁

bearing plate 支承板

bearing stiffener 支承加劲肋

bolt 螺栓

bolted connection 钢结构螺栓连接

bolted steel structure 螺栓连接钢结构

building structural materials 建筑结构材料

built – up steel column 格构式钢柱

butt connection 对接

butt joint 对接

butt weld 对接焊缝

calculating overturning point 计算倾覆点

calculation of load-carrying capacity of member 构件承载能力计算

camber of structural member 结构构件起拱

cantilever beam 挑梁

characteristic value of live load on floor or roof 楼面、屋面活荷载标准值

characteristic value of wind load 风荷载标准值

characteristic value of horizontal crane load 吊车水平荷载标准值

characteristic value of strength of steel 钢材强度标准值

characteristic value of strength of steel bar 钢筋强度标准值

characteristic value of uniformly distributed live load
均布活标载标准值

characteristic value of variable action 可变作用标准值

characteristic value of vertical crane load 吊车竖向荷载标准值

circumferential weld 环形焊缝

classification for earthquake-resistance of buildings 建筑结构抗震设防类别

clear height 净高

cold bend inspection of steel bar 冷弯试验

cold-formed thin-walled section steel 冷弯薄壁型钢

combination value of live load on floor or roof 楼面、屋面活荷载组合值

compliance control 合格控制

composite floor system 组合楼盖

composite floor with profiled steel sheet 压型钢板楼板

connecting plate 连接板

connection 连接

connections of steel structure 钢结构连接

constant cross-section column 等截面柱

construction and examination concentrated load 施工和检修集中荷载

continuous weld 连续焊缝

cover plate 盖板

covered electrode 焊条

crack 裂缝

crane girder 吊车梁

crane load 吊车荷载

cup 翘弯

curved support 弧形支座

deformation analysis 变形验算

degree of gravity vertical for structure or structural member 结构构件垂直度

degree of gravity vertical for wall surface 墙面垂直度

degree of plainness for structural member 构件平整度

degree of plainness for wall surface 墙面平整度

depth of compression zone 受压区高度

depth of neutral axis 中和轴高度

design value of load-carrying capacity of members 构件承载能力设计值

designations of steel 钢材牌号

design value of material strength 材料强度设计值

destructive test 破损试验

detailing requirements 构造要求

diaphragm 横隔板

dimensional errors 尺寸偏差

double component concrete column 双肢柱

earthquake-resistant detailing requirements 抗震构造要求

effective area of fillet weld 角焊缝有效面积

effective depth of section 截面有效高度

effective diameter of bolt or high-strength bolt 螺栓或高强度螺栓有效直径

effective height 计算高度

effective length of fillet weld 角焊缝有效计算长度

effective length of nail 钉有效长度

effective span 计算跨度

effective thickness of fillet weld 角焊缝有效厚度

elastically supported continuous girder 弹性支座连续梁

elasticity modulus of materials 材料弹性模量

elongation rate 伸长率

embedded parts 预埋件

equivalent slenderness ratio 换算长细比

equivalent uniformly distributed live load 等效均布活荷载

elective cross-section area of high-strength bolt 高强度螺栓的有效截面积

detective cross-section area of bolt 螺栓有效截面面积

Euler's critical load 欧拉临界力

Euler's critical stress 欧拉临界应力

fillet weld 角焊缝

fissure 裂缝

flexible connection 柔性连接

flexural rigidity of section 截面弯曲刚度

flexural stiffness of member 构件抗弯刚度

floor plate 楼板

floor system 楼盖

four sides edges supported plate 四边支承板

frame structure 框架结构

frame with sides way 有侧移框架

frame without sides way 无侧移框架

fringe plate 翼缘板

friction coefficient 摩擦系数

girth weld 环形焊缝

groove 坡口

gusset plate 节点板

hanger 吊环

height variation factor of wind pressure 风压高度变化系数

high-strength bolt 高强度螺栓

high-strength bolt with large hexagon bea 大六角头高强度螺栓

high-strength bolted bearing type join 承压型高强度螺栓连接

high-strength bolted connection 高强度螺栓连接

high-strength bolted friction-type joint 摩擦型高强度螺栓连接

high-strength holted steel slsteel structure 高强螺栓连接钢结构

hinge support 铰轴支座

hinged connection 铰接

hinge-less arch 无铰拱

hunched beam 加腋梁

impact toughness 冲击韧性

incomplete penetration 未焊透

incomplete fusion 未融合

incompletely filled groove 未焊满

influence coefficient for spacial action 空间性能影响系数

intermediate stiffener 中间加劲肋

intermittent weld 断续焊缝

key joint 键连接

laced of battened compression member 格构式钢柱

lacing and batten elements 缀材缀件

lacing bar 缀条

lamellar tearing 层状撕裂

lap connection 叠接搭接

lapped length 搭接长度

lateral bending 侧向弯曲

lateral displacement stiffness of structure 结构侧移刚度

leg size of fillet weld 角焊缝焊脚尺寸

limiting value for sectional dimension 截面尺寸限值

limiting value for supporting length 支承长度限值

load-carrying capacity per bolt 单个普通螺栓承载能力

load-carrying capacity per high-strength holt 单个高强螺桂承载能力

load-carrying capacity per rivet 单个铆钉承载能力

longitude horizontal bracing 纵向水平支撑

longitudinal stiffener 纵向加劲肋

longitudinal weld 纵向焊缝

losses of prestress 预应力损失

main axis 强轴

main beam 主梁

major axis 强轴

manual welding 手工焊接

manufacture control 生产控制

map cracking 龟裂

mechanical properties of materials 材料力学性能

method of sampling 抽样方法

minor axis 弱轴

modulus of elasticity 弹性模量

moment modified factor 弯矩调幅系数

monitor frame 天窗架

multi-defence system of earthquake-resistant building 多道设防抗震建筑

net height 净高

net span 净跨度

non-destructive inspection of weld 焊缝无损检验

non-destructive test 非破损检验

number of sampling 抽样数量

oblique-angle fillet weld 斜角角焊缝

one-way reinforced or prestressed concrete slab 单向板

open web roof truss 空腹屋架

ordinary concrete 普通混凝土

ordinary steel bar 普通钢筋

orthogonal fillet weld 直角角焊缝

outstanding width of flange 翼缘板外伸宽度

outstanding width of stiffener 加劲肋外伸宽度

over-all stability reduction coefficient of steel beam 钢梁整体稳定系数

overlap 焊瘤

overturning or slip resistance analysis 抗倾覆、滑移验算

padding plate 垫板

partial penetrated butt weld 不焊透对接焊缝

penetrated butt weld 透焊对接焊缝

pit 凹坑

plane hypothesis 平截面假定

plane structure 平面结构

plane trussed lattice grids 平面桁架系网架

plank 板材

plastic adaption coefficient of cross-section 截面塑性发展系数

plastic design of steel structure 钢结构塑性设计

plastic hinge 塑性铰

plate-like space frame 平板型网架

plate-like space truss 平板型网架

plug weld 塞焊缝

plywood 胶合板

plywood structure 胶合板结构

polygonal top-chord roof truss 多边形屋架

prestressed steel structure 预应力钢结构

production control 生产控制

property of building structural materials 建筑结构材料性能

purlin 檩条

quality grade of weld 焊缝质量级别

quality inspection of bolted connection 螺栓连接质量检验

quality inspection of steel structure 钢结构质量检验

quality inspection of riveted connection 铆钉连接质量检验

quasi-permanent value of live load on floor or roof 楼面、屋面活荷载准永久值

ratio of shear span to effective depth of section 剪跨比

redistribution of internal force 内力重分布

reducing coefficient of compressive strength in sloping grain for

bolted connection 螺栓连接斜纹承压强度降低系数

reducing coefficient of live load 活荷载折减系数

right-angle fillet weld 直角角焊缝

rigid connection 刚接

rigidity of section 截面刚度

riveted connection 铆钉连接

riveted steel beam 铆接钢梁

riveted steel girder 铆接钢梁

riveted steel structure 铆接钢结构

roller support 滚轴支座

rolled steel beam 轧制型钢梁

roof board 屋面板

roof bracing system 屋架支撑系统

roof girder 屋面梁

roof plate 屋面板

roof slab 屋面板

roof system 屋盖

roof truss 屋架

rot 腐朽

safety classes of building structures 建筑结构安全等级

safety bolt 保险螺栓

seamless steel pipe 无缝钢管

seamless steel tube 无缝钢管

second moment of area of tranformed section 换算截面惯性矩

second order effect due to displacement 挠曲二阶效应

secondary axis 弱轴

secondary beam 次梁

section modulus of transformed section 换算截面模量

section steel 型钢

semi-automatic welding 半自动焊接

separated steel column 分离式钢柱

shaped steel 型钢

shape factor of wind load 风荷载体型系数

short stiffener 短加劲肋

snow reference pressure 基本雪压

solid-web steel column 实腹式钢柱

space structure 空间结构

space suspended cable 悬索

square pyramid space grids 四角锥体网架

stability calculation 稳定计算

stability reduction coefficient of axially loaded compression 轴心受压构件稳定系数

stair 楼梯

statically determinate structure 静定结构

statically indeterminate structure 超静定结构

steel 钢材

steel column component 钢柱分肢

steel column base 钢柱脚

steel pipe 钢管

steel plate 钢板

steel plate element 钢板件

steel strip 钢带

steel support 钢支座

steel tube 钢管

steel tubular structure 钢管结构

steel wire 钢丝

stepped column 阶形柱

stiffener 加劲肋

stiffness of structural member 构件刚度

straightness of structural member 构件平直度

strand 钢绞线

strength classes of structural steel 钢材强度等级

strong axis 强轴

structural system composed of bar 杆系结构

test for properties of concrete structural members 构件性能检验

tie beam 系梁

tie tod 系杆

tied framework 绑扎骨架

tor-shear type high-strength bolt 扭剪型高强度螺栓

torsional rigidity of section 截面扭转刚度

torsional stiffness of member 构件抗扭刚度

total breadth of structure 结构总宽度

total height of structure 结构总高度

total length of structure 结构总长度

transverse horizontal bracing 横向水平支撑

transverse stiffener 横向加劲肋

transverse weld 横向焊缝

trapezoid roof truss 梯形屋架

triangular pyramid space grids 三角锥体网架

triangular roof truss 三角形屋架

undercut 咬边

vertical bracing 竖向支撑

vierendal roof truss 空腹屋架

visual examination of structural member 构件外观检查

visual examination of structural steel member 钢构件外观检查

visual examination of weld 焊缝外观检查

wall beam 墙梁

warping 翘曲

weak axis 弱轴

weak region of earthquake-resistant building 抗震建筑薄弱部位

web plate 腹板

weld 焊缝

weld crack 焊接裂纹

weld defects 焊接缺陷

weld roof 焊根

weld toe 焊趾

weld ability of steel 钢材可焊性

welded framework 焊接骨架

welded steel beam 焊接钢梁

welded steel girder 焊接钢梁

welded steel pipe 焊接钢管

welded steel structure 焊接钢结构

welding connection 焊缝连接

welding flux 焊剂

welding rod 焊条

welding wire 焊丝

wind fluttering factor 风振系数

wind reference pressure 基本风压

wind-resistant column 抗风柱

yield strength（yield point）of steel 钢材（钢筋）屈服强度（屈服点）

附：课程整体设计体会

教师层面：项目化课改前，教师在讲台上讲解，进行灌输性教学，虽然有部分任务引领，但这些任务连贯性不强，不成系统，不利于学生综合技能的提升；如果按照本文实施项目化教学教改后，教师转变为引导性角色，使学生走向前台，在教师的指导下完成项目任务。

学生层面：项目化课改前，学生的学习积极性不高，更没有学习主动性，课堂教学效率低下；如果按照本文实施项目化教学教改后，学生具体实施项目任务并有相应考核，使学生由被动走向主动，各小组成员积极讨论并完成项目任务，逐步成为课堂主体。

个人体会：项目化课改对教师的教学设计能力、专业知识把握能力、教学资料开发能力、教学实施能力、课堂引导能力与技巧提出了更高的要求，教师备课工作量明显加大，但有付出才会有收获，要想进一步提高教学效果，必须实施项目化教学改革。

（另外，在整体设计 WORD 文档及制作 PPT 演示文档时，需要绘制"岗位分析图""课程进度图""课程目标图"和"情境任务图"，具体见附录。）

7.3.2　项目化课程单元教学设计

项目化课程单元教学设计

"钢结构工程施工"课程单元教学设计

单元标题	0 钢结构基本知识			单元教学学时	10 学时
				在整体设计中的位置	第1、2次
授课班级	上课时间	周　月　日第　节至 周　月　日第　节		上课地点	多媒体教室
教学目标	能力目标		知识目标		素质目标
	1. 能分析化学成分对钢材性能的影响。 2. 能分析钢结构的结构体系的组成及其作用。 3. 能进行基本的钢材、焊材材料选择。 4. 能采取适当的措施减少焊接残余应力和残余变形。 5. 能识别钢结构节点的力学类型。		1. 了解钢结构的发展与现状，了解钢结构的优点、缺点及适用范围。 2. 掌握钢材的化学成分、塑性、韧性、可焊性等基本性能及其成材过程。 3. 掌握钢材的分类、牌号及国标钢材的性能规定、检测方法。 4. 掌握选择钢材时应考虑的因素。 5. 掌握钢材的规格及标注方法。 6. 掌握 Z 向性能板材的性能。 7. 掌握高强螺栓分类和级别及适用范围。 8. 掌握钢结构材料的取样送检要求。 9. 掌握钢结构的体系分类、特点及适用范围。 10. 掌握钢结构的连接种类及规范要求。 11. 掌握焊材的分类及适用范围。 12. 掌握焊接种类、焊接残余应力和残余变形及其减轻方法。 13. 掌握钢结构的图纸分类、用途及其构成。 14. 掌握钢结构图纸的基本表达内容。 15. 掌握高强螺栓的图示分类及表示方法。 16. 掌握焊缝符号及其标注方法。 17. 掌握钢结构节点的图示方法。		1. 进一步树立专业思想。 2. 明确课程的内容与目的。 3. 养成遵守规范、规程的良好职业习惯。 4. 树立合作学习的意识。

能力训练任务	本单元以理论讲授为主,使学生掌握钢结构的基本概念、术语及基本知识。 任务 0-1. 分析化学成分对钢材性能的影响。(钢结构材料基本性能) 任务 0-2. 分析钢结构结构体系组成及其作用。(钢结构体系及其节点连接) 任务 0-3. 钢材、焊材材料选择。(钢结构体系及其节点连接) 任务 0-4. 采取适当的措施减少焊接残余应力和残余变形。(钢结构体系及其节点连接) 任务 0-5. 识别钢结构节点的力学类型。(钢结构识图基本知识)
本次课使用的外语单词	钢结构 steel structure 钢板 steel plate 热轧型钢 hot-rolled steel section 钢材 steel 压型钢板 profiled steel sheet 钢管 steel tube 轻钢门式钢架 light steel portal frame 钢框架 steel frame 管桁架结构 pipe truss structure 网架结构 space truss structure 焊缝 weld joint 螺栓 bolt 设计图 design chart 详图 detail drawing 柱间支撑 column bracing 水平支撑 horizontal bracing 角焊缝 fillet weld 对接焊缝 butt weld
案例和教学材料	多媒体教室设备。 案例 1. 国内哪些建筑采用了钢结构,直观体验钢结构的用途和特点。(国家体育场,即鸟巢,空间异形结构;中央电视台总部大楼,即央视大厦,超高层组合结构;上海中心大厦,超高层组合结构;徐州火车站,预应力管桁架结构;文沃菜市场,轻钢门式钢架结构;翟山加油站,螺栓球网架结构。) 案例 2. 校内哪些建筑采用了钢结构,直观体验钢结构的用途和特点。(一食堂屋盖,网架结构;体育馆屋盖,网架结构;教育超市,轻钢门式钢架结构;机电实训中心,轻钢门式钢架结构;西操场看台,管桁架结构;吊装实训场,钢框架结构。) 案例 3. 焊接变形动画。 案例 4. 轻钢门式钢架 1:20 可拆卸模型。 资料:"钢结构工程施工"教材,"钢结构工程施工"项目任务单,学生按宿舍分组的名单,"钢结构工程施工"教学课件,"钢结构工程施工"国家精品资源共享课网站。

"钢结构工程施工"课程单元教学进度（5学时，200分钟）

步骤	教学内容及能力/知识目标	教师活动	学生活动	时间（分钟）
1（钢结构发展与现状讲解）	了解钢结构的发展与现状，了解钢结构的优点、缺点及适用范围。	活动1：教师用多媒体讲解。	听讲、记录笔记	80
		活动2：思考校内哪些建筑采用了钢结构？引导学生发言。	思考、分组讨论、自主发言。	
		活动3：思考钢结构的发展趋势？引导学生发言。	思考、分组讨论、自主发言。	
2（钢结构材料基本性能讲解）	1.掌握钢材的化学成分、塑性、韧性、可焊性等基本性能及其成材过程。2.掌握钢材的分类、牌号及国标钢材的性能规定、检测方法。3.掌握选择钢材时应考虑的因素。4.掌握钢材的规格及标注方法。5.掌握Z向性能板材的性能。6.掌握高强螺栓的分类和级别及适用范围。7.掌握钢结构材料的取样送检要求。	活动1：教师用多媒体讲解。	听讲、记录笔记。	80
		活动2：思考钢材与其他建筑材料的物理力学性能的差别。	思考、分组讨论、自主发言。	
		活动3：思考Q235A钢材的适用条件。		
		活动4：思考Z向性能板材与普通钢板的应用区别。		
		活动5：思考钢结构材料为什么要进行取样送检。		
3（钢结构体系及其节点连接讲解）	1.掌握钢结构体系的分类、特点及适用范围。2.掌握钢结构的连接种类及规范要求。3.掌握焊材的分类及适用范围。4.掌握焊接种类、焊接残余应力和残余变形及其减轻方法。	活动1：教师用多媒体讲解。	听讲、记录笔记。	40
		活动2：思考钢结构体系的特点及为什么具有这些特点。	思考、分组讨论、自主发言。	
		活动3：思考钢结构的各种连接方式的优点、缺点。		
		活动4：思考如何有效减少焊接残余应力和残余变形。		
4（钢结构识图基本知识讲解）	1.掌握钢结构图纸的分类、用途及其构成。2.掌握钢结构图纸的基本表达内容。3.掌握高强螺栓的图示分类及表示方法。4.掌握焊缝符号及其标注方法。5.掌握钢结构节点的图示方法。	活动1：教师用多媒体讲解。	听讲、记录笔记。	200
		活动2：思考钢结构图纸为什么要进行深化详图设计。		
		活动3：思考复杂节点图样与土建结构有何区别及为什么具有这些区别。	思考、分组讨论、自主发言。	
作业	江苏建院机电工业中心轻钢门架图纸识读。			
课后体会				

"钢结构工程施工"课程单元教学设计

单元标题	1 江苏建院机电工业中心轻钢门架施工方案编制 1−1 江苏建院机电工业中心轻钢门架识图与 工程量统计		单元教学学时	5 学时
			在整体设计中的位置	第 3 次
授课班级	上课时间	周　月　日第　节至 周　月　日第　节	上课地点	机房或工学结合教室

教学目标	能力目标	知识目标	素质目标
	1. 能读懂轻钢门架设计图图示。 2. 能读懂轻钢门架详图图示。 3. 能依据轻钢门架设计图和详图统计工程量。	1. 掌握轻钢门架的结构分类、形式、内力特点及其适用范围。 2. 掌握轻钢门架主结构、次结构和辅助结构的组成、布置要求及组件作用。 3. 掌握轻钢门架的节点形式。 4. 掌握轻钢门架的吊车梁和牛腿构造。 5. 掌握轻钢门架的屋面、墙面构造。 6. 了解轻钢门架的楼梯、栏杆、女儿墙构造。 7. 掌握支撑布置要求、形式及其作用。 8. 掌握轻钢门架工程量的统计方法。	1. 团队协作能力——按照指导教师和团队小组组长要求完成团队任务。 2. 沟通协调能力——与指导教师、团队小组组长和其他组员的沟通协调。 3. 严谨的工作作风——统计工程量不漏掉任何一块板件。 4. 吃苦耐劳的作风——出现错误推翻重做，直至正确为止。 5. 遵守纪律——在完成项目的过程中遵守纪律。

能力训练任务	任务 1−1. 完成江苏建院教育超市图纸所规定的轴线间所有构件的工程量统计（按照给定的 EXCEL 材料表格式完成电子文档）。第 1 组任务 −1~3 轴线；第 2 组任务 −2~4 轴线；第 3 组任务 −3~5 轴线；第 4 组任务 −4~6 轴线；第 5 组任务 −1~2+3~4 轴线；第 6 组任务 −2~3+4~5 轴线；第 7 组任务 −3~4+5~6 轴线；第 8 组任务 −1~2+5~6 轴线。

本次课使用的外语单词	钢板 steel plate 热轧型钢 hot−rolled steel section 钢材 steel 压型钢板 profiled steel sheet 轻钢门式钢架 light steel portal frame 焊缝 weld joint 螺栓 bolt 设计图 design chart 详图 detail drawing 柱间支撑 column bracing 水平支撑 horizontal bracing 角焊缝 fillet weld 对接焊缝 butt weld

案例和教学材料	多媒体教室设备。 案例1. 教育超市图纸,轻钢门式钢架结构。 案例2. 机电实训中心图纸,轻钢门式钢架结构。 案例3. 焊接变形动画。 案例4. 轻钢门式钢架1∶20可拆卸模型。 资料:"钢结构工程施工"教材,"钢结构工程施工"项目任务单,学生按宿舍分组的名单,"钢结构工程施工"教学课件,"钢结构工程施工"国家精品资源共享课网站。

"钢结构工程施工"课程单元教学进度(5学时,200分钟)

步骤	教学内容及能力/知识目标	教师活动	学生活动	时间(分钟)
1(教师用多媒体讲解轻钢门架基本知识)	1. 掌握轻钢门架的结构分类、形式、内力特点及其适用范围。 2. 掌握轻钢门架主结构、次结构和辅助结构的组成、布置要求及组件作用。 3. 掌握轻钢门架的节点形式。 4. 掌握轻钢门架的吊车梁和牛腿构造。 5. 掌握轻钢门架的屋面、墙面构造。 6. 了解轻钢门架的楼梯、栏杆、女儿墙构造。 7. 掌握支撑布置要求、形式及其作用。	活动1:教师用多媒体讲解轻钢门架的基本知识。	听讲、记录笔记。	70
		活动2:展示轻钢门架图片及其组成。	观看,写出轻钢门架其组成部分。	
		活动3:展示轻钢门架模型及其组成。	观看,指出各组成部分的名称及其作用。	
2(教师引导学生理解课前下发的项目任务单及完成要求)	1. 理解项目任务单的具体内容及要求。 2. 掌握轻钢门架的结构分类、形式、内力特点及其适用范围。 3. 掌握轻钢门架主结构、次结构和辅助结构的组成、布置要求及组件作用。 4. 掌握轻钢门架的节点形式。 5. 掌握支撑布置要求、形式及其作用。	活动1:建立项目任务情境,明确此次的具体任务要求。(以项目业主方代表的身份)	接受项目任务,记录具体任务要求。	10
		活动2:教师示范单柱工程量统计。	听讲,记录笔记。	
3(学生分组在组长引导下讨论任务单内容)	1. 掌握轻钢门架工程量的统计方法。 2. 能读懂轻钢门架的设计图图示。 3. 能读懂轻钢门架的详图图示。 4. 能依据轻钢门架的设计图和详图统计工程量。	活动1:指导教师自由参加各组的讨论,并对每个学生的预准备情况进行翔实的检查、记录。 (以指导教师的身份)	组内任务分配,进行图纸识读,思考和讨论完成方案。	40

步骤	教学内容及能力/知识目标	教师活动	学生活动	时间（分钟）
4（学生分组在教师指导下完成所规定的轴线间所有构件的工程量统计）	1. 掌握轻钢门架工程量统计方法。 2. 能读懂轻钢门架的设计图图示。 3. 能读懂轻钢门架的详图图示。 4. 能依据轻钢门架的设计图和详图统计工程量（按照给定的EX-CEL材料表格式完成电子文档）。	活动1：指导教师自由参加各组的任务实施，并对每个学生的实施情况进行翔实的检查、记录。 （以指导教师的身份）	组内按照讨论的方案组织任务实施，按照给定的EXCEL材料表格式完成电子文档。	80
		活动2：任意抽取一组成果进行展示与讲评。	完善个人成果。	
作业	江苏建院机电工业中心轻钢门架图纸工程量统计。			
课后体会				

注：每个步骤占用的行数，可以按照实际需要，像"步骤1"那样增减。

"钢结构工程施工"课程单元教学设计

单元标题	1 江苏建院机电工业中心轻钢门架施工方案编制 1－2 H型钢加工与运输专项方案编制		单元教学学时	2学时
授课班级	上课时间	周 月 日第 节至 周 月 日第 节	上课地点	机房或工学结合教室

教学目标	能力目标	知识目标	素质目标
	1. 能正确合理地选择H型钢加工设备。 2. 能正确选择加工工艺、工序。 3. 能根据图纸和构件要求正确选择构件表面处理方法。 4. 能正确选择防腐、防火涂装方法及工艺。 5. 能编制H型钢梁柱加工质量控制措施。 6. 能正确选择H型钢构件的成品检验、运输、堆放方法。 7. 能按照给定的模板编制H型钢构件加工与运输专项方案。	1. 了解H型钢加工设备的名称、用途及其技术参数。 2. 掌握H型钢构件的下料、切割、组立、焊接、校正、抛丸、喷涂、标记、包装、发运等流程及其要求。 3. 掌握构件表面的处理方法和除锈等级划分及其质量要求。 4. 掌握防腐、防火涂装方法及工艺。 5. 掌握H型钢梁柱构件的加工质量要求。 6. 掌握H型钢构件的标记、堆放、打包和运输要求。 7. 掌握预拼装的概念、作用和方法。 8. 掌握H型钢构件的成品检验方法、内容及要求。	1. 团队协作能力——按照指导教师和团队小组组长的要求完成团队任务。 2. 沟通协调能力——与指导教师、团队小组组长和其他组员的沟通协调。 3. 严谨的工作作风——严格加工工序和质量要求，不漏工序。 4. 吃苦耐劳的作风——反复研读规范要求和教材内容。 5. 遵守纪律——在完成项目的过程中遵守纪律。

续表

能力训练任务	任务1-2. H型钢加工与运输专项方案编制
本次课使用的外语单词	加工 machining 机械设备 equipment 焊机 welding machine 焊工 welder 门式焊机 portal beam submerged arc welding machine 校正 adjust 组立 assemblage 除锈 derusting 表面处理 surface preparation 抛丸 ball blast 工艺 technics 打包 packing 运输 transport 标记 mark 堆放 stacking
案例和教学材料	多媒体教室设备。 案例1. H型钢加工设备照片。 案例2. H型钢加工过程动画。 案例3. H型钢打包照片。 资料："钢结构工程施工"教材，"钢结构工程施工"项目任务单，学生按宿舍分组名单，"钢结构工程施工"教学课件，"钢结构工程施工"国家精品资源共享课网站。

"钢结构工程施工"课程单元教学进度（2学时，80分钟）

步骤	教学内容及能力/知识目标	教师活动	学生活动	时间（分钟）
1（教师讲解H型钢加工基本知识）	1. 了解H型钢加工的设备名称、用途及其技术参数。 2. 掌握H型钢构件的下料、切割、组立、焊接、校正、抛丸、喷涂、标记、包装、发运等流程及其要求。 3. 掌握构件表面的处理方法和除锈等级划分及其质量要求。 4. 掌握防腐、防火涂装方法及工艺。 5. 掌握H型钢梁柱构件的加工质量要求。 6. 掌握H型钢构件的标记、堆放、打包和运输要求。 7. 掌握预拼装的概念、作用和方法。 8. 掌握H型钢构件的成品检验方法、内容及要求。	活动1：教师用多媒体讲解H型钢加工的基本知识。	听讲、记录笔记。	20
		活动2：展示H型钢加工设备照片。	观看，说出H型钢加工设备名称。	
		活动3：展示H型钢加工过程动画。	观看，写出H型钢加工工艺流程。	

2（教师引导学生理解课前下发的项目任务单及完成要求）	1.理解项目任务单的具体内容及要求。 2.理解 H 型钢加工工序及其内容和要求。 3.掌握 H 型钢加工与运输专项方案的内容要点。	活动1：建立项目任务情境，明确此次的具体任务要求。（以项目业主方代表的身份）	接受项目任务，记录具体任务要求。	5
3（学生分组讨论选用何种加工、运输、堆放方法等内容）	1.能正确合理地选择 H 型钢加工设备。 2.能正确选择加工工艺、工序。 3.能根据图纸和构件的要求正确地选择构件表面处理方法。 4.能正确选择防腐、防火涂装方法及工艺。 5.能编制 H 型钢梁柱加工质量控制措施。 6.能正确选择 H 型钢构件成品检验、运输、堆放的方法。	活动1：指导教师自由参加各组的讨论，并对每个学生的预准备情况进行翔实的检查、记录。（以指导教师的身份）	组内按照讨论的方案组织任务实施，按照给定的 EXCEL 材料表格式完成电子文档。	5
4（学生分组按照给定的模板完善专项施工方案）	1.掌握 H 型钢构件加工与运输专项方案的编制要点。 2.能按照给定的模板编制 H 型钢构件加工与运输的专项方案。	活动1：指导教师自由参加各组的任务实施，并对每个学生的实施情况进行翔实的检查、记录。（以指导教师的身份）	组内按照讨论的方案组织任务实施，按照给定的"H 型钢加工与运输专项方案"模板完善专项施工方案。	50
		活动2：抽取一组进行展示和讲评	完善各组成果。	
作业	江苏建院机电工业中心轻钢门架加工与运输专项方案。			
课后体会				

注：每个步骤占用的行数，可以按照实际需要，像"步骤1"那样增减。

"钢结构工程施工"课程单元教学设计

单元标题	1 江苏建院机电工业中心轻钢门架施工方案编制 1-3 柱脚锚栓埋设专项方案编制		单元教学学时	2 学时
			在整体设计中的位置	第 4 次
授课班级	上课时间	周　月　日第　节至 周　月　日第　节	上课地点	机房或工学结合教室

	能力目标	知识目标	素质目标
教学目标	1. 能根据图纸确定、复核柱脚锚栓(埋设深度、丝扣长度、根部悬空距离等各部分)的长度尺寸。 2. 能根据图纸绘制 2 块预制定位模板或支架详图。 3. 能根据图纸正确确定锚栓布置位置、选择模板及定位措施。 4. 能正确选择垫铁类型及其垫放方法。 5. 能正确选择柱脚灌浆的方法。 6. 能按照给定地模板编制柱脚锚栓埋设专项方案。	1. 掌握轻钢门架施工准备内容。 2. 掌握柱脚锚栓锚固的长度要求。 3. 掌握抗剪键的类型及其作用。 4. 掌握柱脚锚栓的埋设定位和柱脚灌浆方法。 5. 掌握地脚锚栓的纠偏方法。 6. 掌握地脚锚栓的螺纹保护与修补方法。 7. 掌握垫铁的类型及其优点、缺点。 8. 掌握轻钢门架柱脚锚栓的验收要点及验收方法。	1. 团队协作能力——按照指导教师和团队小组组长的要求完成团队任务。 2. 沟通协调能力——与指导教师、团队小组组长和其他组员的沟通协调。 3. 严谨的工作作风——严格柱脚埋设工序和质量要求,不漏工序。 4. 吃苦耐劳的作风——反复研读规范要求和教材内容。 5. 遵守纪律——在完成项目的过程中遵守纪律。
能力训练任务	任务 1-3. 柱脚锚栓埋设专项方案编制		
本次课使用的外语单词	柱脚 zocle 锚栓 anchor bolt 定位 position 纠偏 rectify a deviation 灌浆 grout-in 垫铁 sizing block 校正 adjust 验收 acceptance check 抗剪键 shear member 支架 trestle 标高 elevation 锚固长度 anchorage length 预制 prefabricate		

续表

案例和教学材料	多媒体教室设备。 案例1.H型钢柱脚照片。 案例2.柱脚锚栓定位模板示例。 案例3.H型钢柱脚锚栓长度确定案例(锚固长度表)。 资料:"钢结构工程施工"教材,"钢结构工程施工"项目任务单,学生按宿舍分组的名单,"钢结构工程施工"教学课件,"钢结构工程施工"国家精品资源共享课网站。

"钢结构工程施工"课程单元教学进度 (3学时,120分钟)

步骤	教学内容及能力/知识目标	教师活动	学生活动	时间(分钟)
1(教师讲解柱脚锚栓埋设的基本知识)	1.掌握轻钢门架施工准备内容。 2.掌握柱脚锚栓锚固的长度要求。 3.掌握抗剪键的类型及其作用。 4.掌握柱脚锚栓的埋设定位和柱脚灌浆方法。 5.掌握地脚锚栓的纠偏方法。 6.掌握地脚锚栓的螺纹保护与修补方法。 7.掌握垫铁的类型及其优点、缺点。 8.掌握轻钢门架柱脚锚栓的验收要点及验收方法。	活动1:教师用多媒体讲解柱脚锚栓埋设的基本知识。	听讲、记录笔记。	40
		活动2:展示H型钢柱脚照片。	观看,说出H型钢柱脚的组成部分名称。	
		活动3:展示柱脚锚栓定位模板示例。	观看,说出其与柱脚锚栓的位置关系。	
		活动4:展示柱脚锚栓锚固长度表。	观看,说出锚固长度的确定方法。	
2(教师引导学生理解课前下发的项目任务单及完成要求)	1.理解项目任务单的具体内容及要求。 2.理解柱脚锚栓的埋设工序及其内容和要求。 3.掌握柱脚锚栓的定位和柱脚灌浆的内容要点。	活动1:建立项目任务情境,明确此次的具体任务要求。(以项目业主方代表的身份)	接受项目任务,记录具体任务要求。	5
3(学生根据图纸分组讨论项目任务单内容)	能根据图纸确定、复核柱脚锚栓(埋设深度、丝扣长度、根部悬空距离等各部分)的长度尺寸。	活动1:指导教师自由参加各组的讨论,并对每个学生的预准备情况进行翔实的检查、记录。 (以指导教师的身份)	组内按照讨论的方案确定、复核柱脚锚栓的长度尺寸。	5
4(学生分组CAD绘制定位模板或支架详图)	1.能根据柱脚锚栓图纸确定定位模板或定位支架形式。 2.能用CAD绘制定位模板或支架详图。	活动1:指导教师自由参加各组的讨论,并对每个学生的预准备情况进行翔实的检查、记录。 (以指导教师的身份)	组内按照讨论的方案绘制定位模板或支架详图。	20

续表

5（学生分组按照给定的模板完善专项施工方案）	1. 能根据图纸正确确定锚栓的布置位置、选择模板及定位措施。 2. 能正确选择垫铁的类型及其垫放方法。 3. 能正确选择柱脚灌浆的方法。 4. 能按照给定的模板编制柱脚锚栓埋设专项方案。	活动1：指导教师自由参加各组的任务实施，并对每个学生的实施情况进行翔实的检查、记录。（以指导教师的身份）	组内按照讨论的方案组织任务实施，按照给定的"柱脚锚栓埋设专项方案"模板完善专项施工方案。	50
		活动2：抽取一组进行展示和讲评。	完善各组成果。	
作业	江苏建院机电工业中心轻钢门架柱脚锚栓埋设专项方案。			
课后体会				

注：每个步骤占用的行数，可以按照实际需要，像"步骤1"那样增减。

"钢结构工程施工"课程单元教学设计

单元标题	1 江苏建院机电工业中心轻钢门架施工方案编制 1-4 钢结构连接方案编制		单元教学学时	7 学时
授课班级		上课时间	周 月 日第 节至 周 月 日第 节	上课地点	多媒体教室高强螺栓理论家连接实训场

表格中"在整体设计中的位置 第5、6次"位于单元教学学时右侧。

教学目标	能力目标	知识目标	素质目标
	1. 能根据图纸确定高强度螺栓长度。 2. 能根据高强螺栓的预拉力确定初拧、复拧、终拧扭矩。 3. 能正确选择高强螺栓施拧设备。 4. 能根据高强螺栓的种类和规格计算初拧、复拧、终拧扭矩。 5. 能使用扭矩法、转角法实施高强度螺栓安装。 6. 能组织高强度螺栓施工检查。 7. 能组织高强螺栓连接的检查与验收。 8. 能按照给定的模板编制高强螺栓连接专项施工方案。	1. 掌握螺栓的连接构造要求及承载力计算方法。 2. 掌握焊缝的连接构造要求及承载力计算方法。 3. 掌握高强螺栓连接副的概念、分类和组成。 4. 掌握高强螺栓连接副的保管方法、保管时间要求及超时保管处理方法。 5. 掌握高强螺栓的取样、检测内容及要求。 6. 掌握高强度螺栓长度的确定方法。 7. 掌握摩擦面及连接板间隙的处理方法。 8. 掌握根据高强螺栓的预拉力确定初拧、复拧、终拧扭矩的方法。 9. 掌握高强螺栓施拧设备的选择方法。 10. 掌握初拧、复拧、终拧的方法和验收方法。	1. 团队协作能力——按照指导教师和团队小组组长的要求完成团队任务。 2. 沟通协调能力——与指导教师、团队小组组长和其他组员的沟通协调。 3. 严谨的工作作风——严格初拧、复拧、终拧工序和质量要求，不漏工序。 4. 吃苦耐劳的作风——主动承担工作任务和现场物品的清理。 5. 遵守纪律——在完成项目过程中遵守纪律。

续表

能力训练任务	任务1-4.高强螺栓连接
本次课使用的外语单词	高强螺栓 high-strength bolt 摩擦面抗滑移系数 against slip coefficient between friction surface 钢结构螺栓连接 bolted connection 螺栓或高强度螺栓有效直径 effective diameter of bolt or high-strength bolt 螺栓有效截面面积 detective cross-section area of bolt 大六角头高强度螺栓 high-strength bolt with large hexagon bea 承压型高强度螺栓连接 high-strength bolted bearing type join 摩擦型高强度螺栓连接 high-strength bolted friction-type joint 螺栓连接质量检验 quality inspection of bolted connection 扭剪型高强度螺栓 tor-shear type high-strength bolt
案例和教学材料	多媒体教室设备。 案例1.高强螺栓连接节点照片。 案例2.高强螺栓连接动画。 案例3.高强螺栓电动扳手。 资料:"钢结构工程施工"教材,"钢结构工程施工"项目任务单,学生按宿舍分组的名单,"钢结构工程施工"教学课件,"钢结构工程施工"国家精品资源共享课网站。

单元教学进度（7学时，280分钟）

步骤	教学内容及能力/知识目标	教师活动	学生活动	时间（分钟）
1（教师讲解高强螺栓连接的基本知识）	1.掌握高强螺栓连接副的概念、分类和组成。 2.掌握高强螺栓连接副的保管方法、保管时间要求及超时保管处理方法。 3.掌握高强螺栓的取样、检测内容及要求。 4.掌握高强螺栓长度的确定方法。 5.掌握摩擦面及连接板间隙的处理方法。 6.掌握根据高强螺栓的预拉力确定初拧、复拧、终拧扭矩的方法。 7.掌握高强螺栓施拧设备的选择方法。 8.掌握初拧、复拧、终拧方法和验收方法。	活动1:教师用多媒体讲解螺栓连接、焊接连接构造要求及承载力计算方法、高强螺栓连接基本知识。	听讲、记录笔记。	120
		活动2:展示高强螺栓连接节点照片。	观看,说出高强螺栓连接节点类型。	
		活动3:展示高强螺栓连接动画,电动扳手。	观看,写出高强螺栓连接工艺流程。	

续表

步骤	教学内容及能力/知识目标	教师活动	学生活动	时间（分钟）
2（教师引导学生理解课前下发的项目任务单及完成要求）	1.理解项目任务单的具体内容及要求。 2.理解高强螺栓的连接工序及其内容和要求。 3.掌握高强螺栓连接的专项方案内容要点。 4.能按照给定的模板编制高强螺栓连接专项施工方案。	活动1:建立项目任务情境,明确此次的具体任务要求。（以项目业主方代表的身份）	接受项目任务,记录具体任务要求。讨论完善课前完成的"高强螺栓连接专项施工方案"	5
3（教师示范高强螺栓连接、检查和验收过程）	1.能根据图纸确定高强螺栓长度。 2.能根据高强螺栓的预拉力确定初拧、复拧、终拧扭矩。 3.能正确选择高强螺栓施拧设备。 4.能根据高强螺栓的种类、规格计算初拧、复拧、终拧扭矩。 5.能使用扭矩法、转角法实施高强度螺栓安装。 6.能组织高强螺栓施工检查。	活动1:指导教师示范高强螺栓的连接、检查和验收全过程。 （以指导教师的身份）	观看,记录笔记。	25
4（学生熟悉电动扳手使用说明书,同时领取材料）	1.理解电动扳手的工作原理。 2.掌握电动扳手的使用方法。 3.能计算并领取工料。	活动1:指导教师自由参加各组的讨论,并对每个学生的预准备情况进行翔实的检查、记录。 （以指导教师的身份）	熟悉电动扳手使用说明书,同时领取材料。	10
5（学生分组按照图纸进行高强螺栓连接）	1.能根据图纸确定高强螺栓的长度。 2.能根据高强螺栓的预拉力确定初拧、复拧、终拧扭矩。 3.能正确选择高强螺栓施拧设备。 4.能根据高强螺栓种类、规格计算初拧、复拧、终拧扭矩。 5.能使用扭矩法、转角法实施高强度螺栓安装。 6.能组织高强螺栓施工检查。 7.能组织高强螺栓连接的检查与验收。	活动1:指导教师自由参加各组的任务实施,并对每个学生的实施情况进行翔实的检查、记录。 （以指导教师的身份）	组内按照讨论的方案图纸进行高强螺栓连接	120
		活动2:抽取一组进行展示和讲评。	完善各组成果。	
作业	江苏建院机电工业中心轻钢门架高强螺栓连接专项方案。			
课后体会				

"钢结构工程施工"课程单元教学设计

单元标题	1 江苏建院机电工业中心轻钢门架施工方案编制 1－5 吊机选型与吊装验算		单元教学学时	3 学时
			在整体设计中的位置	第 6 次
授课班级	上课时间	周　月　日第　节至 周　月　日第　节	上课地点	机房

教学目标	能力目标	知识目标	素质目标
	1.能根据给定的施工条件和吊机参数表合理选择吊机。 2.能根据施工条件确定吊机开行路线。 3.能合理确定吊点位置。 4.能进行吊装验算并出具计算书。	1.掌握吊装机械的分类、特点及其适用范围。 2.掌握吊装机械的三大参数、吊机参数性能表的阅读及使用方法。 3.掌握吊装机械选择的基本原则及安全系数的确定方法。 4.掌握吊点的选择原则和选择方法。 5.掌握吊装验算方法。	1.团队协作能力——按照指导教师和团队小组组长的要求完成团队任务。 2.沟通协调能力——与指导教师、团队小组组长和其他组员的沟通协调。 3.严谨的工作作风——严格按照要求操作软件。 4.吃苦耐劳的作风——反复研读规范要求。 5.遵守纪律——在完成项目过程中遵守纪律。

能力训练任务	1－5.吊机选型与吊装验算

本次课使用的外语单词	结构构件 structural element 钢梁 steel beam 钢柱 steel column 钢丝绳 wirerope 吊索 sling 履带吊 crawler crane 汽车吊 autocrane 轮胎吊 tyre crane 塔吊 tower crane 手拉葫芦 manual pulling hoist 吊钩 cliver 吊点 hanging point 吊装 hoisting 吊装半径 hoisting radius 起吊高度 sling height 起重量 hoisting capacity

案例和教学材料	多媒体教室设备。 案例1.轻钢门架吊装照片。 案例2.吊装计算书示例。 资料:"钢结构工程施工"教材,"钢结构工程施工"项目任务单,"钢结构设计规范",学生按宿舍分组的名单,"钢结构工程施工"教学课件,"钢结构工程施工"国家精品资源共享课网站,3D3S 9.0软件。

"钢结构工程施工"课程单元教学进度 (3学时,120分钟)

步骤	教学内容及能力/知识目标	教师活动	学生活动	时间(分钟)
1(教师讲解吊机选型与吊装验算的基本知识)	1.掌握吊装机械的分类、特点及其适用范围。 2.掌握吊装机械的三大参数、吊机参数性能表的阅读及使用方法。 3.掌握吊装机械选择的基本原则及安全系数的确定方法。 4.掌握吊点选择原则和选择方法。 5.掌握吊装验算方法。	活动1:教师用多媒体讲解吊机选型与吊装验算的基本知识。	听讲、记录笔记。	40
		活动2:教师讲解3D3S软件的操作方法。	观看,记录笔记。	
		活动3:展示轻钢门架吊装照片和吊装计算书示例。	观看,说出吊装工序和计算书内容。	
		活动4:展示吊车参数表。	思考如何使用吊车参数表。	
2(教师引导学生理解课前下发的项目任务单及完成要求)	1.理解项目任务单的具体内容及要求。 2.理解钢结构构件的吊装工序及其要求。 3.掌握吊装计算书的内容要点。	活动1:建立项目任务情境,明确此次的具体任务要求。(以项目业主方代表的身份)	接受项目任务,记录具体任务要求。	5
3(学生根据课前下发的图纸和吊机参数讨论具体吊机的选型、吊装验算方法等内容。)	1.能根据柱脚锚栓图纸确定定位模板或定位支架形式。 2.能用CAD绘制定位模板或支架详图。	活动1:指导教师自由参加各组的讨论,并对每个学生的预准备情况进行翔实的检查、记录。 (以指导教师的身份)	讨论吊装条件,组内按照讨论的方案确定吊装方案。	15

续表

步骤	教学内容及能力/知识目标	教师活动	学生活动	时间（分钟）
4（学生全员进行吊装验算并出具计算书）	1.能根据给定的施工条件和吊机参数表合理地选择吊机。 2.能根据施工条件确定吊机开行路线。 3.能合理确定吊点的位置。 4.能进行吊装验算并出具计算书。	活动1：指导教师自由参加各组的任务实施，并对每个学生的实施情况进行翔实的检查、记录。（以指导教师的身份）	组内按照讨论的方案组织任务实施，进行钢梁、钢柱吊装模型建立、定义支座约束、荷载施加、力学计算，结构验算、结果查询和计算书的生成编辑和修改。	60
		活动2：抽取一组进行展示和讲评。	完善各组成果。	
作业	江苏建院机电工业中心轻钢门架吊装验算。			
课后体会				

注：每个步骤占用的行数，可以按照实际需要，像"步骤1"那样增减。

"钢结构工程施工"课程单元教学设计

单元标题	1 江苏建院机电工业中心轻钢门架施工方案编制 1-6 江苏建院教育超市吊装专项方案编制		单元教学学时	5 学时
授课班级	上课时间	周　月　日第　节至 周　月　日第　节	在整体设计中的位置	第7次
			上课地点	机房或工学结合教室

教学目标	能力目标	知识目标	素质目标
	1.能根据施工条件确定吊机开行路线。 2.能根据工程特点选择安装方法和安装顺序。 3.能按照给定的模板编制吊装专项方案。	1.掌握分件安装法、节间安装法和综合安装法的优点、缺点及其适用范围。 2.掌握轻钢门架的正确安装顺序。 3.掌握钢柱、吊车梁的安装及其轴线、标高校正方法及规范对其偏差要求。 4.掌握吊装专项方案的编制要点。	1.团队协作能力——按照指导教师和团队小组组长的要求完成团队任务。 2.沟通协调能力——与指导教师、团队小组组长和其他组员的沟通协调。 3.严谨的工作作风——严格按现场条件确定工序。 4.吃苦耐劳的作风——反复研读规范要求。 5.遵守纪律——在完成项目过程中遵守纪律。

能力训练任务	1-6. 江苏建院教育超市吊装专项方案编制
本次课使用的外语单词	施工总平面图 overall construction site plan 分件安装法 installation method one by one 节间安装法 installation method axis by axis 综合安装法 installation method 檩条 purlin 屋面板 roofing plate 系杆 tie rod 支撑 brace 隅撑 angle brace 墙面板 wallboard 抗风柱 wind-resistant column 吊车梁 crane beam 普通螺栓 general bolt 雨篷 awning 排水坡度 drainage slope 应力比 stress ratio
案例和教学材料	多媒体教室设备。 案例1. 轻钢门架吊装照片。 案例2. 吊装专项方案示例。 资料："钢结构工程施工"教材，"钢结构工程施工"项目任务单，"钢结构设计规范"，学生按宿舍分组名单，"钢结构工程施工"教学课件，"钢结构工程施工"国家精品资源共享课网站，3D3S 9.0软件。

"钢结构工程施工"课程单元教学进度（5学时，200分钟）

步骤	教学内容及能力/知识目标	教师活动	学生活动	时间 （分钟）
1（教师讲解吊装专项方案编制的主要内容）	1. 掌握分件安装法、节间安装法和综合安装法的优点、缺点及其适用范围。 2. 掌握轻钢门架的正确安装顺序。 3. 掌握钢柱、吊车梁的安装及其轴线、标高校正方法以及规范对其偏差要求。 4. 掌握吊装专项方案的编制要点。	活动1：教师用多媒体讲解吊装专项方案编制的主要内容。	听讲、记录笔记。	100
		活动2：教师讲解分件安装法、节间安装法和综合安装法的优点、缺点及其适用范围。	听讲、记录笔记。	
		活动3：展示轻钢门架吊装照片和吊装方案示例。	观看，说出吊装方案的主要内容和编制要点。	

步骤	教学内容及能力/知识目标	教师活动	学生活动	时间（分钟）
2（教师引导学生理解课前下发的项目任务单及完成要求）	1. 理解项目任务单具体内容及要求。 2. 理解钢结构构件吊装工序及其要求。 3. 掌握吊装专项方案内容要点。	活动1：建立项目任务情境，明确此次的具体任务要求。（以项目业主方代表的身份）	接受项目任务，记录具体任务要求。	5
3（学生根据图纸分组讨论安装方法、安装顺序的选择及轴线、标高校正方法等容）	1. 能根据现场条件选择适当的安装方法和安装顺序。 2. 能编制轴线、标高校正措施。	活动1：指导教师自由参加各组的讨论，并对每个学生的预准备情况进行翔实的检查、记录。（以指导教师的身份）	讨论安装方法、安装顺序的选择、轴线、标高校正方法。	5
4（学生分组按照给定的"吊装专项方案"模板完善专项施工方案）	1. 能根据工程特点选择安装方法和安装顺序。 2. 能按照给定的模板编制吊装专项方案。	活动1：指导教师自由参加各组的任务实施，并对每个学生的实施情况进行翔实的检查、记录。（以指导教师的身份）	组内按照讨论的方案组织任务实施，学生分组按照给定的"吊装专项方案"模板完善专项施工方案。	90
		活动2：抽取一组进行展示和讲评。	完善各组成果。	
作业	江苏建院机电工业中心轻钢门架吊装专项方案。			
课后体会				

注：每个步骤占用的行数，可以按照实际需要，像"步骤1"那样增减。

"钢结构工程施工"课程单元教学设计

<table>
<tr><td rowspan="2">单元标题</td><td colspan="3" rowspan="2">1 江苏建院机电工业中心轻钢门架施工方案编制汇报、阶段考核</td><td>单元教学学时</td><td>2 学时</td></tr>
<tr><td>在整体设计中的位置</td><td>第 8 次</td></tr>
<tr><td rowspan="2">授课班级</td><td rowspan="2">上课时间</td><td colspan="3" rowspan="2">周 月 日第 节至
周 月 日第 节</td><td>上课
地点</td><td rowspan="2">多媒体教室或工学结合教室</td></tr>
<tr><td></td></tr>
<tr><td rowspan="2">教学目标</td><td colspan="2">能力目标</td><td>知识目标</td><td colspan="2">素质目标</td></tr>
<tr><td colspan="2">PPT 制作能力。</td><td></td><td colspan="2">1.团队协作能力——按照指导教师和团队小组组长的要求完成团队任务。
2.沟通协调能力——与指导教师、团队小组组长和其他组员的沟通协调。
3.语言表达能力——能有效汇报成果的关键内容,回答问题简明扼要。</td></tr>
<tr><td>能力训练任务</td><td colspan="5">江苏建院机电工业中心吊装专项方案成果汇报</td></tr>
<tr><td>本次课使用的外语单词</td><td colspan="5"></td></tr>
<tr><td>案例和教学材料</td><td colspan="5">多媒体教室设备。
资料:"钢结构工程施工"教材,"钢结构工程施工"项目任务单,"钢结构设计规范",学生按宿舍分组的名单,"钢结构工程施工"教学课件,"钢结构工程施工"国家精品资源共享课网站,3D3S 9.0 软件。</td></tr>
</table>

"钢结构工程施工"课程单元教学进度（2学时，80分钟）

步骤	教学内容及能力/知识目标	教师活动	学生活动	时间（分钟）
1（各组轮流汇报项目1的成果内容）		活动1:各组推选代表汇报项目成果。		65
		活动2:教师听取汇报并提问。		
			组内讨论、简单准备,回答问题。	
2（小组间互评）			小组间互评。	5
3（教师评价）				5
4（教师总结）			各组记录。	5
作业	复习、巩固前段时间的教学内容,完善各组成果并将最后成果发送至 gjggcsg2015@163.com。上交电子文档的命名格式:班级－组别－学号－姓名－项目1.rar。			
课后体会				

注：每个步骤占用的行数，可以按照实际需要，像"步骤1"那样增减。

"钢结构工程施工"课程单元教学设计

单元标题	2 益海嘉里内河码头网架施工方案编制 2-1 益海嘉里内河码头识图与工程量统计		单元教学学时	3 学时
			在整体设计中的位置	第 8 次
授课班级	上课时间	周　月　日第　节至 周　月　日第　节	上课地点	机房或工学结合教室

	能力目标	知识目标	素质目标
教学目标	1. 能读懂网架施工图图示。 2. 能读懂管桁架设计图图示。 3. 能读懂管桁架详图图示。 4. 能依据网架施工图统计工程量。 5. 能依据管桁架设计图和详图统计工程量。 6. 能使用 Magic Table 软件导出及修改工程量。	1. 掌握网架的分类、形式、内力特点、优缺点及其适用范围。 2. 掌握网架、管桁架结构的组成、布置要求、经济尺寸、节点焊缝分区及组件作用。 3. 掌握网架、管桁架结构的节点形式、构造要求及节点加强措施。 4. 掌握杆件连接构造及焊缝的要求。 5. 掌握管桁架结构的分类、形式、内力特点、优缺点及其适用范围。 6. 掌握管桁架结构的组成、经济尺寸、节点类型及组件作用。 7. 掌握空间网格结构的支座分类、形式及其作用。 8. 了解铸钢件类型、形式及加工工艺。 9. 掌握空间网格结构工程量统计方法。	1. 团队协作能力——按照指导教师和团队小组组长的要求完成团队任务。 2. 沟通协调能力——与指导教师、团队小组组长和其他组员的沟通协调。 3. 严谨的工作作风——统计工程量不漏掉任何一根杆件。 4. 吃苦耐劳的作风——出现错误推翻重做，直至正确为止。 5. 遵守纪律——在完成项目的过程中遵守纪律。
能力训练任务	任务 2-1. 完成益海嘉里内河码头网架的图纸识图及所规定的轴线间所有构件的工程量统计（按照给定的 EXCEL 材料表格式完成电子文档）。第 1 组任务 -1~3 轴线；第 2 组任务 -2~4 轴线；第 3 组任务 -3~5 轴线；第 4 组任务 -4~6 轴线；第 5 组任务 -1~2+3~4 轴线；第 6 组任务 -2~3+4~5 轴线；第 7 组任务 -3~4+5~6 轴线；第 8 组任务 -1~2+5~6 轴线。		
本次课使用的外语单词	网架 grid structure 管桁架 Pipe truss 上弦杆 upper chord 下弦杆 lower chord 腹杆 web chord 系杆 tie rod 支座 abutment 相贯节点 tubular joints 刚度 rigidity 铸钢 cast steel 检验项目 inspection item		

续表

案例和教学材料	多媒体教室设备。 案例1. 益海嘉里内河码头图纸、网架结构。 案例2. 惠阳体育会展中心工程图纸、管桁架结构。 案例3. 管桁架三维图纸。 资料："钢结构工程施工"教材，"钢结构工程施工"项目任务单,学生按宿舍分组的名单,"钢结构工程施工"教学课件,"钢结构工程施工"国家精品资源共享课网站。

"钢结构工程施工"课程单元教学进度（3学时，120分钟）

步骤	教学内容及能力/知识目标	教师活动	学生活动	时间（分钟）
1（教师用多媒体讲解管桁架、网架结构的基本知识）	1. 掌握网架结构的分类、形式、内力特点、优点、缺点及其适用范围。 2. 掌握网架结构的组成、经济尺寸、节点类型及组件作用。 3. 掌握管桁架结构的分类、形式、内力特点、优点、缺点及其适用范围。 4. 掌握管桁架结构的组成、布置要求、经济尺寸、节点焊缝分区及组件作用。 5. 掌握管桁架结构的节点形式、构造要求及节点加强措施。 6. 掌握杆件连接构造及焊缝的要求。 7. 掌握空间网格结构的支座分类、形式及其作用。 8. 了解铸钢件的类型、形式及加工工艺。 9. 掌握空间网格结构的工程量统计方法。	活动1:教师用多媒体讲解网架、管桁架的基本知识。	听讲、记录笔记。	50
		活动2:展示网架、管桁架的图片及其组成。	观看,写出网架和管桁架的组成部分。	
		活动3:展示网架图片。	观看,指出各组成部分的名称及其作用。	
		活动4:展示管桁架图片。	观看,指出各组成部分的名称及其作用。	
2（教师引导学生理解课前下发的项目任务单及完成要求）	1. 理解项目任务单具体内容及要求。 2. 掌握网架、管桁架结构分类、形式、内力特点及其适用范围。 3. 掌握网架、管桁架结构的组成、布置要求及组件作用。 4. 掌握网架、管桁架节点形式。 5. 掌握支座类型、形式及其作用。	活动1:建立项目任务情境,明确此次的具体任务要求。（以项目业主方代表的身份）	接受项目任务,记录具体任务要求。	10
		活动2:教师示范网架工程量统计	听讲,记录笔记。	
3（学生分组在组长的引导下讨论任务单内容）	1. 掌握网架、管桁架的工程量统计方法。 2. 能读懂网架施工图图示。 3. 能依据网架施工图统计工程量。	活动1:指导教师自由参加各组的讨论,并对每个学生的预准备情况进行翔实的检查、记录。 （以指导教师的身份）	组内任务分配,进行图纸识读,通过思考和讨论完成方案。	20

步骤	教学内容及能力/知识目标	教师活动	学生活动	时间（分钟）
4（学生分组在教师的指导下完成所规定轴线间所有构件的工程量统计）	1. 能读懂网架施工图图示。 2. 能读懂管桁架设计图图示。 3. 能读懂管桁架详图图示。 4. 能依据网架施工图统计工程量。 5. 能依据管桁架设计图和详图统计工程量。 6. 能使用 Magic Table 软件导出及修改工程量。	活动1：指导教师自由参加各组的任务实施，并对每个学生的实施情况进行翔实的检查、记录。 （以指导教师的身份）	组内按照讨论的方案组织任务实施，按照给定的 EX-CEL 材料表格式完成电子文档。	40
		活动2：任意抽取一组成果进行展示与讲评。	完善个人成果。	
作业	泰州内河码头工程网架图纸工程量统计。			
课后体会				

注：每个步骤占用的行数，可以按照实际需要，像"步骤1"那样增减。

"钢结构工程施工"课程单元教学设计

单元标题	2 益海嘉里内河码头网架施工方案编制 2-2 益海嘉里内河码头网架拼装专项方案编制		单元教学学时	5 学时
			在整体设计中的位置	第9次
授课班级	上课时间	周 月 日第 节至 周 月 日第 节	上课地点	机房或工学结合教室

教学目标	能力目标	知识目标	素质目标
	1. 能根据图纸选择网架现场拼装方法。 2. 能根据图纸选择网架现场拼装顺序。 3. 能根据网架施工图进行拼装胎架的 CAD 放样。 4. 能按照给定的模板编制网架拼装专项方案。	1. 掌握网架的现场拼装方法、优点、缺点及其适用范围。 2. 掌握网架的现场拼装顺序及要求。 3. 掌握网架拼装胎架的 CAD 放样方法。 4. 掌握网架胎架的制作技术要求。	1. 团队协作能力——按照指导教师和团队小组组长的要求完成团队任务。 2. 沟通协调能力——与指导教师、团队小组组长和其他组员的沟通协调。 3. 严谨的工作作风——严格拼装工序和质量要求，不漏工序。 4. 吃苦耐劳的作风——反复研读规范要求和教材内容。 5. 遵守纪律——在完成项目的过程中遵守纪律。

续表

能力训练任务	任务2-2.益海嘉里内河码头网架拼装专项方案编制
本次课使用的外语单词	现场拼装 on-site assembly 胎架 bed-jig 定位 location 角钢 angle steel 槽钢 channel steel 工字钢 flange beam 拼装场地 assembly site 立拼 vertical assembly 卧拼 horizontal assembly 翻身 turn over 起吊 hoisting 焊接 welding 刚度 rigidity
案例和教学材料	多媒体教室设备。 案例1.网架拼装过程照片。 案例2.网架拼装录像示例。 案例3.网架拼装方案案例。 资料:"钢结构工程施工"教材,"钢结构工程施工"项目任务单,学生按宿舍分组的名单,"钢结构工程施工"教学课件,"钢结构工程施工"国家精品资源共享课网站。

"钢结构工程施工"课程单元教学进度(5学时,200分钟)

步骤	教学内容及能力/知识目标	教师活动	学生活动	时间(分钟)
1(教师讲解管桁架拼装的基本知识)	1.掌握网架的现场拼装方法、优点、缺点及其适用范围。 2.掌握网架的现场拼装顺序及要求。 3.掌握网架拼装胎架的CAD放样方法。 4.掌握网架胎架的制作技术要求。	活动1:教师用多媒体讲解网架现场拼装基本知识。	听讲、记录笔记。	80
		活动2:展示网架现场拼装照片。	观看,说出网架现场拼装方法。	
		活动3:展示网架现场拼装动画示例。	观看,说出网架现场拼装方法的优点及缺点。	
		活动4:展示网架拼装方案。	观看,说出网架拼装方案的要点。	

续表

步骤	教学内容及能力/知识目标	教师活动	学生活动	时间（分钟）
2（教师引导学生理解课前下发的项目任务单及完成要求）	1. 理解项目任务单的具体内容及要求。 2. 理解网架拼装工序及其内容和要求。 3. 掌握网架拼装专项方案的内容要点。	活动1：建立项目任务情境，明确此次的具体任务要求。（以项目业主方代表的身份）	接受项目任务，记录具体任务要求。	10
3（学生根据详图分组讨论项目任务单内容）	1. 能根据图纸确定正确的拼装方法。 2. 能根据图纸确定合理的拼装顺序。	活动1：指导教师自由参加各组的讨论，并对每个学生的预准备情况进行翔实的检查、记录。（以指导教师的身份）	组内按照讨论的方案确定网架拼装方法和拼装顺序。	10
4（学生分组CAD绘制拼装胎架放样图）	1. 能进行网架拼装胎架特征点的确定。 2. 能进行网架拼装胎架的CAD放样。	活动1：指导教师自由参加各组的讨论，并对每个学生的预准备情况进行翔实的检查、记录。（以指导教师的身份）	组内按照讨论的方案绘制拼装胎架放样图。	25
5（学生分组按照给定的模板完善专项施工方案）	1. 能根据图纸选择网架现场拼装方法。 2. 能根据图纸选择网架现场拼装顺序。 3. 能根据网架施工图进行拼装胎架的CAD放样。 4. 能按照给定的模板编制网架拼装专项方案。	活动1：指导教师自由参加各组的任务实施，并对每个学生的实施情况进行翔实的检查、记录。（以指导教师的身份）	组内按照讨论的方案组织任务实施，学生分组按照给定的"网架拼装专项方案"模板完善专项施工方案。	75
		活动2：抽取一组进行展示和讲评	完善各组成果。	
作业	泰州内河码头工程网架拼装专项方案。			
课后体会				

注：每个步骤占用的行数，可以按照实际需要，像"步骤1"那样增减。

"钢结构工程施工"课程单元教学设计

单元标题	2 益海嘉里内河码头网架施工方案编制 2－3 益海嘉里内河码头网架吊装验算		单元教学学时	5 学时
			在整体设计中的位置	第 10 次
授课班级	上课时间	周 月 日第 节至 周 月 日第 节	上课地点	机房

教学目标	能力目标	知识目标	素质目标
	1.能根据给定的施工条件和吊机参数表合理选择吊机。 2.能根据施工条件确定吊机开行路线。 3.能合理确定吊点的位置。 4.能进行吊装验算并出具计算书。	1.掌握吊装机械的分类、特点及其适用范围。 2.掌握吊装机械的三大参数、吊机参数性能表的阅读及使用方法。 3.掌握吊装机械选择的基本原则及安全系数的确定方法。 4.掌握吊点的选择原则和选择方法。 5.掌握吊装验算方法。	1.团队协作能力——按照指导教师和团队小组组长的要求完成团队任务。 2.沟通协调能力——与指导教师、团队小组组长和其他组员的沟通协调。 3.严谨的工作作风——严格按照要求操作软件。 4.吃苦耐劳的作风——反复研读规范要求。 5.遵守纪律——在完成项目的过程中遵守纪律。

能力训练任务	任务 2－3.益海嘉里内河码头网架吊装验算

本次课使用的外语单词	临时道路 temporary road 开行路线 crane route 吊车站位 crane stance 钢丝绳 wirerope 吊索 sling 应力 stress 支座约束 restraint 安全系数 safety coefficient 抗倾覆 anti overturning 手拉葫芦 manual pulling hoist 吊钩 cliver 吊点 hanging point 吊装 hoisting 吊装半径 hoisting radius 起吊高度 sling height 起重量 hoisting capacity

续表

案例和教学材料	多媒体教室设备。 案例 1. 网架吊装照片。 案例 2. 网架吊装计算书示例。 资料:"钢结构工程施工"教材,"钢结构工程施工"项目任务单,"钢结构设计规范",学生按宿舍分组的名单,"钢结构工程施工"教学课件,"钢结构工程施工"国家精品资源共享课网站,3D3S 9.0 软件。

单元教学进度（5 学时，200 分钟）

步骤	教学内容及能力/知识目标	教师活动	学生活动	时间（分钟）
1（教师讲解管桁架吊机选型与吊装验算的基本知识）	1.掌握吊装机械的分类、特点及其适用范围。 2.掌握吊装机械的三大参数、吊机参数性能表的阅读及使用方法。 3.掌握吊装机械选择的基本原则及安全系数的确定方法。 4.掌握吊点的选择原则和选择方法。 5.掌握吊装验算方法。	活动 1:教师用多媒体讲解吊机选型与吊装验算的基本知识。	听讲、记录笔记。	50
		活动 2:教师讲解 3D3S 软件的操作方法。	观看,记录笔记。	
		活动 3:展示网架吊装照片和吊装计算书示例。	观看,说出吊装工序和计算书内容。	
		活动 4:展示吊车参数表。	思考如何使用吊车参数表。	
2（教师引导学生理解课前下发的项目任务单及完成要求）	1.理解项目任务单具体内容及要求。 2.理解网架吊装工序及其要求。 3.掌握网架吊装计算书内容要点。	活动 1:建立项目任务情境,明确此次的具体任务要求。（以项目业主方代表的身份）	接受项目任务,记录具体任务要求。	10
3（学生根据课前下发的图纸和吊机参数讨论具体吊机选型、吊装验算方法等内容）	1.能根据网架详图图纸确定吊装验算单元(最大、最重)。	活动 1:指导教师自由参加各组的讨论,并对每个学生的预准备情况进行翔实的检查、记录。 （以指导教师的身份）	讨论吊装条件,组内按照讨论的方案确定吊装方案。	20

续表

步骤	教学内容及能力/知识目标	教师活动	学生活动	时间（分钟）
4（学生全员进行吊装验算并出具计算书）	1.能根据给定的施工条件和吊机参数表合理地选择吊机。 2.能根据施工条件确定吊机开行路线。 3.能合理地确定吊点位置。 4.能进行吊装验算并出具计算书。	活动1：指导教师自由参加各组的任务实施，并对每个学生的实施情况进行翔实的检查、记录。 （以指导教师的身份）	组内按照讨论的方案组织任务实施，进行管桁架、网架吊装模型建立、定义支座约束、荷载施加、力学计算，结构验算、结果查询和计算书的生成、编辑和修改。	120
		活动2：抽取一组进行展示和讲评。	完善各组成果。	
作业	泰州内河码头工程网架吊装验算。			
课后体会				

注：每个步骤占用的行数，可以按照实际需要，像"步骤1"那样增减。

"钢结构工程施工"课程单元教学设计

单元标题	2 益海嘉里内河码头网架施工方案编制 2-4 益海嘉里内河码头网架吊装专项方案编制		单元教学学时	5 学时
			在整体设计中的位置	第 11 次
授课班级	上课时间	周　月　日第　节至 周　月　日第　节	上课地点	机房

教学目标	能力目标	知识目标	素质目标
	1.能根据给定的施工条件和吊机参数表合理地选择吊机。 2.能根据施工条件确定吊机开行路线。 3.能合理确定吊点位置。 4.能进行吊装验算并出具计算书。	1.掌握吊装机械的分类、特点及其适用范围。 2.掌握吊装机械的三大参数、吊机参数性能表的阅读及使用方法。 3.掌握吊装机械选择的基本原则及安全系数的确定方法。 4.掌握吊点的选择原则和选择方法。 5.掌握吊装验算方法。	1.团队协作能力——按照指导教师和团队小组组长的要求完成团队任务。 2.沟通协调能力——与指导教师、团队小组组长和其他组员的沟通协调。 3.严谨的工作作风——严格按照要求操作软件。 4.吃苦耐劳的作风——反复研读规范要求。 5.遵守纪律——在完成项目的过程中遵守纪律。

能力训练任务	任务2-4.益海嘉里内河码头网架吊装专项方案编制
本次课使用的外语单词	高空定位 high altitude locationing 柱子 column 预制支座 precast abutment 吊装验算 hoisting calculation 杆件 member bar 高空对接 high altitude docking 缆风绳 hawser cable 临时支撑 temporary timbering 支撑架 support frame 脚手架 falsework 吊钩 cliver 吊点 hanging point 吊装 hoisting 吊装半径 hoisting radius 起吊高度 sling height 起重量 hoisting capacity
案例和教学材料	多媒体教室设备。 案例1.网架吊装照片。 案例2.网架吊装专项方案示例。 资料:"钢结构工程施工"教材,"钢结构工程施工"项目任务单,"钢结构设计规范",学生按宿舍分组的名单,"钢结构工程施工"教学课件,"钢结构工程施工"国家精品资源共享课网站,3D3S 9.0软件。

"钢结构工程施工"课程单元教学进度(5学时,200分钟)

步骤	教学内容及能力/知识目标	教师活动	学生活动	时间(分钟)
1(教师讲解吊机选型与吊装验算的基本知识)	1.掌握吊装机械的分类、特点及其适用范围。 2.掌握吊装机械的三大参数、吊机参数性能表的阅读及使用方法。 3.掌握吊装机械选择的基本原则及安全系数的确定方法。 4.掌握吊点的选择原则和选择方法。 5.掌握吊装验算方法。	活动1:教师用多媒体讲解吊机选型与吊装验算的基本知识。	听讲、记录笔记。	20
		活动2:教师讲解3D3S软件的操作方法。	观看,记录笔记。	
		活动3:展示网架、管桁架吊装照片和吊装计算书示例。	观看,说出吊装工序和计算书内容。	
		活动4:展示吊车参数表。	思考如何使用吊车参数表。	

步骤	教学内容及能力/知识目标	教师活动	学生活动	时间（分钟）
2（教师引导学生理解课前下发的项目任务单及完成要求）	1. 理解项目任务单的具体内容及要求。 2. 理解钢结构构件的吊装工序及其要求。 3. 掌握网架吊装专项方案的内容要点。	活动1：建立项目任务情境，明确此次的具体任务要求。（以项目业主方代表身份）	接受项目任务，记录具体任务要求。	10
3（学生根据课前下发的图纸和吊机参数讨论具体的吊机选型、吊装验算方法等内容）	1. 能根据网架施工图图纸确定吊装验算单元（最大、最重）。	活动1：指导教师自由参加各组的讨论，并对每个学生的预准备情况进行翔实的检查、记录。（以指导教师的身份）	讨论吊装条件，组内按照讨论的方案确定吊装方案。	10
4（学生全员进行吊装验算并出具计算书）	1. 能根据给定的施工条件和吊机参数表合理地选择吊机。 2. 能根据施工条件确定吊机开行路线。 3. 能合理确定吊点位置。 4. 能进行吊装验算并出具计算书。	活动1：指导教师自由参加各组的任务实施，并对每个学生的实施情况进行翔实的检查、记录。（以指导教师的身份）	组内按照讨论的方案组织任务实施，进行网架吊装模型建立、定义支座约束、荷载施加、力学计算、结构验算、结果查询和计算书的生成、编辑和修改。	160
		活动2：抽取一组进行展示和讲评	完善各组成果。	
作业	泰州内河码头工程网架专项方案。			
课后体会				

注：每个步骤占用的行数，可以按照实际需要，像"步骤1"那样增减。

"钢结构工程施工"课程单元教学设计

<table>
<tr><td rowspan="2">单元标题</td><td colspan="2">2 益海嘉里内河码头网架施工方案编制
2－5 益海嘉里内河码头网架滑移专项方案编制</td><td>单元教学学时</td><td>5 学时</td></tr>
<tr><td>在整体设计中的位置</td><td>第 12 次</td></tr>
<tr><td rowspan="2">授课班级</td><td>上课时间</td><td>周　月　日第　节至
周　月　日第　节</td><td>上课地点</td><td>机房或工学结合教室</td></tr>
<tr><td colspan="4"></td></tr>
<tr><td rowspan="2">教学目标</td><td>能力目标</td><td>知识目标</td><td colspan="2">素质目标</td></tr>
<tr><td>1. 能进行滑移的牵引力验算。
2. 能进行滑移用具的计算。
3. 能根据图纸、给定的滑移钢梁规格和给定的模板编制滑移专项方案。</td><td>1. 掌握滑移方法的分类及其适用范围。
2. 掌握常用滑移设备的适用范围。
3. 掌握网架滑移的安装流程。
4. 了解滑移轨道梁的设置方式。
5. 掌握滑移的同步控制方法及要求。</td><td colspan="2">1. 团队协作能力——按照指导教师和团队小组组长的要求完成团队任务。
2. 沟通协调能力——与指导教师、团队小组组长和其他组员的沟通协调。
3. 严谨的工作作风——严格按现场条件确定工序。
4. 吃苦耐劳的作风——反复研读规范要求。
5. 遵守纪律——在完成项目的过程中遵守纪律。</td></tr>
<tr><td>能力训练任务</td><td colspan="4">2－5 益海嘉里内河码头网架滑移专项方案编制</td></tr>
<tr><td>本次课使用的外语单词</td><td colspan="4">施工平面布置图 construction floor plan
旋转滑移 rotation slip
直线滑移 linear slip
上坡滑移 slope slip
下坡滑移 downhill slip
摩擦系数 coefficient of friction
润滑油 lubricating oil
刻度 scale
调度 dispatch
滑移钢梁 sliding beam
侧向支撑 lateral support
箱型截面 box section
滑靴 slipper
卷扬机 windlass
千斤顶 jack
同步控制 synchronization control</td></tr>
</table>

案例和教学材料	多媒体教室设备。 案例 1. 网架滑移照片。 案例 2. 网架滑移专项方案示例。 资料："钢结构工程施工"教材，"钢结构工程施工"项目任务单，"钢结构设计规范"，学生按宿舍分组的名单，"钢结构工程施工"教学课件，"钢结构工程施工"国家精品资源共享课网站，3D3S 9.0 软件。

"钢结构工程施工"课程单元教学进度（5 学时，200 分钟）

步骤	教学内容及能力/知识目标	教师活动	学生活动	时间（分钟）
1（教师讲解滑移专项方案编制的主要内容）	1. 掌握滑移方法的分类及其适用范围。 2. 掌握常用滑移设备的适用范围。 3. 掌握网架滑移的安装流程。 4. 了解滑移轨道梁的设置方式。 5. 掌握滑移的同步控制方法及要求。	活动 1：教师用多媒体讲解滑移专项方案编制的主要内容。	听讲、记录笔记。	80
		活动 2：教师讲解滑移方法的分类、优点、缺点及其适用范围、滑移的安装流程及同步控制要点。	听讲、记录笔记。	
		活动 3：展示网架滑移照片和动画。	观看，说出滑移方案的主要内容和编制要点。	
2（教师引导学生理解课前下发的项目任务单及完成要求）	1. 理解项目任务单的具体内容及要求。 2. 理解施工现场的场地要求。 3. 掌握网架滑移专项方案的内容要点。	活动 1：建立项目任务情境，明确此次的具体任务要求。（以项目业主方代表的身份）	接受项目任务，记录具体的任务要求。	10
3（学生根据图纸分组讨论具体选择何种滑移方法、选择滑移顺序、滑移同步控制等项目任务单内容）	能根据现场条件选择适当的滑移法和滑移安装顺序。	活动 1：指导教师自由参加各组的讨论，并对每个学生的预准备情况进行翔实的检查、记录。 （以指导教师的身份）	讨论安装方法、安装顺序的选择、轴线、标高校正方法。	10

步骤	教学内容及能力/知识目标	教师活动	学生活动	时间（分钟）
4（学生分组按照给定的滑移工方案模板完善专项施工方案）	1.能进行滑移的牵引力验算。 2.能进行滑移用具的计算。 3.能根据图纸、给定的滑移钢梁规格和给定的模板编制滑移专项方案。	活动1：指导教师自由参加各组的任务实施，并对每个学生的实施情况进行翔实的检查、记录。 （以指导教师的身份）	组内按照讨论的方案组织任务实施，学生分组按照给定的"网架滑移施工专项方案"模板完善专项施工方案。	100
		活动2：抽取一组进行展示和讲评。	完善各组成果。	
作业	泰州内河码头工程网架滑移专项方案。			
课后体会				

"钢结构工程施工"课程单元教学设计

单元标题	2 益海嘉里内河码头网架施工方案编制汇报、阶段考核		单元教学学时	5 学时
			在整体设计中的位置	第 13 次
授课班级	上课时间	周 月 日第 节至 周 月 日第 节	上课地点	多媒体教室或工学结合教室
教学目标	能力目标	知识目标	素质目标	
	PPT 制作能力。		1.团队协作能力——按照指导教师和团队小组组长的要求完成团队任务。 2.沟通协调能力——与指导教师、团队小组组长和其他组员的沟通协调。 3.语言表达能力——能有效地汇报成果的关键内容，回答问题简明扼要。	

续表

能力训练任务	益海嘉里内河码头工程网架吊装专项方案成果汇报。
本次课使用的外语单词	
案例和教学材料	多媒体教室设备。 资料:"钢结构工程施工"教材,"钢结构工程施工"项目任务单,"钢结构设计规范",学生按宿舍分组的名单,"钢结构工程施工"教学课件,"钢结构工程施工"国家精品资源共享课网站,3D3S 9.0 软件。

单元教学进度 (5 学时,200 分钟)

步骤	教学内容及能力/知识目标	教师活动	学生活动	时间 (分钟)
1(各组轮流汇报项目1的成果内容)		活动1:各组推选代表汇报项目成果。		80
		活动2:教师听取汇报并提问。		
			组内讨论、简单准备,回答问题。	
2(小组间互评)			小组间互评。	5

3（教师评价）				10
4（教师总结）			各组记录。	5
5（闭卷考试）				100
作业	复习、巩固前段时间的教学内容,完善各组的江苏建院机电工业中心轻钢门架、江苏建院教育超市轻钢门架、益海嘉里内河码头网架、泰州内河码头网架施工方案成果,并将最后成果发送至 gjggcsg2015@163.com。上交电子文档的命名格式:班级 - 组别 - 学号 - 姓名 - 项目 2.rar。			
课后体会				

注：每个步骤占用的行数，可以按照实际需要，像"步骤1"那样增减。

7.3.3 信息化教学设计案例

信息化教学设计案例

×××××××学院

教 学 方 案 设 计

（学习领域、项目课程用）

（2012/2013 学年第 1 学期）

课程名称（全称）_____钢结构工程施工_____

所属专业_____建筑工程技术_____

所属学院（部）_____建筑工程技术学院_____

授课班级_____

课程总学时__96__　本学期学时__96__

课程总学分__6.0__　本学期学分__6.0__

任课教师_____

学习单元3 教学方案设计

学习情境、项目名称	学习单元3 管桁架结构工程施工		
学习情境、项目单元名称	子单元2 普通管桁架结构加工与安装		
学习地点	现场视频直播教室	学时	4
学习资源 （设备、材料、工具）	视频直播设备、"钢结构工程施工"精品课程网站、管桁架深化图纸（包括模型）、投影仪、电脑、AutoCAD 和 3D3S 软件、工作任务单等。		
教材、参考书	教材：《钢结构工程施工》，中国建筑工业出版社，2011 年第 1 版。 参考书：《钢结构工程施工规范》，GB 50755—2012； 《空间网格结构技术规程》，JGJ 7—2010； 《3D3S 钢结构设计软件 V10》软件使用说明书。		
班　　级	周　次	星　期	节　次

一、学习目标（知识、技能、素质）

学习目标：
　1. 知识目标
　（1）普通管桁架结构的特点分析；
　（2）普通管桁架结构工程量的统计方法；
　（3）普通钢结构吊装验算。
　2. 技能目标
　（1）能熟练识读普通管桁架的结构图纸并组织交底；
　（2）能根据工程特点选择加工和安装设备；
　（3）能进行普通管桁架的加工拼装、吊装施工。
　3. 素质目标
　（1）养成遵守国家规范、规程和标准的习惯；
　（2）养成团队协作的良好工作作风。
主要知识点：
　1. 管桁架的结构的组成、力学特点分析；
　2. 管桁架结构的力学模型简化；
　3. 管桁架结构的现场拼装方法；
　4. 管桁架结构的施工计算原理。
主要技能点：
　1. 管桁架结构图纸识读；
　2. 管桁架结构的加工与制作；
　3. 管桁架结构的现场拼装；
　4. 管桁架结构的施工计算；
　5. 管桁架结构的吊装施工方法。

二、学习内容

1. 管桁架结构的组成、力学特点、图纸识读；
2. 管桁架结构的加工设备、制作工艺；
3. 管桁架加工胎架制作和管桁架结构的现场拼装；
4. 管桁架的吊装验算、支撑架计算等施工计算内容；
5. 管桁架的吊装安装方法。

三、重点、难点分析

　　由于学生在学习本课程之前，已经学习过"建筑识图与绘图""建筑力学""建筑结构基础"等课程，具备管桁架结构的识图能力、AutoCAD 和 3D3S 计算软件的操作技能。但管桁架结构体系和模型简化方面的综合技能还比较薄弱，综合本专业施工员岗位的培养目标和本课程使学生初步具备常见的普通管桁架结构的加工和安装能力的目标，将本子单元的重点和难点分析如下：
　　1. 重点：管桁架安装方法的选择；管桁架结构的施工计算——管桁架吊装验算及支撑架计算。
　　2. 难点：管桁架结构的施工计算。

四、学情分析

　　1. 学生特点
　　学习主动性不强，不愿意预习复习，不愿学习理论计算内容，不愿思考，愿意动手。
　　2. 学生已有知识基础
　　学生在本门课程之前已经修完"建筑识图与绘图""建筑工程施工测量""建筑材料与检测""建筑力学""建筑结构基础"等职业岗位平台课程，已具备基本的钢结构识图、结构体系分析、钢构件计算、节点构造设计等相关理论知识。
　　3. 学生已有技能基础
　　学生已具备基本的钢结构识图能力、结构体系分析能力、钢构件计算能力、节点构造设计能力、简单的 AutoCAD 软件操作能力和 3D3S 结构软件操作能力等。
　　4. 学生现场经验情况
　　学生在上一年已经在建筑施工现场实习近 3 个月，对于施工现场施工员岗位的工作内容与要求有一定的了解，对施工方案的具体内容、如何实施技术交底有了切身体会与感受。
　　5. 知识和技能的不足
　　建筑力学、建筑结构理论知识不扎实；理论与实际脱节；分析问题和解决问题的能力不足，对于国家规范的具体要求不明确，尚未养成遵守国家规范、标准的职业习惯。

五、教学设计
基本原则： 　　1. 将教学内容与信息资源进行有机整合，创造一个可体验、可实施、可观测、可交流的学习环境。 　　2. 以管桁架结构工程施工工作过程为导向组织教学，力求做到"学做合一"，实现"做中教、做中学"。 　　3. 充分利用视频直播教室、多媒体课件和网络课程等信息化教学手段，调动学生的积极性和主动性，促进学生自主学习和主动学习。 教学组织： 　　遵循学生的认知规律，以信息化学习情境为载体，以任务驱动为主线，将本单元24个学时划分为"案例导引""案例分析""确定任务""任务实施""考核评价"和"拓展提高"六个环节。 教学方法、手段： 　　1. 案例教学法 　　本情境教学开始引入工程案例或实例，以此引出课程重点和难点。 　　2. 过程互动教学法 　　教学过程中使学生积极回答问题或做实训题。 　　3. 分阶段总结教学法 　　内容的讲解和虚拟安装实训中，不断总结，强调重点和难点及能力需求的描述。 　　4. 任务驱动法 　　下发工作任务单，由学生分组完成，学生互评，教师考核和讲评。
六、学习过程
环节一：案例导引（10 min） 　　为了调动学生学习的积极性和主动性，了解职场环境与职业技能，尽量利用施工现场直播教室设备，从具备实时转播龙信集团和中南集团遍布全国近200个工地的建设情况的直播教室资源中提前选取合适的工程案例，根据其实时直播图像设置学习情境，使学生在单元学习之初先对学习内容进行直观的了解和认识。 

环节二：案例分析（35 min）

利用"钢结构工程施工"国家精品课程网站动画资源，介绍所选普通管桁架工程案例的结构组成、结构特点、加工制作、施工安装等内容。

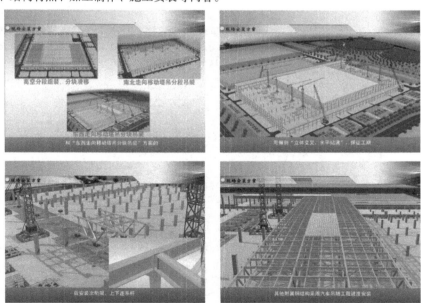

环节三：确定任务（10 min）

下发工作任务单（包括交底记录表）：根据施工员的工作任务和课程标准的要求，本单元设置管桁架加工设备的选用及制作、管桁架的安装方法选择、管桁架的吊装验算及支撑架计算、管桁架施工方案编制四个任务，管桁架工程图纸在本门课程开课时已下发。

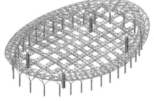

1. 管桁架加工设备的选用及制作——考核标准：正确选用加工设备。

2. 管桁架的安装方法选择——考核标准：能确定多种安装方法，且能进行经济、技术指标对比。

3. 管桁架的吊装验算及支撑架计算——考核标准：能正确运用 3D3S 等软件进行吊装验算及支撑架计算。

4. 管桁架施工方案编制——考核标准：方案安全、经济、合理、可行。

环节四：任务实施（85 min）

将教学班分为 4 个组，任务实施以管桁架工程施工"加工制作—选定方案—施工计算—现场拼装—施工安装"的工作过程为主线进行教学实施。

首先，利用三维漫游动画让学生直观地认识钢结构企业加工车间的布置情况及钢构件加工制作设备，将管桁架构件的设备性能、参数及整个加工过程以的动画形式呈现给学生，激发学生的学习兴趣，促进学生自主学习和主动学习。然后，针对给定的任务，由各小组组织进行管桁架加工交底及其拼装方案的讨论，使学生仿佛已经置身于钢结构加工车间，为学生营造丰富的、逼真的、可体验的学习环境，以利于学生掌握设备性能参数、加工工艺、加工交底要点和拼装方法。

1. 观看钢结构加工动画，学习加工设备的性能、用途等（10 min）

观看钢结构企业厂区、加工车间、设备平面布置、设备类型动画，然后讲解加工车间设备的技术参数、适用范围、加工方法等内容，尤其对典型的管桁架加工设备进行重点讲解，使学生掌握设备参数及其操作方法、加工制作工艺。

2. 由各小组组织进行管桁架加工交底（10 min）

（1）结合分析本任务管桁架结构的加工特点（大部分钢管截面较小，钢管最大规格为 $\phi245 \times 20$，最小规格 $\phi60 \times 4$）。

（2）加工设备的选择：根据本任务的工程特点，选择 HID－600MTS 五维数控相贯线切割机、PB330 相贯线切割机均能满足本工程的加工要求。

3. 讨论其拼装方案（10 min）

（1）按照小组进行管桁架加工交底，填写管桁架加工交底记录表。

（2）讨论其拼装方案：启发学生思考是采用正拼法、卧拼法，还是倒拼法更方便？（环桁架采用正拼法、次桁架采用倒拼法、主桁架采用卧拼法比较合理）

4. 启发学生利用所学知识对给定的管桁架模型进行力学和结构分析，选定安装顺序（10 min）

启发学生利用所学知识对给定的管桁架模型进行力学和结构分析，依据分析结论和现场施工条件情况给定两种安装方法，启发学生思考本工程是否还可以采用其他安装方法，并以动画的形式展现给学生，使施工工序一目了然，同时，对多种安装方法进行技术和经济指标的对比和分析，以引导学生最终选定施工方案。

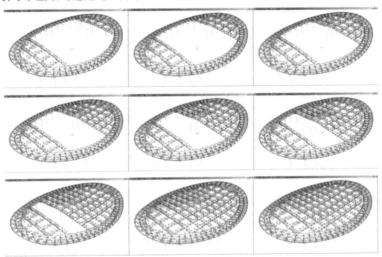

（1）本任务的管桁架具有跨度大、杆件截面小、空间刚度要求高、施工荷载必须有效传递的特点，经过分析，其自重在施工过程中不可能有效传递到四根 2000×2000 的混凝土柱上，必须设置支撑架以承担施工过程中的管桁架自重及施工荷载。

（2）由于本管桁架杆件截面小，大部分杆件截面 <φ76×4，因此易在施工中产生较大的截面应力而导致破坏；由于主桁架荷载传递到环桁架上，因此环桁架的相关施工计算更为重要。

（3）为降低施工措施费，引导学生思考支撑架取多少榀可以满足工程施工要求。

方案 1：安装顺序为环桁架安装—边主桁架—中主桁架（每榀主桁架设 3 榀支撑架，共设 33 榀支撑架）——安全可靠，但措施费高。

方案 2：安装顺序为环桁架安装—边主桁架—中主桁架（每榀主桁架跨中设 1 榀支撑架，当支撑架达到 3 榀后将第一榀支撑架移至下一榀主桁架下方，共设 3 榀支撑架）——措施费少，节约 90% 支撑架，但安全度稍差，但经计算后仍可满足本工程的安装要求。

对方案 1 和方案 2 的技术、经济指标进行对比发现，选择方案 2 更为合理。

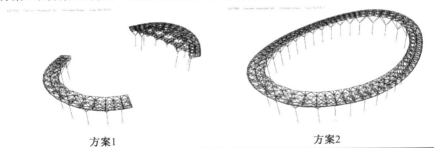

方案1   方案2

引导学生思考可能采取的其他方案。

方案3：安装顺序为环桁架安装—边主桁架—中主桁架—边主桁架（每榀主桁架跨中设2榀支撑架，支撑架下设置滑移轨道，当支撑架达到6榀后，将其中3榀支撑架滑移至下一榀主桁架下方，随着主桁架的吊装再滑移另3榀支撑架，交替实施，共设6榀支撑架）——措施费较少，节约80%支撑架，安全度比方案2高，但多出滑移轨道的措施费，滑移过程安全度较差。

5. 管桁架吊装验算及支撑架计算（15 min）

针对选定的施工方案，引导学生利用前导课程掌握的 CAD 和 3D3S 软件操作技能，结合任务给定的管桁架模型进行施工支撑架的建模和计算及管桁架的吊装验算，使学生建立施工安全的基本概念，掌握支撑架建模、设计和管桁架吊装验算的方法。由于软件工具的使用是以学生建筑识图与绘图实训中已经熟悉的三维 CAD 建模技能为基础的，因此非常易于掌握，可以增强学生的自信和成就感，为学生营造了可实施的学习环境，从而突破了本课程的重点和难点。

（1）组织学生按照给定的管桁架模型利用软件进行桁架吊装验算

（2）支撑架计算

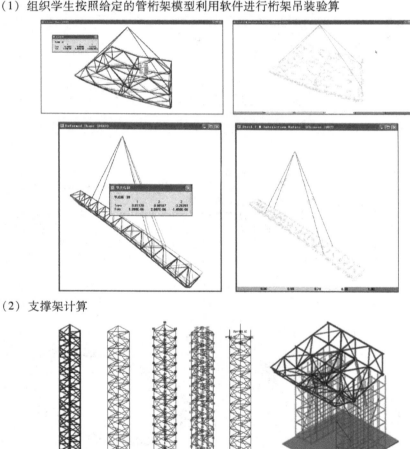

　　经计算，管桁架、支撑架均满足安装要求。（引导学生思考如果不满足要求，应该如何对管桁架进行加固）

　6. 管桁架虚拟拼装和安装（30 min）

　（1）管桁架虚拟拼装（8 min）

　　以图片和动画的形式，结合国家规范要求进行管桁架拼装的讲解，引导学生选定合理的拼装方法，利用 CAD 软件结合给定的模型在软件中实施管桁架拼装，避免枯燥的规范条文讲解。

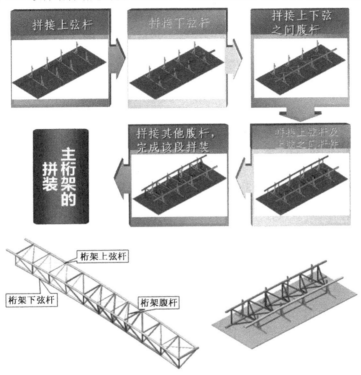

　（2）管桁架虚拟安装（22 min）

　　组织学生利用三维 CAD，按照任务给定的模型按照各组选定的施工工序在 CAD 软件中模拟支撑架的设置和工程吊装以实施安装。

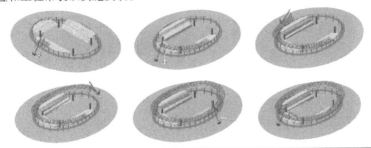

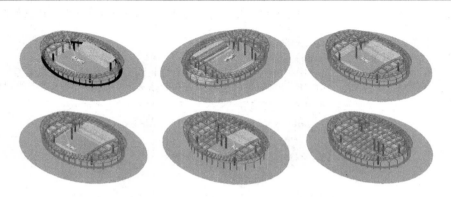

（3）最后将实际工程的施工过程形成 WORD 文档格式的施工方案，并对照实际案例进行施工方案要点的讲解，同时组织各组学生进行管桁架施工安装交底。

环节五：考核评价（20 min）

1. 打开"钢结构工程施工"精品课程网站进行本子单元自测（10 min）

利用"钢结构工程施工"精品课程网站中的自测与考试系统对学生的基本知识和技能要点进行测试，获得学生的学习情况，在网站后台中查看每一位学生的考核结果，观察整个班级的成绩分布，以了解学生对各部分知识点的理解和掌握情况。根据成绩分布对薄弱点再布置课后作业以强化训练。

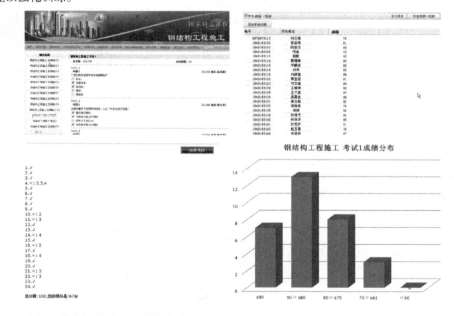

2. 对各组交底记录表实施教师评价（10 min）

环节六：拓展提高（25 min）

　　根据学生对所学知识掌握程度的观测结果，本子单元继续拓展学生的学习内容，将较为复杂的"复杂管桁架结构加工与安装"工艺以动画的形式呈现给学生，同时进行讲解，起到对前面所学知识和技能进行巩固和提高的作用，从而增强学生对复杂工程施工工作的适应能力。

　　1. 打开"钢结构工程施工"精品课程网站观看图片和动画（22 min）

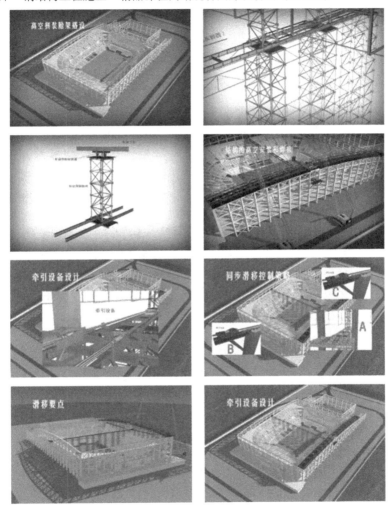

　　2. 布置作业（3 min）

　　（1）对拓展的复杂管桁架的现场拼装和安装方法进行总结，总结其优点、缺点及适用情况，撰写拓展的复杂管桁架的吊装专项方案。

（2）观看"钢结构工程施工"精品课程网站中"重型管桁架"的施工安装动画，对现场拼装和安装方法进行总结。

（3）观看"钢结构工程施工"精品课程网站中"弯扭杆件管桁架"的施工安装动画，对现场拼装和安装方法进行总结。

七、工作成果及考核（成果形式和评价方式）

工作成果：	评价方式：
1. 管桁架吊装计算书； 2. 支撑架计算书； 3. 普通管桁架吊装专项方案。	1. 测试自评； 2. 教师评价。

八、课外作业

1. 复习所学的知识和技能；
2. 撰写拓展的复杂管桁架的吊装专项方案；
3. 对课程网站中"重型管桁架"的现场拼装和安装方法撰写总结报告；
4. 对课程网站中"弯扭杆件管桁架"的现场拼装和安装方法撰写总结报告。

"钢结构工程施工"教学进度图

周数	1,2	3	4	5	6	7
课内项目 内容	钢结构基本知识	江苏建筑职业技术学院机电工业中心轻钢门架识图与工程量统计	H型钢加工与运编专项方案编制	柱脚锚栓埋设专项方案编制	钢结构连接方案编制 / 吊机选型与吊装验算	江苏建筑职业技术学院机电工业中心吊装专项方案编制
		江苏建筑职业技术学院机电工业中心轻钢门架施工方案编制				
知识点	1．了解钢结构的发展与现状，了解钢结构的优点、缺点及适用范围。2．掌握钢材的化学成分、塑性、韧性及成材过程。3．掌握钢材的分类、牌号及钢材性能规定、检测方法。4．掌握影响选择钢材时应考虑的因素。5．掌握钢材的规格及其标注方法。6．掌握Z向性能板材的性能。7．掌握高强螺栓的分类和级别及适用范围。8．掌握钢结构材料的取样送检要求。9．掌握钢结构材料体系的分类、特点及适用范围。10．掌握国际规范要求。11．掌握焊材的分类及其方法适用范围。	1．掌握轻钢门架的结构分类、形式、内力特点及其适用范围。2．掌握轻钢门架和辅助结构的组成，次置布置要求及构件作用。3．掌握轻钢门架的分类、节号及其节点形式。4．掌握轻钢门架的吊车梁、女儿墙、屋面、端墙构造。5．掌握轻钢门架的屋面、栏杆、女儿墙构造。6．了解轻钢门架的楼梯、栏杆、女儿墙的要求。7．掌握支撑式及其作用。8．掌握工程量统计方法。	1．了解H型钢加工的设备名称、用途及其技术参数。2．掌握H型钢构件的下料、切割、组立、焊接、校正、包装、发运、标记、喷涂等流程及其要求。3．掌握构件表面除锈等级划分及其质量要求。4．掌握方法表面除锈安装划分及其质量要求。5．掌握H型钢构件的加工质量要求。6．掌握H型钢构件加工的标记、堆放、打包和运输要求。7．掌握H型钢构件预拼装的概念、作用和方法。8．掌握H型钢构件的成品检验方法、内容及要求。	1．掌握轻钢门架的施工准备内容。2．掌握钢柱脚锚栓的类型的长度变化要求。3．掌握柱抗剪键的类型及其作用。4．掌握柱脚锚栓锚灌浆理设定位和脚灌浆。5．掌握地脚锚栓定位和纠编方法。6．掌握地脚螺纹保护与修补方法。7．掌握垫铁的类型及其优点、缺点。8．掌握轻钢门架柱脚锚栓的验收方法及验收方法。	1．掌握高强螺栓连接副的概念、分类和组成。2．掌握高强螺栓连接副的保管方法、保管时间要求及超期保管方法处理。3．掌握高强螺栓取样、检测的内容及要求。4．掌握高强螺栓长度的确定方法。5．掌握连接板间际的处理方法。6．掌握根据高强螺栓预拉力确定施工设备的选择方法。7．掌握高强螺栓初拧、复拧、终拧的选择方法。8．掌握初拧、复拧、终拧的方法和验收方法。 / 1．掌握吊装机械的分类、特点及其适用范围。2．掌握吊装机械、吊机的三大参数、性能表的阅读使用方法。3．掌握吊装机械选择吊点的基本参数及安全系数的阅定方法。4．掌握吊点的选择原则及选择方法。5．掌握吊装验算方法。	1．掌握吊装分件安装法、节间安装和综合安装法的优点、缺点及其适用范围。2．掌握轻钢门架的正确安装顺序。3．掌握钢柱、吊车梁的安装及其铀线，标高及校正方法及规范对其偏差要求。4．掌握吊装专项方案编制的要点。

续表

周数	1、2	3	4	5	6	7
课内项目		江苏建筑职业技术学院机电工业中心轻钢门架施工方案编制				
项目	接受任务	江苏建筑职业技术学院机电工业中心轻钢门架识图与工程量统计	H型钢加工与运输专项方案编制	柱脚锚栓埋设专项方案编制	钢结构连接方案编制	吊机选型与吊装验算 / 江苏建筑职业技术学院机电工业中心轻钢门架专项方案编制
内容	钢结构基本知识					
能力目标	1.掌握焊接的种类,焊接残余应力和残余变形及其减轻方法。2.掌握钢结构图纸的分类、用途及其构成。3.掌握钢结构图纸的基本表达内容。4.掌握高强螺栓的图示分类及表示方法。5.掌握钢焊缝符号及其标注方法。6.掌握钢结构节点的图示方法。	1.能读懂轻钢门架设计图纸图示。2.能读懂轻钢结构图图示。3.能依据施工图和详图设计图纸统计轻钢门架工程量。	1.能正确合理地选择H型钢加工设备。2.能正确选择加工工艺、工序。3.能根据构件和构件成品表正确处理构件表面正确选择防腐、防火涂装方法。4.能编制H型钢梁、H型钢柱加工质量控制措施。5.能正确选择成品检验、运输、堆放方法。6.能编制H型钢构件的模板。7.能按照给定的模板编制H型钢加工与运输专项方案。	1.能根据图纸确定复核柱脚锚栓(埋设深度、丝扣长度、根部悬空距离等各部分)的长度尺寸。2.能根据图纸绘制模板定位图或支架详图。3.能根据图纸正确确定锚栓布置位置、模板选择种类及定位措施。4.能正确选择垫板的类型及其放置方法。5.能正确选择柱脚的灌浆方法。6.能按照给定的模板编制柱脚锚栓埋设专项方案。	1.能根据图纸确定高强螺栓长度。2.能根据高强螺栓的预拉力确定初拧、复拧、终拧扭矩。3.能正确选择设备。4.能根据高强螺栓的种类、规格计算初拧、复拧、终拧扭矩。5.能使用扭矩扳手。6.能组织实施高强螺栓安装。7.能组织高强螺栓连接的检查与验收。8.能按照给定的模板编制高强螺栓连接施工方案。	1.能根据给定施工条件和吊机参数表合理选择吊机。2.能根据施工工件确定吊机开行路线。3.能合理确定吊点位置。4.能进行吊装计算并计算出具体计算值。 / 1.能根据工程特点选择安装方法和安装顺序。2.能按照给定的模板编制吊装专项方案。
课外项目		项目1并行内容:江苏建筑职业教育院教育超市轻钢门架施工方案编制				
进程	接受任务	识图与工程量统计	加工与运输专项方案编制	柱脚锚栓埋设专项方案编制	高强螺栓连接专项方案编制	吊装专项方案编制
项目考核						汇报、考核

续表

周数	8	9	10	11	12	13
课内项目	益海嘉里内河码头网架识图与工程量统计	益海嘉里内河码头网架拼装专项方案编制	益海嘉里内河码头网架吊装验算	益海嘉里内河码头网架施工方案编制		
内容	益海嘉里内河码头网架识图与工程量统计	益海嘉里内河架拼装专项方案编制	益海嘉里内河码头网架吊装验算	益海嘉里内河码头网架吊装专项方案编制	益海嘉里内河码头网架滑移专项方案编制	总汇报考核
知识点	1. 掌握网架结构的分类形式、内力特点、优点、缺点及其适用范围。 2. 掌握网架结构的组成、布置要求、经济尺寸、节点及其他组件作用。 3. 掌握网架结构的节点形式、构造要求及支座形式。 4. 掌握杆件连接要求及焊缝的要求。 5. 掌握管桁架结构的分类形式、内力特点、优点、缺点及其适用范围。 6. 掌握空间网格结构的组成、经济尺寸、节点类型及组件作用。 7. 掌握空间网格结构的支座分类、经济尺寸、形式及其作用。 8. 了解铸钢件的类型、形式及加工工艺。 9. 掌握空间网格结构的工程量统计方法。	1. 掌握网架的现场拼装方法、优点、缺点及其适用范围。 2. 掌握网架结构的现场拼装顺序及要求。 3. 掌握网架拼装胎架的CAD放样方法。 4. 掌握网格结构胎架制作的技术要求。	1. 掌握网架吊装机械选择的基本原则,安全系数确定方法及配合系数确定方法及原则。 2. 掌握网架吊点的选择原则和选择方法。 3. 掌握网架吊装验算方法。	1. 掌握网架的常用安装方法及其适用范围。 2. 掌握网架的常用安装顺序。 3. 掌握网架杆件、节点球、支座等的安装、校正方法及规范偏差要求。 4. 掌握常用支撑架的种类、特点及其适用范围。 5. 掌握网架吊装专项方案的编制要点。	1. 掌握滑移的方法分类及其适用范围。 2. 掌握常用滑移设备的适用范围。 3. 掌握网架滑移的安装流程。 4. 了解滑移物道梁的设置方式。 5. 掌握网架滑移的同步控制方法及要求。	

续表

周数		8	9	10	11	12	13
课内项目			益海嘉里内河码头网架施工方案编制				总汇报、考核
	内容	益海嘉里内河码头网架识图与工程量统计	益海嘉里内河码头网架拼装专项方案编制	益海嘉里内河码头网架吊装验算	益海嘉里内河码头网架吊装专项方案编制	益海嘉里内河码头网架滑移专项方案编制	
	能力目标	1. 能读懂网架施工图图示。2. 能读懂管桁架设计图图示。3. 能读懂管桁架结构详图图示。4. 能依据网架施工图统计工程量。5. 能依据管桁架设计图和详图统计工程量。6. 能使用 Magic Table 软件导出及修改工程量。	1. 能根据图纸选择网架现场拼装方法。2. 能根据图纸选择网架拼装顺序。3. 能根据网架深化详图进行拼装胎架放样。4. 能按照给定的模板编制网架拼装专项方案。	1. 能根据给定的施工条件和吊机参数合理选择吊机。2. 能根据施工条件确定吊机开行路线。3. 能合理确定网架吊点位置。4. 能进行吊装验算并出具计算书。	1. 能根据工程特点选择网架吊装安装方法和安装顺序。2. 能按照给定的模板编制网架吊装专项方案。	1. 能进行滑移的牵引力验算。2. 能进行滑移用具的计算。3. 能根据图纸、给定的滑移钢架和给定的模板编制滑移专项方案。	
课外项目			项目 2 并行内容：泰州内河码头网架工程施工方案编制				
	进程	网架识图与工程量统计	网架拼装专项方案编制	网架吊装验算	网架吊装专项方案编制	网架滑移专项方案编制	总汇报、考核

教学进度图

周数	1	2	3	4	5	6	7	8	9	10	11	12	13
课内项目	江苏建筑职业技术学院机电工业中心施工方案编制						惠阳体育会展中心施工方案编制						
内容	工程量统计及施工图会审	加工制作方案编制（构件加工设备选择、构件加工方案确定、构件质量控制）			结构安装方案编制（整体安装思路选择、吊装单元划分、构件安装方案确定、安装质量控制）	安全文明施工措施编制	工程量统计及施工图会审	加工制作方案编制（构件加工工艺深化图、构件加工方案确定、构件质量控制）		结构安装方案编制与实施（整体安装思路选择、吊装单元划分、构件安装方案确定、安装质量控制）			安全文明施工措施编制
知识点	轻钢门式钢架及钢框架施工图；深化设计和工程量统计；能依据轻钢门式钢架及钢框架施工图进行图纸会审。	轻钢门式钢架及钢框架加工机械的性能及选用；轻钢门式钢架及钢框架施工工艺及原理；轻钢门式钢架及钢框架构件的安装与施工质量要求；钢架及钢框架构件的涂装运输要求。				轻钢门式钢架及钢框架施工的安全注意事项及施工现场文明要求。	空间网架结构施工图；深化设计图的图示内容。	空间网架结构加工机械的性能；空间网架结构施工工艺及原理；网架结构构件的涂装运输要求。		空间结构顶升和滑移施工原理；空间网架结构的组成及吊装设计计算；空间网架结构构件的安装与施工质量要求。			空间网架结构施工安全注意事项及文明要求。
能力目标		能正确选择轻钢门式钢架及钢框架构件加工机械；能依据施工质量验收规范《钢结构施工质量验收规范》编制轻钢门式钢架及钢框架构件安装方案及质量控制要求；能编制轻钢门式钢框架钢结构构件的防火涂装方案。				能编制轻钢门式钢框架钢结构安全文明生产的具体措施，并组织实施，并实施安全交底。		能正确选择空间网架结构加工机械；能依据《钢结构施工质量验收规范》编制空间网架结构施工工序及质量整制要求；能编制空间网架结构构件的涂装运输方案。		能正确选择空间机械；能进行空间网架结构施工阶段验算分析；能根据《规范》编制具体的安装及质量整制要求；能编制空间网架结构安装方案。			能编制空间网架结构文明施工的具体措施，并组织实施，并实施安全交底。
课外项目	江苏建筑职业技术学院教育超市工程施工方案编制						益海嘉里（昆山）有限公司内河码头工程施工方案编制						
进程	工程量统计施工图会审	加工制作方案编制		结构安装方案编制		安全文明施工措施编制	工程量统计施工图会审	加工制作方案编制		结构安装方案编制与实施		安全文明施工措施编制	
项目考核	图纸会审记录工程量清单		方案汇报		方案汇报	方案汇报	图纸会审记录工程量清单		方案汇报			方案汇报	方案汇报

参考文献

［1］江苏建筑职业技术学院.高水平高职学校和专业建设方案,2019.

［2］江苏建筑职业技术学院.江苏省高水平高等职业院校建设方案,2018.

［3］鄂甜.德国可持续发展的职业教育改革及其启示［J］.职业技术教育,2018(01)：
66－71.

［4］郭广军,等.“校政企行多元联动、产学研用多维驱动”办学体制机制探索与实
践——以娄底职业技术学院国家骨干高职院校建设为例［J］.湖南人文科技学院
学报,2015(01):68－74.

［5］Modellversuche Berufsbildung für nachhaltige Entwicklung(2015－2019)［EB/OL］.
(2017－10－30)［2017－12－08］. https://www2. bibb. de/bibbtools/de/ssl/
33716. php.

［6］Evaluation, Transfer und Perspektiven der Beruflichen Bildung für eine nachhaltige En-
twicklung(BBNE)［EB/OL］. (20107－12－08)［2017－12－08］. https://www.
bmbf. de/pub/Bildungsforschung_Band_39. pdf.

［7］柳燕.高职学生职业能力测评研究——以电气自动化专业为例［D］.湖南师范大
学,2011.

［8］张国蓉.心理教育［M］.电子科技大学出版社,2013.